Statistik für Wirtschafts- und Sozialwissen

Die Standardnormalverteilung

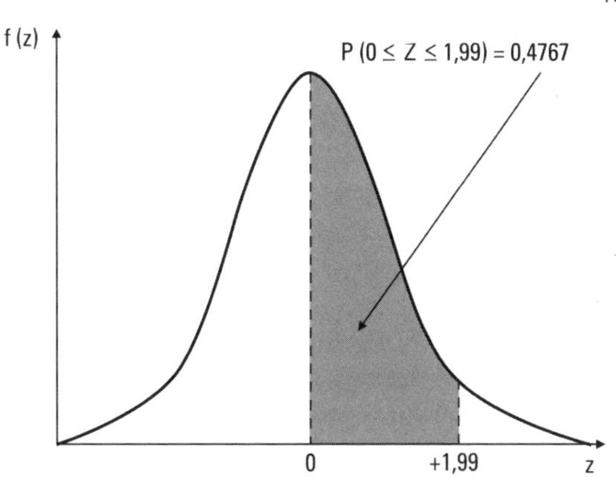

In der Standardnormalverteilungstabelle dargestelltes Flächenvolumen unter der Dichtefunktion einer standardnormalverteilten Zufallsvariablen Z

Die Einträge in der Tabelle stellen die Fläche zwischen 0 und $z > 0$ dar. Beispielsweise umfasst die Fläche zwischen 0 und $z = 1{,}99$ insgesamt 47,67 Prozent der Fläche, das heißt, die Wahrscheinlichkeit einen z-Wert zwischen $z = 0$ und $z = 1{,}99$ zu erhalten, beträgt $P(0 \leq Z \leq 1{,}99) = 0{,}4767$. Genau diesen Wert können Sie direkt aus der Standardnormalverteilungstabelle entnehmen. Sie müssen dazu nur in der ersten Spalte den Wert 1,9 und in der ersten Zeile den Wert 0,09 wählen; dann können Sie die Fläche im Schnittpunkt der entsprechenden Zeile und Spalte ablesen.

t-Tabelle

Freiheitsgrade	Oberer Teil der t-Verteilung				
	0,1	0,05	0,025	0,01	0,005
	t-Werte				
1	3,078	6,314	12,706	31,821	63,657
2	1,886	2,92	4,303	6,965	9,925
3	1,638	2,353	3,182	4,541	5,841
4	1,533	2,132	2,776	3,747	4,604
5	1,476	2,015	2,571	3,365	4,032
6	1,44	1,943	2,447	3,143	3,707
7	1,415	1,895	2,365	2,998	3,499
8	1,397	1,86	2,306	2,896	3,355
9	1,383	1,833	2,262	2,821	3,25
10	1,372	1,812	2,228	2,764	3,169
11	1,363	1,796	2,201	2,718	3,106
12	1,356	1,782	2,179	2,681	3,055
13	1,35	1,771	2,16	2,65	3,012
14	1,345	1,761	2,145	2,624	2,977
15	1,341	1,753	2,131	2,602	2,947
16	1,337	1,746	2,12	2,583	2,921
17	1,333	1,74	2,11	2,567	2,898
18	1,33	1,734	2,101	2,552	2,878
19	1,328	1,729	2,093	2,539	2,861
20	1,325	1,725	2,086	2,528	2,845
21	1,323	1,721	2,08	2,518	2,831
22	1,321	1,717	2,074	2,508	2,819
23	1,319	1,714	2,069	2,5	2,807
24	1,318	1,711	2,064	2,492	2,797
25	1,316	1,708	2,06	2,485	2,787
26	1,315	1,706	2,056	2,479	2,779
27	1,314	1,703	2,052	2,473	2,771
28	1,313	1,701	2,048	2,467	2,761
29	1,311	1,699	2,045	2,462	2,756
30	1,31	1,697	2,042	2,457	2,75
40	1,303	1,684	2,021	2,423	2,704
60	1,296	1,671	2	2,39	2,66
120	1,289	1,658	1,98	2,358	2,617
∞	1,282	1,645	1,96	2,326	2,576

Die t-Verteilung

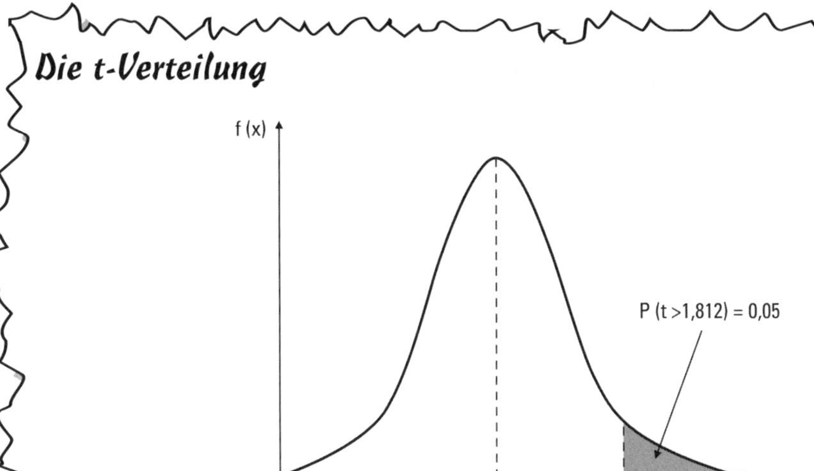

In der t-Verteilungstabelle dargestellter Flächenbereich einer t-verteilten Zufallsvariablen t_{df} mit df Freiheitsgraden

Die *t*-Verteilung verwenden Sie statt der Standardnormalverteilung, wenn der Stichprobenumfang 30 oder weniger statistische Einheiten umfasst. Die Einträge in der *t*-Verteilungstabelle zeigen Ihnen die *t*-Werte für bestimmte Flächen beziehungsweise Wahrscheinlichkeiten, die oberhalb dieser *t*-Werte in den nach Freiheitsgraden unterschiedenen t-Verteilungen liegen. Wenn die Zufallsvariable *t* beispielsweise einer *t*-Verteilung mit zehn Freiheitsgraden folgt, ist die Wahrscheinlichkeit, einen größeren Wert als 1,812 zu erhalten, $P(t > 1{,}812) = 0{,}05$; das bedeutet gleichermaßen, dass die Fläche unter der *t*-Verteilung, die über dem *t*-Wert von 1,812 liegt, nur fünf Prozent der gesamten Fläche der *t*-Verteilung mit zehn Freiheitsgraden einnimmt.

Standardnormalverteilungstabelle

Z-Werte	0	0,01	0,02	0,03	0,04	0,05	0,06	0,07	0,08	0,09
	Flächenanteile unter der Standardnormalverteilung									
0	0	0,004	0,008	0,012	0,016	0,0199	0,0239	0,0279	0,0319	0,0359
0,1	0,0398	0,0438	0,0478	0,0517	0,0557	0,0596	0,0636	0,0675	0,0714	0,0753
0,2	0,0793	0,0832	0,0871	0,091	0,0948	0,0987	0,1026	0,1064	0,1103	0,1141
0,3	0,1179	0,1217	0,1255	0,1293	0,1331	0,1368	0,1406	0,1443	0,148	0,1517
0,4	0,1554	0,1591	0,1628	0,1664	0,17	0,1736	0,1772	0,1808	0,1844	0,1879
0,5	0,1915	0,195	0,1985	0,2019	0,2054	0,2088	0,2123	0,2157	0,219	0,2224
0,6	0,2257	0,2291	0,2324	0,2357	0,2389	0,2422	0,2454	0,2486	0,2518	0,2549
0,7	0,258	0,2612	0,2642	0,2673	0,2704	0,2734	0,2764	0,2794	0,2823	0,2852
0,8	0,2881	0,291	0,2939	0,2967	0,2995	0,3023	0,3051	0,3078	0,3106	0,3133
0,9	0,3159	0,3186	0,3212	0,3238	0,3264	0,3289	0,3315	0,334	0,3365	0,3389
1	0,3413	0,3438	0,3461	0,3485	0,3508	0,3531	0,3554	0,3577	0,3599	0,3621
1,1	0,3643	0,3665	0,3686	0,3708	0,3729	0,3749	0,377	0,379	0,381	0,383
1,2	0,3849	0,3869	0,3888	0,3907	0,3925	0,3944	0,3962	0,398	0,3997	0,4015
1,3	0,4932	0,4049	0,4066	0,4082	0,4099	0,4115	0,4131	0,4147	0,4162	0,4177
1,4	0,4192	0,4207	0,4222	0,4236	0,4251	0,4265	0,4279	0,4292	0,4306	0,4319
1,5	0,4332	0,4345	0,4357	0,437	0,4382	0,4394	0,4406	0,4418	0,4429	0,4441
1,6	0,4452	0,4463	0,4474	0,4484	0,4495	0,4505	0,4515	0,4525	0,4535	0,4545
1,7	0,4554	0,4564	0,4573	0,4582	0,4591	0,4599	0,4608	0,4616	0,4625	0,4633
1,8	0,4641	0,4649	0,4656	0,4664	0,4671	0,4678	0,4686	0,4693	0,4699	0,4706
1,9	0,4713	0,4719	0,4726	0,4732	0,4738	0,4744	0,475	0,4756	0,4761	0,4767
2	0,4772	0,4778	0,4783	0,4788	0,4793	0,4798	0,4803	0,4808	0,4812	0,4817
2,1	0,4821	0,4826	0,483	0,4834	0,4838	0,4842	0,4846	0,485	0,4854	0,4857
2,2	0,4861	0,4864	0,4868	0,4871	0,4875	0,4878	0,4881	0,4884	0,4887	0,489
2,3	0,4893	0,4896	0,4898	0,4901	0,4904	0,4906	0,4909	0,4911	0,4913	0,4916
2,4	0,4918	0,492	0,4922	0,4925	0,4927	0,4929	0,4931	0,4932	0,4934	0,4936
2,5	0,4938	0,494	0,4941	0,4943	0,4945	0,4946	0,4948	0,4949	0,4951	0,4952
2,6	0,4953	0,4955	0,4956	0,4957	0,4959	0,496	0,4961	0,4962	0,4963	0,4964
2,7	0,4965	0,4966	0,4967	0,4968	0,4969	0,497	0,4971	0,4972	0,4973	0,4974
2,8	0,4974	0,4975	0,4976	0,4977	0,4977	0,4978	0,4979	0,4979	0,498	0,4981
2,9	0,4981	0,4982	0,4982	0,4983	0,4984	0,4984	0,4985	0,4985	0,4986	0,4986
3	0,4986	0,4987	0,4987	0,4988	0,4988	0,4989	0,4989	0,4989	0,499	0,499

Statistik für Wirtschafts- und Sozialwissenschaftler für Dummies

Thomas Krickhahn

Statistik für Wirtschafts- und Sozialwissenschaftler für Dummies

Fachkorrektur von Dominik Poß

WILEY

WILEY-VCH Verlag GmbH & Co. KGaA

Bibliografische Information
der Deutschen Nationalbibliothek

Die Deutsche Nationalbibliothek verzeichnet diese Publikation in der Deutschen Nationalbibliografie; detaillierte bibliografische Daten sind im Internet über http://dnb.d-nb.de abrufbar.

1. Auflage 2013

Printed in Germany
Gedruckt auf säurefreiem Papier
Coverfoto: © Stauke, Fotolia.com
Korrektur: Frauke Wilkens, München
Satz: Beltz Bad Langensalza GmbH, Bad Langensalza
Druck und Bindung: CPI, Ebner & Spiegel GmbH, Ulm

ISBN: 978-3-527-70982-3

Über den Autor

Thomas Krickhahn hat Wirtschafts- und Sozialwissenschaften studiert und an der philosophischen Fakultät der Martin-Luther-Universität in Halle-Wittenberg promoviert (1995). Er hat eine mehrjährige Erfahrung im Bereich der empirischen Wirtschaftsforschung als Forschungsassistent und wissenschaftlicher Gutachter. Auch als Dozent ist er unter anderem in den Bereichen Volkswirtschaftslehre, quantitative Methoden und Betriebswirtschaftslehre (an Weiterbildungseinrichtungen, Fachhochschulen und Universitäten) langjährig tätig. Er ist Autor mehrerer Publikationen im Bereich der wirtschafts- und sozialwissenschaftlichen Forschung und Lehre. Zurzeit ist er als wissenschaftlicher Projektleiter an der Hochschule Bonn-Rhein-Sieg und als Dozent für die Bonner Akademie (Gesellschaft für DV- und Management-Training, Bildung und Beratung mbH) tätig.

Über den Fachkorrektor

Dominik Poß studierte Volkswirtschaftslehre an der Rheinischen Friedrich-Wilhelms-Universität Bonn. Bereits während seines Studiums legte er sein Augenmerk auf das Fachgebiet Statistik und begleitete als Tutor erfolgreich zahlreiche Studenten durch die Grundvorlesungen der Statistik.

Zur Zeit ist er Doktorand an der Bonn Graduate School of Economics und beschäftigt sich am Institut für Finanzmarktökonomik und Statistik der Universität Bonn mit der Analyse von funktionalen Daten, hochdimensionalen Regressionsproblemen und der Variablenselektion.

Danksagung

Die Niederschrift von Büchern ist mit viel Zeit verbunden. Zeit die der Autor nicht seinen Nächsten widmen kann. Mein Dank gilt daher zuallererst meiner lieben Frau, Susanne Krickhahn. Die Qualität des Werks hängt nicht zuletzt auch an den Menschen, die bei der Erstellung unterstützend mitgewirkt haben. Meiner Lektorin, Frau Esther Neuendorf, und meinem Fachlektor, Herrn Dominik Poß, bin ich für die vielen wertvollen Hinweise und Korrekturen sehr dankbar.

Bonn, im Frühjahr 2013 Thomas Krickhahn

Cartoons im Überblick
von Rich Tennant
Keine Sorge, diesmal lass ich es einfach mal drauf ankommen. Statistisch gesehen müssten zwei Glückssprüche meine Gewinnchancen verdoppeln.
Seite 23
Statistik-kongress
»Nimm dich in acht, er macht den Eindruck, als könne er der perfekte Ehemann sein, aber es gibt ein Histogramm, das seine Hochzeiten und Scheidungen aufzeigt, und das sieht gar nicht gut aus.«
Seite 45
»Okay, lasst uns mal die statistischen Wahrscheinlichkeiten dieser Situation durchgehen: Wir sind vier und er ist einer. Philipp wird wahrscheinlich anfangen zu schreien, Nora wird wahrscheinlich ohnmächtig werden, du wirst mich wahrscheinlich anschreien, warum ich vergessen habe, das Verdeck zu schließen, und es ist nicht ganz unwahrscheinlich, dass ich die Fliege mache, wenn er auf uns zukommt.«
Seite 147
»Was genau soll uns das jetzt sagen?«
Seite 261
Fax: 001-978-546-7747
Internet: www.the5thwave.com
E-Mail: richtennant@the5thwave.com

Inhaltsverzeichnis

Teil II
Die beschreibende Statistik 45

Kapitel 3
In jeder Zeitung zu finden: Tabellen und Diagramme 47

Kapitel 4
Mitten drin – zentrale Lagemaße 61

Kapitel 5
Drum herum – Streuungsmaße 81

Teil III Die schließende Statistik 147

Kapitel 9 Nichts ist sicher, aber wahrscheinlich – die Wahrscheinlichkeitsrechnung 149

Kapitel 10 Auf die Verteilung kommt es an – Wahrscheinlichkeitsverteilungen 177

Kapitel 11 Noch mehr Diskretion bitte – die Binomialverteilung und ihre Freunde 187

Einführung

Die Statistik und statistische Formeln spielen in den Wirtschafts- und Sozialwissenschaften, aber auch natürlich in den anderen Wissenschaften, ja darüber hinaus in nahezu allen privaten und beruflichen Lebensbereichen eine Rolle.

Auch wenn Sie sich dieses Buch zugelegt haben, um Ihren Statistikschein zu erwerben, werden Sie sicher auch in ganz anderen Situationen davon profitieren, glauben Sie's mir!

Über dieses Buch

Statistik für Wirtschafts- und Sozialwissenschaftler für Dummies enthält die wichtigsten statistischen Instrumente und Formeln, die Sie im Bereich der Wirtschafts- und Sozialwissenschaften benötigen.

Es ist insbesondere für Schüler, Studierende und Lehrende aus dem Bereich der Wirtschafts- und Sozialwissenschaften konzipiert. Und da Statistik viel mit Formeln zu tun hat, wird in diesem Buch dem Verständnis und der Anwendungskompetenz der einzelnen statistischen Formeln besondere Bedeutung beigemessen. Zu jeder statistischen Formel finden Sie

- ✔ eine Erläuterung des Zwecks, der Aufgabe und der Anwendungsbedingungen,
- ✔ eine Beschreibung der einzelnen Symbole in der Formel,
- ✔ eine Darstellung der einzelnen Arbeitsschritte zur Berechnung der Formel,
- ✔ ein konkretes Anwendungsbeispiel mit vollständigem und erläutertem Lösungsweg sowie
- ✔ eine Interpretation der jeweiligen Lösung beziehungsweise des Ergebnisses.

Sie sehen es schon, es ist das Anliegen von *Statistik für Wirtschafts- und Sozialwissenschaftler für Dummies*, Ihnen die Statistiken und ihre Formeln nicht nur sozusagen vor die Füße zu kippen, sondern Ihnen auch nötiges Hintergrund- und Zusammenhangswissen zu vermitteln. Insbesondere durch die detaillierte Beschreibung der einzelnen Arbeitsschritte, die Sie bei der Anwendung der Formeln durchlaufen müssen, und durch die Beispiele mit ihren vollständigen Lösungswegen und Ergebnisinterpretationen wird die Voraussetzung dafür geschaffen, dass Sie die Statistiken und Formeln garantiert auch in der privaten und beruflichen Praxis erfolgreich anwenden können.

Anspruch und Ziel ist dabei aber immer:

- ✔ leichte Lesbarkeit,
- ✔ Verständlichkeit der Anleitungen,
- ✔ praktische Anwendbarkeit und
- ✔ systematische und einheitliche Darstellungsweise.

Jedes Kapitel ist so aufgebaut, dass Sie es unabhängig von den anderen lesen und bearbeiten können. Allerdings sind die Inhalte und Themen auch so aneinandergereiht, dass Sie damit am besten eine systematische Einführung und einen optimalen Einstieg in die statistischen Grundlagen erhalten.

Natürlich ist es bei dem Umfang dieses Buches nicht möglich (und das werden Sie sicherlich auch nicht erwartet haben), jedes Detail in der Statistik zu behandeln. Zum Beispiel habe ich die Zeitreihenanalyse komplett ausgelassen. Auch für eine Behandlung der kompliziertesten Statistiken und Formeln ist hier leider nicht der Platz. Dazu sind schließlich die vielen anderen dicken Statistikwälzer da.

Törichte Annahmen über den Leser

Lassen Sie mich ein paar Vermutungen über Sie als Leser meines Buches anstellen:

Vielleicht bereiten Sie sich gerade auf eine Statistikprüfung in der Schule, in der Ausbildung oder in der Uni für das Fach Wirtschaftswissenschaften oder Sozialwissenschaften vor. Es kann auch sein, dass Sie statistische Informationen für Entscheidungen in Ihrer beruflichen Praxis benötigen oder Sie möchten einfach endlich mal die Formeln hinter den Statistiken, die Ihnen tagtäglich in Zeitungen, im Fernsehen und im Internet begegnen, kennenlernen und verstehen.

Die Aussage »Statistiken und statistische Formeln sind wirklich nur für Mathegenies oder in Zahlen verliebte Sonderlinge interessant« wäre eine durchaus törichte Annahme, wenn man sie auf den Leser von *Statistik für Wirtschafts- und Sozialwissenschaftler für Dummies* beziehen würde.

Wenn Sie ein wenig Kenntnisse in der grundlegenden Schulmathematik mitbringen und ansonsten gerade begonnen haben, sich mit Statistik in Ihrem Fach, an der Hochschule oder in Ihrer beruflichen Praxis zu beschäftigen, dann ist *Statistik für Wirtschafts- und Sozialwissenschaftler für Dummies* genau das richtige Buch für Sie. Aber auch wenn Sie bereits als Statistikprofi in der Lehre und Ausbildung auf dem Gebiet der Wirtschafts- und Sozialwissenschaften tätig sind, können Sie dieses Buch zur Einführung sinnvoll einsetzen. Sie sehen, selbst für richtige Profis hat es etwas anzubieten.

Wie dieses Buch aufgebaut ist

Wie die Statistik selbst besteht auch *Statistik für Wirtschafts- und Sozialwissenschaftler für Dummies* – nach einem einführenden Teil – aus zwei großen Hauptteilen. In diesen Teilen spiegeln sich die beiden wesentlichen Gebiete oder auch das »Ying« und »Yang« der Statistik wieder: die beschreibende und die schließende Statistik. Und natürlich finden Sie in diesem Buch wie in allen Büchern der ... *für Dummies*-Reihe auch einen Top-Ten-Teil.

Teil I: Ein paar statistische Grundlagen

Damit Sie nicht gleich ins eiskalte Wasser der statistischen Formelwelt gestoßen werden, erhalten Sie im ersten Teil erst einmal einen allgemeinen systematischen Einstieg in das Fachgebiet der Statistik. Hier werden der Zweck und die wesentlichen Aufgaben sowie der grundlegende Aufbau der Statistik vorgestellt. Damit Sie gleich kompetent informiert sind, erfahren Sie hier außerdem mehr über die Herkunft und Messung der Daten, mit denen Sie dann später Statistiken berechnen und die Ergebnisse interpretieren können.

Teil II: Die beschreibende Statistik

Teil II ist dem ersten großen Teilgebiet der Statistik gewidmet: der beschreibenden Statistik. Nach einer kurzen Erläuterung der Ziele und Aufgaben der beschreibenden Statistik stelle ich Ihnen die Darstellung von statistischen Daten in Tabellen und Diagrammen vor. Dann folgt die Behandlung der wichtigsten Statistiken. Dabei handelt es sich um zentrale Lagemaße, um Streuungsmaße und Zusammenhangsmaße. Natürlich dürfen dabei auch bedeutsame statistische Kennzahlen nicht fehlen.

Teil III: Die schließende Statistik

Um das zweite große Teilgebiet der Statistik, die schließende Statistik, geht es in Teil III. Sie lernen hier Wahrscheinlichkeiten verstehen und zu bestimmen, Wahrscheinlichkeitsverteilungen zu erkennen, zu unterscheiden und zur Berechnung von Wahrscheinlichkeiten anzuwenden. Darauf aufbauend erfahren Sie, wie Sie statistische Parameter schätzen sowie Vertrauensintervalle berechnen und sinnvoll nutzen können. Selbstverständlich erfahren Sie auch, wie Sie Hypothesen an der Realität überprüfen und testen können. So lernen Sie gleichsam alles Wichtige, was Sie unbedingt für die »Königsklasse« der Statistik im Bereich der Wirtschafts- und Sozialwissenschaften wissen müssen.

Teil IV: Der Top-Ten-Teil

Im Top-Ten-Teil, der in keinem ... *für Dummies*-Buch fehlen darf, finden Sie die zehn wichtigsten Formeln der Statistik noch einmal auf einen Blick. Außerdem stelle ich den Prozess von der Datengewinnung bis zur Analyse in zehn Meilensteinen dar.

Symbole, die in diesem Buch verwendet werden

Dieses Symbol kennzeichnet hilfreiche Hinweise und Tipps, die Ihnen die Arbeit mit den Formeln und der statistischen Analyse erleichtern sollen.

Dieses Symbol kennzeichnet Passagen, in denen wichtige Konzepte und Begriffe dargestellt und genauer erklärt werden. Das gibt Ihnen ein sicheres Verständnis der wichtigsten statistischen Konzepte.

Fehler sind dazu da, dass man aus ihnen lernen kann. Es erspart Ihnen aber viel Arbeit und Mühe, wenn Sie bestimmte Fehler erst gar nicht machen. Damit Sie nicht in das eine oder andere Fettnäpfchen treten, habe ich für Sie an den entsprechenden Stellen diese Warnschilder aufgestellt.

Wie es weitergeht

Als Newcomer fangen Sie am besten einfach am Anfang an und lesen das Buch von vorn bis hinten durch. So werden Sie systematisch in die Statistik eingeführt.

Jedes Kapitel ist aber auch für sich genommen verständlich, also springen Sie einfach in das Thema hinein, das Sie gerade beschäftigt, ganz wie Sie mögen. Viel Erfolg und Spaß dabei!

Teil I
Ein paar statistische Grundlagen

In diesem Teil ...

gebe ich Ihnen einen kleinen Überblick über die wesentlichen Aufgaben und den Zweck der Statistik und deren Aufbau und Systematik. Ich erkläre, wo Sie die Daten und Zahlen herbekommen, auf die die statistischen Formeln angewendet werden.

Wenn Sie diese Zusammenhänge kennen, können Sie entscheiden, welche Statistik Sie am besten für welches statistische Problem nutzen.

Was Statistik ist und warum sie benötigt wird

1

In diesem Kapitel ...

- Ursprünge der Statistik und ihre Bedeutung heute
- Ziele und Aufgaben der Statistik
- Aufbau und wesentliche Bestandteile der Statistik

Statistik wird schon so lange betrieben wie es Mathematik gibt. Ihre Wurzeln reichen bis in die Zeit der Entstehung der Schrift vor mehr als 5000 Jahren zurück. Erste Volkszählungen gab es bereits bei den alten Ägyptern vor mehr als 2000 Jahren. Heute ist die Statistik selbst aus unserem Privatleben nicht mehr wegzudenken und allgegenwärtig. Jedes Mal, wenn Sie eine Zeitung aufschlagen, werden Sie darin Tabellen, Diagramme und statistische Kennzahlen zu den verschiedensten gesellschaftlichen, wirtschaftlichen und technischen Bereichen finden. Kaum eine Nachrichtensendung wird ausgestrahlt, ohne dass darin statistische Informationen enthalten sind. Es gibt keinen gesellschaftlichen, kulturellen, naturwissenschaftlichen, volkswirtschaftlichen und auch keinen betrieblichen Bereich in Unternehmen, für den nicht Statistiken erstellt werden. Selbst in der Unterhaltung und der Freizeit ist Statistik nicht wegzudenken. Denken Sie nur an die vielen Statistiken, die Sie in jeder Sportnachrichtensendung präsentiert bekommen. Ganz offenbar benötigt man heute in allen Bereichen menschlichen Handelns statistische Kenntnisse, wenn man informiert sein möchte oder mitreden will. Warum ist das so?

Warum Statistik?

Eine Antwort auf diese Frage können Sie finden, wenn Sie sich anschauen, um was es bei der Statistik geht. Statistik leitet sich aus dem lateinischen Wort »status« ab, was so viel wie Zustand, Verfassung oder Stand der Dinge meint. Antike Herrscher wollten sich bereits zu vorchristlichen Zeiten ein Bild vom Zustand ihres Staates machen und Informationen über die Verhältnisse im Lande gewinnen. Weil der Staat sich schon damals aus vielen Teilen zusammensetzte (zum Beispiel Menschen, Tieren, Weideflächen etc.), ging es darum, eine Vorstellung über den Zustand dieser »Massen« eines Staates insgesamt zu gewinnen. Die Information über die Zahl der Sklaven, Krieger, Frauen, Kinder, Rinder, Pferde, Boote, Ackerflächen etc. war für die Staatslenker von strategischer Bedeutung für ihre Entscheidungen.

Auch heute noch geht es bei der *Statistik* um das zahlenmäßige Erfassen, Klassifizieren, Auswerten, Analysieren und Präsentieren von Daten über Massen, Gesamtheiten oder Populationen.

Die Statistik benötigen Sie vor allem, um informierte und das heißt richtige oder bessere Entscheidungen für Probleme treffen zu können, die sich nicht auf Einzelfälle, sondern auf Gesamtheiten oder Massenerscheinungen beziehen oder von denen ganze Bevölkerungen beziehungsweise Populationen betroffen sind. Beispielsweise müssen Politiker über Gesetze entscheiden, die das Wohl von Millionen von Bürgern beeinflussen; denken Sie nur mal an die Steuergesetzgebung.

Einsatzgebiete der Statistik

Die Anwendung der Methoden und Instrumente der Statistik finden Sie nicht nur in der Politik, Sie finden sie in allen gesellschaftlichen Bereichen. In nahezu jeder wissenschaftlichen Fachdisziplin (selbst in einem literaturwissenschaftlichen Studium) werden Sie den statistischen Methoden und Instrumenten begegnen. Die folgende Liste zeigt Ihnen Beispiele für betriebliche Einsatzgebiete für die Statistik innerhalb von Unternehmen:

- ✔ **Marktforschung:** Konsumentenstrukturen und Präferenzen
- ✔ **Produktplanung:** Wirtschaftstrends, detaillierte Verkaufsbudgets
- ✔ **Finanzanalysen:** Jahresberichte, Kosten- und Einnahmedaten
- ✔ **Vorhersagen:** Absatzentwicklung, Beschäftigungsentwicklung, Produktivitätsentwicklung
- ✔ **Prozess- und Qualitätskontrollen**
- ✔ **Arbeitnehmerstatistik:** Absentismus (eine Statistik, die sich mit dem Fernbleiben von Arbeitnehmern vom Arbeitsplatz zum Beispiel aufgrund von Krankheiten beschäftigt), Personalfluktuation

Bereiche der Statistik

Innerhalb der Statistik unterscheidet man zwei große Aufgabengebiete:

- ✔ die deskriptive Statistik,
- ✔ die schließende Statistik.

Beide Bereiche der Statistik informieren Sie über:

- ✔ **Zustände**, die eine Gesamtheit oder eine Stichprobe von statistischen Einheiten hinsichtlich bestimmter Merkmale mengenmäßig charakterisieren (zum Beispiel die Bevölkerung eines Landes bezüglich des Umfangs von Arbeitslosigkeit, Einkommen und Vermögen)
- ✔ **Ursachen**, Faktoren oder Gründe, die zu einem bestimmten Zustand in der Gesamtheit geführt haben (zum Beispiel warum nur wenige Personen in der Bevölkerung ein vergleichsweise deutlich höheres Einkommen haben)
- ✔ **Prognosen**, die sich auf die künftige Entwicklung, wie sich die Gesamtheit bezüglich der betrachteten Merkmale in Zukunft entwickeln wird, beziehen (zum Beispiel darüber, wie sich die Lücke zwischen den besser Verdienenden und der übrigen Bevölkerung verändern wird)

- **Techniken**, um bestimmte Zustände oder Ziele zu erreichen (zum Beispiel, dass sich die Lücke zwischen Arm und Reich in der Bevölkerung durch bessere Bildung und Qualifikation in den unteren Schichten der Gesellschaft schließen lässt)
- **Schlussfolgerungen**, das heißt mögliche Ansatzpunkte für weitere Hypothesen und Theorien, die aus den Daten gewonnen werden können

Die deskriptive und die schließende Statistik bilden die beiden wichtigsten Gebiete in der Statistik. Gemäß dieser Unterscheidung ist auch *Statistik für Wirtschafts- und Sozialwissenschaftler für Dummies* entsprechend aufgebaut. Abbildung 1.1 fasst die statistischen Teilgebiete, wie sie auch in den Formeln und Kapiteln dieses Buches thematisiert werden, zusammen.

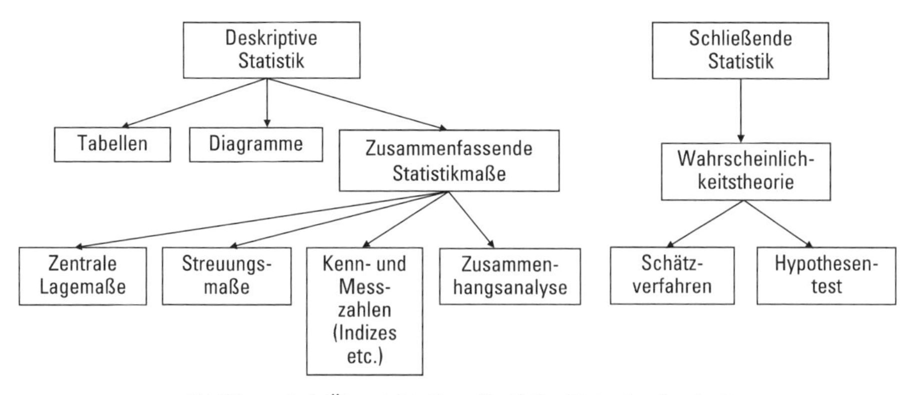

Abbildung 1.1: Übersicht über die Teilgebiete der Statistik

Die deskriptive oder beschreibende Statistik

Wie schon im Namen zum Ausdruck kommt, dient Ihnen die deskriptive Statistik, die manchmal auch *beschreibende Statistik* genannt wird, der genauen Beschreibung von statistischen Gesamtheiten.

Die deskriptive Statistik dient dazu, anhand von Stichproben Fakten und Daten über Populationen, die auch *Grundgesamtheiten* genannt werden, zu sammeln, sie für die Analyse aufzubereiten, sie auszuwerten, zu analysieren und zu interpretieren sowie sie systematisch, geordnet und informativ darzustellen.

Die Beschreibung der Sie interessierenden Eigenschaften der Gesamtheit erfolgt dabei anhand von statistischen Tabellen, Diagrammen oder zusammenfassenden Zahlen (zum Beispiel welche Einkommensstruktur, welchen Altersaufbau und welchen Bildungsgrad die Bevölkerung Deutschlands am Anfang des Jahres 2013 hatte).

Die Gesamtheit, die oft auch als *Grundgesamtheit*, *Population* oder *statistische Masse* bezeichnet wird, ist die Gesamtzahl oder die Menge aller Objekte oder Personen beziehungsweise der »statistischen Einheiten«, über die »statistische Daten« und Informationen gewonnen werden sollen. Die Eigenschaften, nach denen die statistischen Einheiten analysiert werden sollen, heißen *statistische Merkmale* oder *Variablen*.

Lassen Sie mich diese Begriffe an einem kleinen Beispiel erörtern. Stellen Sie sich vor, Sie wären zum Beispiel an der Verteilung des durchschnittlichen Einkommens von Männern und Frauen in einer bestimmten beruflichen Position interessiert. Die Grundgesamtheit besteht in diesem Fall einfach aus allen Erwerbstätigen in dieser beruflichen Position. Jeder einzelne dieser Erwerbstätigen ist dabei eine statistische Einheit. Es werden zwei statistische Merkmale an diesen Einheiten erhoben: das durchschnittliche Einkommen und das Geschlecht. Da unterschiedliche Personen ein unterschiedliches Einkommen haben werden, ist hier auch der Begriff »Variable« sinnvoll.

Nachdem Sie die Daten gesammelt haben, geht es im nächsten Schritt darum, sie möglichst gut darzustellen, um charakteristische Strukturen innerhalb der Daten erkennen zu können.

Die Möglichkeiten, Instrumente oder Formen der Beschreibung reichen von eindimensionalen Tabellen und Diagrammen über einfache statistische Kennzahlen bis hin zu komplexen mehrdimensionalen statistischen Analysetools.

Instrumente der Statistik

Zu den wichtigsten Instrumenten der deskriptiven Statistik zählen:

- **Datentabellen:** Tabellen, in denen die Daten zu den betrachteten statistischen Merkmalen systematisch zusammengefasst präsentiert werden (mehr erfahren Sie darüber in Kapitel 3)
- **Diagramme:** Daten der statistischen Merkmale in Form von Bildern anschaulich und informativ präsentieren (siehe auch Kapitel 3)
- **Zentrale Lagemaße:** Statistiken, die in einer Zahl die Werte eines statistischen Merkmals beschreiben (zum Beispiel das arithmetische Mittel, das Ihnen das durchschnittliche Einkommen des Merkmals »Bevölkerungseinkommen« mitteilt; mehr hierzu in Kapitel 4)
- **Streuungsmaße:** Statistiken, die in einer Zahl mitteilen, wie weit die einzelnen Werte eines Merkmals vom Durchschnitt entfernt liegen (wie stark zum Beispiel die einzelnen Einkommen in der Bevölkerung vom Durchschnittseinkommen entfernt sind; mehr hierzu in Kapitel 5)
- **Kennzahlen:** Zahlen, die die Werte anderer statistischer Kennzahlen zusammenfassen (zum Beispiel der Preisindex für Lebenshaltungskosten, der die Information über die Preisentwicklung vieler verschiedener Güter in einer Zahl komprimiert; mehr hierzu in Kapitel 6)
- **Zusammenhangsmaße:** statistische Maßzahlen, die auch als Koeffizienten bezeichnet werden, die die Stärke der Beziehung zwischen verschiedenen statistischen Merkmalen beschreiben (zum Beispiel inwiefern die Höhe des Einkommens von der Länge der Berufserfahrung abhängt; mehr hierzu in Kapitel 7)

Die zentralen Instrumente der deskriptiven Statistik, die Sie im Detail in Teil II kennenlernen, sind

- ✔ Präsentation statistischer Informationen mithilfe von Diagrammen,
- ✔ Zusammenfassung von Daten einzelner Merkmale beziehungsweise Variablen mithilfe zentraler Lagemaße,
- ✔ Berechnung von Streuungsmaßen zur Beschreibung der Abweichung der einzelnen Werte von den zentralen Lagemaßen,
- ✔ Ermittlung und Beschreibung der Beziehung zwischen einzelnen statistischen Merkmalen mithilfe von Zusammenhangsmaßen.

Datenmessung mit Niveau

Die so beschriebenen und analysierten Merkmale können auf verschiedene Weise gemessen werden (zu den Messniveaus erfahren Sie mehr in Kapitel 2):

- ✔ **nominal**, das heißt, die möglichen Werte eines an den einzelnen statistischen Einheiten gemessenen Merkmals lassen sich nur unterscheiden
- ✔ **ordinal**, das heißt, die möglichen Werte eines an den einzelnen statistischen Einheiten gemessenen Merkmals lassen sich zudem in eine Rangordnung bringen
- ✔ **metrisch**, das heißt, die Unterschiede in den möglichen Werten eines an den einzelnen statistischen Einheiten gemessenen Merkmals lassen sich zusätzlich mithilfe genormter Messeinheiten quantifizieren beziehungsweise zahlenmäßig in ihrer Größenordnung ausdrücken

Die deskriptiven Statistiken und ihre Zuordnung zu den jeweiligen Messniveaus sehen Sie im Überblick in Tabelle 1.1. Außerdem können Sie der Tabelle entnehmen, in welchen Kapiteln die erwähnten Themen behandelt werden.

Statistiken	Skalenniveaus		
	Nominal	Ordinal	Metrisch
Maße der Tendenz beziehungsweise Lagemaße	• Modus (siehe Kapitel 4)	• Median • Quartile • Perzentile (siehe Kapitel 4)	• arithmetisches Mittel • gewichtetes Mittel • geometrisches Mittel (siehe Kapitel 4)
Maße der Variabilität	nicht sinnvoll, da Zahlen nicht von Bedeutung sind und nur zur Unterscheidung der Kategorien der Merkmale dienen	• Abstand • interquartiler Abstand (siehe Kapitel 5)	• mittlere Abweichung • Varianz • Standardabweichung • Variationskoeffizient (siehe Kapitel 5)
Beziehungsmaße	• Chi-Quadrat • Pearsons Kontingenz (siehe Kapitel 7)	• Spearmans Rangkorrelation (siehe Kapitel 7)	• Bravais-Pearson-Korrelation • Kovarianz (siehe Kapitel 7) • Regressionskoeffizient • Determinationskoeffizient (siehe Kapitel 8)

Tabelle 1.1: Der Zusammenhang zwischen Statistiken und Messniveaus

Die Statistiken der deskriptiven Statistik sind nur für die in der Untersuchung erfassten Untersuchungseinheiten aussagekräftig und für die in die Berechnung einbezogenen Daten, das heißt, Sie können die daraus resultierenden Ergebnisse auch nur auf die analysierten Fälle und Daten beziehen und nicht auf andere Fälle übertragen.

Auch wenn Ihnen eine Stichprobe von Daten aus einer umfassenderen Gesamtheit vorliegt, können Sie statistische Ergebnisse, die Sie anhand der Methoden, Instrumente und Statistiken der deskriptiven Statistik gewonnen haben, nur auf die Daten in dieser Stichprobe beziehen und nicht auf die Gesamtheit, aus der die Stichprobe kommt. Wenn Sie das tun wollen, müssen Sie über die deskriptive Statistik hinaus auf das Instrumentarium der schließenden Statistik zurückgreifen.

Die schließende Statistik oder Inferenzstatistik

Die *schließende Statistik* (auch *Inferenzstatistik* oder induktive Statistik genannt) ist neben der deskriptiven Statistik die zweite wesentliche Säule der Statistik. Sie benötigen sie zusätzlich immer dann, wenn Sie nicht alle für eine Analyse interessanten Fälle in Ihre Datenerhebung einbeziehen können. Ihnen steht somit nur ein Teil oder eine Stichprobe der Daten aus der Gesamtheit der Untersuchungseinheiten für die Analyse zur Verfügung. Sie möchten aber dennoch etwas über die Verhältnisse in der Gesamtheit aussagen.

Wählen Sie nur einen Teil der statistischen Einheiten aus der Grundgesamtheit für die statistischen Analysen aus, so handelt es sich um eine *Teilerhebung* beziehungsweise *Stichprobe*. Anhand der Ergebnisse der statistischen Analysen mit der Stichprobe wollen Sie auf die entsprechenden Werte in der betreffenden Grundgesamtheit schließen. Aus dieser Aufgabe ergibt sich auch der Name für die *schließende Statistik*, die auch oft als *Inferenzstatistik* bezeichnet wird, was aber nichts anderes bedeutet. Die Grundlage dafür, dass Sie aus den Ergebnissen einer Stichprobe einen repräsentativen Schluss auf die Verhältnisse in der Grundgesamtheit ziehen können, ist die Wahrscheinlichkeitsrechnung. Darauf bauen die statistischen Schätzverfahren und die Methoden zum Testen von Hypothesen auf.

Eine *Hypothese* ist eine noch nicht anhand von Daten systematisch überprüfte und analysierte oder bestätigte Behauptung, Aussage oder Vermutung.

Instrumente der schließenden Statistik

Besonders wichtige Konzepte, Verfahren und Instrumente, die Sie in der schließenden Statistik antreffen, sind:

- **Zufallsexperiment:** ein Experiment, dessen mögliche Ereignisse zufällig mit einer bestimmten Wahrscheinlichkeit auftreten und daher nicht eindeutig vorhergesagt werden können (mehr hierzu in Kapitel 10)
- **Zufallsvariablen:** die bei dem Experiment betrachteten Merkmale, deren Werte zufällig auftreten (siehe Kapitel 10)
- **Wahrscheinlichkeitsverteilung:** die den möglichen Werten der Zufallsvariablen zugeordneten Wahrscheinlichkeiten (mehr hierzu in Kapitel 11 und Kapitel 12)
- **Stichprobe:** ein Teil einer statistischen Gesamtheit; anhand der Stichprobe gewinnen Sie statistische Informationen über diese Gesamtheit (siehe dazu Kapitel 13)

- **Schätzverfahren:** ein Verfahren, mit dem Sie von den Daten beziehungsweise Ergebnissen aus einer Stichprobe auf die Verhältnisse in der statistischen Gesamtheit schließen (mehr hierzu in Kapitel 14)
- **Parameter- und Hypothesentest:** ein Test, mit dem Sie anhand der Ergebnisse aus einer Stichprobe überprüfen können, ob bestimmte Annahmen oder Hypothesen, die Sie über die Verhältnisse in der Grundgesamtheit haben, zutreffen (siehe Kapitel 15)

Aufgaben der schließenden Statistik

Zwei Aufgabentypen der schließenden Statistik sind besonders wichtig:

- Schätzung der Werte nicht bekannter Grundgesamtheitsparameter (wie das arithmetische Mittel einer Variablen in einer Population)

  Zum Beispiel können Sie die durchschnittlichen Einkommen der Männer und Frauen einer Stichprobe berechnen und mithilfe der Verfahren der schließenden Statistik auf die Durchschnittseinkommen von Männern und Frauen in der gesamten Population, aus der Sie die Stichprobe gezogen haben, schließen.

- Hypothesentest über die Werte von Populationsparametern (zum Beispiel darüber, dass das arithmetische Mittel einen bestimmten Wert hat)

  Ausgehend von einer Hypothese über die Durchschnittseinkommen von Männern und Frauen in der gesamten Population erheben Sie eine Stichprobe aus der Gesamtpopulation und überprüfen anhand der Daten aus der Stichprobe und mithilfe der Verfahren der schließenden Statistik, ob die Hypothese zutrifft oder nicht. Wenn Sie in unserem Beispiel die Annahme haben, dass Frauen und Männer in gleichen beruflichen Positionen das gleiche Einkommen erzielen, können Sie diese Annahme auf diese Weise »empirisch«, das heißt erfahrungsgestützt, überprüfen.

Um zuverlässig schließen zu können, benötigen Sie eine *repräsentative Stichprobe* von Männern und Frauen mit der betreffenden beruflichen Position sowie zuverlässige Angaben über deren Einkommen. Repräsentativ ist eine Stichprobe dann, wenn sie sozusagen ein Abbild der Grundgesamtheit ist. Eine wesentliche Bedingung dafür ist die zufällige Auswahl der Fälle in die Erhebung. Erst unter dieser Voraussetzung ist es möglich, anhand der Ergebnisse der Stichproben festzustellen, mit welcher Wahrscheinlichkeit die Hypothese der Wirklichkeit entspricht.

Gründe für Stichproben und schließende Statistik

Die Beschränkung auf eine Stichprobe und damit der Rückgriff auf die schließende Statistik bietet sich vor allem dann an, wenn Sie

- zu hohe Kosten für die Datenerhebung vermeiden wollen,
- den zeitlichen Aufwand für die Datenerhebung verringern wollen und/oder
- aus sachlogischen, praktischen Gründen auf eine Total- oder Gesamterhebung zugunsten einer Stichprobe verzichten müssen.

Beispielhaft für den Fall des Verzichts aus sachlogischen Gründen auf eine Vollerhebung ist die Qualitätskontrolle im Bereich der Herstellung von Produkten, in dem Sie die Haltbarkeit testen wollen. Wenn Sie alle Produkte, die Sie herstellen, einem Haltbarkeitstest zuführen würden, hätten Sie am Ende keine Produkte mehr, die Sie Ihren Kunden anbieten könnten. Es ist also praktisch gar nicht möglich, alle Produkte auf ihre Haltbarkeit hin zu testen. Natürlich würde es auch viel mehr Zeit beanspruchen und Kosten verursachen, wenn Sie statt einer repräsentativen Stichprobe alle Produkte testen wollten.

Die Quellen: Woher die Daten kommen

2

In diesem Kapitel ...

- Vom Problem zur Fragestellung einer statistischen Untersuchung
- Festlegen des Datenerhebungsdesigns: Definition der Methode, der statistischen Einheiten, des statistischen Verfahrens
- Messniveaus und Variablentypen
- Der Datensatz als Grundlage für statische Analysen

Die Daten, aus denen Sie mithilfe der Statistik Informationen gewinnen können, fallen nicht einfach vom Himmel. Sie können sie mithilfe der Methoden der empirischen (das heißt der systematisch auf Erfahrung beruhenden) Forschung erheben, es sei denn, jemand hat diesen Job schon für Sie erledigt und Sie brauchen nur noch auf die Daten zurückzugreifen. Die Datenerhebung selbst ist oft nur Teil eines umfassenderen statistischen Untersuchungsprojekts. Sie will gut geplant sein. Dazu müssen Sie in jedem Fall folgende Maßnahmen durchführen:

1. Stellen Sie den Informationsbedarf fest.
2. Setzen Sie die Ziele.
3. Legen Sie den Untersuchungsansatz fest.
4. Konzipieren Sie das Datenerhebungsdesign.

Datenerhebung: Auf den Informationsbedarf ausgerichtet

Eine gute Vorbereitung ist das A und O einer statistischen Untersuchung. Deshalb sollten Sie bei der Vorbereitung der Datenerhebung keine Mühen scheuen. Ausgangspunkt der Datenerhebung ist in der Regel ein Informationsbedarf, der sich aus einem praktischen oder theoretischen Problem ergibt. Erheben Sie also Ihre Daten

- ✔ zielgerichtet und
- ✔ zweckbestimmt.

Der Informationsbedarf führt Sie also ganz schnell zur Definition der Ziele.

Ziele festlegen

Um die Ziele zu definieren, sind folgende Schritte notwendig:

1. Artikulieren Sie das Problem und grenzen es von anderen Problemen ab.
2. Leiten Sie aus dieser Ausgangssituation und Problemskizze die Ziele der Untersuchung ab.
3. Leiten Sie aus diesen Zielen die Fragestellungen für die Untersuchung ab.

Untersuchungsansatz definieren

Bevor Sie sich an die Datenerhebung machen, schauen Sie erst einmal, welche Informationen Ihnen bereits zu dem Untersuchungsthema vorliegen oder welche Sie ohne eine eigene Datenerhebung beschaffen können. Diese Informationen können Sie beispielsweise durch Internetrecherchen, Dokumentenanalysen, Literatursichtung und die Sichtung von bereits vorhandenen Untersuchungen und vorhandenen Daten gewinnen.

Sind benötigte Daten noch nicht vorhanden, müssen Sie sie erst noch erheben. Dieser Vorgang der erstmaligen Erhebung der Daten wird unter Statistikern *Primärerhebung* genannt und die Daten daraus werden als *Primärdaten* bezeichnet. Schon vorhandene Daten beziehungsweise bereits durchgeführte Erhebungen werden als *Sekundärdaten* oder als *Sekundärerhebungen* bezeichnet (so beispielsweise die Daten vom Statistischen Bundesamt und den statistischen Landesämtern). Alle Daten müssen ursprünglich natürlich irgendwann im Rahmen einer Primärerhebung gewonnen werden.

Wenn Sie die Daten selbst erheben wollen oder müssen, sollten Sie nicht sofort einfach loslegen und etwa mit einem ad hoc entworfenen Fragebogen Daten von irgendwelchen Personen erfragen, sondern sich erst einmal zurücklehnen und die nächsten Schritte sorgfältig planen. Bevor Sie die Detailplanung für die Datensammlung in Angriff nehmen, ist es für die gezielte Datengewinnung hilfreich oder in vielen Fällen sogar nötig, wenn Sie im Anschluss an die Fragestellungen als nächstes Folgendes tun:

1. Formulieren Sie die zentralen Aussagen, das theoretische Modell und die Hypothesen, zu denen Sie Informationen benötigen oder die Sie mit den Daten überprüfen wollen.
2. Bestimmen Sie die zentralen Begriffe, die Sie dabei verwenden.
3. Legen Sie die Grundgesamtheit fest, das heißt die Menge aller für die Fragestellung relevanten statistischen Einheiten (Untersuchungsobjekte, Fälle, Befragte etc.), an denen die Daten erhoben werden sollen.
4. Identifizieren Sie die statistischen Merkmale, die an den statistischen Einheiten gemessen werden sollen.

Mit der Ausformulierung des theoretischen Modells, der zentralen Aussagen und Hypothesen geben Sie genau vor, was Sie untersuchen wollen und welche Informationen Sie benötigen.

Wenn Sie die Fragestellung untersuchen wollen, ob in einer Wirtschaftsbranche die Mitarbeiter aufgrund des Geschlechts diskriminiert werden, stellen Sie zum Beispiel die Hypothese »Frauen verdienen in der Branche X im Land Z im Jahr Y durchschnittlich 30 Prozent weniger als Männer bei gleicher Tätigkeit und Qualifikation« auf.

Zur Spezifikation des theoretischen Modells und der zentralen Aussagen gehört auch, dass Sie die darin enthaltenen zentralen Begriffe definiert haben. Der in diesem Beispiel zentrale Begriff der »Diskriminierung« wird durch den Unterschied im Einkommen der Geschlechter definiert. Daraus ergibt sich auch die Klärung der Frage nach dem Untersuchungsgegenstand. Mit anderen Worten: Sie müssen die statistischen Einheiten festlegen, an denen die Daten zu erheben sind. In dem Diskriminierungsproblem bieten sich als statistische Einheiten die weiblichen und die männlichen Beschäftigten der Wirtschaftsbranche X im Land Z im Jahre Y an.

Aus den Begriffsdefinitionen leiten Sie ferner die statistischen Merkmale (die oft auch als statistische Dimensionen, Indikatoren und häufig auch als Variablen bezeichnet werden), zu denen Sie die Daten erheben müssen, ab. In diesem Beispiel sind es die statistischen Merkmale »Geschlecht« und »Einkommen«.

Variablen werden die statistischen Eigenschaften beziehungsweise Merkmale oft genannt, weil die Merkmalsausprägungen bei den einzelnen Untersuchungseinheiten variieren beziehungsweise voneinander abweichen können. So werden die einzelnen Beschäftigten eben nicht alle das gleiche Einkommen erzielen, sondern je nach Alter, Qualifikation, Tätigkeitsbereich und eben nach Geschlecht verschiedene Gehälter erhalten. Die Werte der Variablen Einkommen sind eben variabel. Die *Merkmalsausprägungen* sind die möglichen Werte, die die statistischen Merkmale aufweisen können. Die tatsächlich gemessenen Werte sind die *Daten* beziehungsweise Merkmalsgrößen der statistischen Erhebung.

Das Datenerhebungsdesign festlegen

Nachdem Sie die Ziele, Fragestellungen, zentralen Aussagen und Hypothesen, Begriffe, Untersuchungseinheiten und Merkmale für die Untersuchung geklärt haben, geht es nun an das Eingemachte der Datenerhebung. Sie können sich daranbegeben, das Erhebungsdesign für Ihre geplante statistische Erhebung zu konzipieren. Mit dem Erhebungsdesign legen Sie näher fest,

- ✔ auf welche Weise, das heißt mit welcher Methode, Sie die Daten erheben wollen,
- ✔ wie Sie die statistischen Einheiten für die Untersuchung auswählen wollen,
- ✔ mit welchen statistischen Verfahren Sie die gewonnenen Daten auswerten wollen und insbesondere auf welchem Messniveau die statistischen Merkmale deshalb gemessen werden müssen.

Die Datenerhebungsmethode definieren

Die Daten fallen Ihnen nicht einfach vom Himmel in den Schoß. Sie wollen gezielt gefunden und erhoben werden. Zwei Voraussetzungen haben Sie dazu bereits erfüllt, wenn Sie die Grundgesamtheit und die Merkmale bestimmt haben. Nun steht die Entscheidung an, wie Sie an die Daten herankommen wollen, das heißt mit welchen Methoden Sie die Daten erheben möchten. Hier steht Ihnen eine Fülle verschiedener Erhebungstechniken zur Verfügung. Je nach Situation, Fragestellung und Problem sind die wichtigsten Erhebungsformen:

Befragungen

Befragungen können Sie mit schriftlichen, standardisierten, nicht standardisierten, offenen, geschlossenen Fragestellungen etc., durch persönliches Interview, telefonisch, über das Internet, per Postbrief etc. durchführen. Sie eignen sich insbesondere in folgenden Situationen,

- ✔ wenn die Informationsträger Personen sind,
- ✔ wenn Sie die gesuchten Informationen nicht beobachten können,
- ✔ wenn die Informationen sich auf vergangene Ereignisse beziehen, die die zu befragenden Personen erlebt haben,
- ✔ wenn die gesuchten Informationen unter anderem nur in den Gedanken, Erinnerungen, Werten oder dem Wissen als geistige Konstrukte bestehen und nur durch sprachliche Äußerungen durch die Betroffenen selbst zugänglich sind.

Beobachtungen

Beobachtungen, die je nach Situation teilnehmend, nicht teilnehmend, offen oder verdeckt, direkt per Augenschein oder mithilfe von Instrumenten, wie Ferngläser, etc., erfolgen können, empfehlen sich,

- ✔ wenn die Informationsträger keine Menschen sind,
- ✔ wenn anzunehmen ist, dass die Zielpersonen sich beispielsweise schlecht an die gesuchten Informationen erinnern können,
- ✔ wenn die Personen motiviert sind, die Informationen nicht oder nur verfälscht wiederzugeben.

Experimente

Experimente mit und ohne Kontrollgruppen, im Labor oder im Praxiszusammenhang etc., bieten sich an, wenn Sie im Rahmen Ihrer Untersuchung auch Ursache-Wirkungszusammenhänge untersuchen möchten, denn so können Sie kausale Zusammenhänge kontrolliert erfassen und überprüfen.

Inhaltsanalysen

Inhaltsanalysen, zum Beispiel von schriftlichen Dokumenten und Texten, Filmen, Internetseiten, Tonaufzeichnungen, Bildern etc., bieten sich an, wenn es sich um durch Menschen bedingte, in der Vergangenheit liegende Vorgänge handelt, die in kulturellen Produkten wie schriftlichen Texten, Büchern, Filmen, Bildern etc. aufgezeichnet sind. Insbesondere wenn es zu den Vorgängen keine Zeitzeugen mehr gibt, bleibt oft nur die Dokumentenanalyse als Informationsquelle übrig.

Auswahl der Untersuchungseinheiten: Vollerhebung oder Stichprobe

Neben der Frage, wie Sie die Daten von den Merkmalsträgern gewinnen können, müssen Sie zunächst aber auch noch klären, wie Sie überhaupt an die statistischen Einheiten kommen beziehungsweise diese für die Datenerhebung auswählen wollen.

Eine wichtige Voraussetzung dafür ist, dass Sie die statistische Masse, das heißt die Grundgesamtheit oder Population, eindeutig festgelegt haben (siehe hierzu Kapitel 1).

Nun können Sie entscheiden, welches Verfahren Sie zur Auswahl der Untersuchungseinheiten anwenden möchten:

- ✔ **Vollerhebung:** Alle statistischen Einheiten der Grundgesamtheit werden in die Erhebung einbezogen.
- ✔ **Stichprobe:** Nur ein Teil der statistischen Einheiten der Grundgesamtheit wird in die Erhebung einbezogen.

Ganz oder gar nicht: Die Vollerhebung

Bei einer Vollerhebung berücksichtigen Sie alle statistischen Einheiten der Grundgesamtheit. Das ist oft nicht möglich, weil diese Daten einfach viel zu umfangreich wären. Eine Vollerhebung empfiehlt sich immer, wenn

- ✔ die Gesamtheit nicht viele Fälle beziehungsweise Untersuchungseinheiten umfasst.
- ✔ die Untersuchungseinheiten leicht zu erfassen und zu erreichen sind.
- ✔ Sie Fälle mit extremen Werten in jedem Fall auch mit in die Analysen einbeziehen wollen.
- ✔ Sie genügend Zeit und Ressourcen zur Durchführung der Erhebung haben.
- ✔ Sie hundertprozentige Genauigkeit bei den Ergebnissen bezüglich der Gesamtheit erreichen müssen. (Zum Beispiel zählt bei Bundestagswahlen die Stimme von jedem wahlberechtigten Bürger. Es werden also keine aus einer Stichprobe hochgerechneten Ergebnisse genutzt.)

Rausgepickt: Die Stichprobenerhebung

Bei der Stichprobe erfassen Sie nur einzelne exemplarische Daten und schließen von ihnen auf die Gesamtheit. Hier kommt die schließende Statistik ins Spiel.

Gründe für eine Stichprobenerhebung können zum Beispiel sein:

- ✔ **Sachgründe:** Wenn beispielweise in Experimenten nur ein Teil der Gesamtheit erfassbar und testbar ist. (Das ist der Fall, wenn in Qualitätstests die zu testenden Geräte dabei zerstört werden, wie etwa bei Crash-Tests mit Autos.)

- **Kostengründe:** Wenn eine Vollerhebung zu hohe Kosten verursachen würde (es zum Beispiel zu viele statistische Einheiten in der Grundgesamtheit gibt).
- **Zeitgründe:** Wenn eine Vollerhebung zu viel Zeit beanspruchen würde (die Auswertungen zum Beispiel schnell zur Verfügung stehen müssen).

Wenn Sie sich für eine Stichprobe entschieden haben, können Sie die Auswahl der einzelnen Einheiten dann anhand verschiedener Verfahren durchführen; dazu gehören:

- **Zufallsgesteuerte Verfahren:**
  - einfache Zufallsauswahlen wie Karteistichproben und Gebietsstichproben
  - komplexe Zufallsauswahlen, wie die Klumpenauswahl oder die geschichtete und die mehrstufige Auswahl
- **Nicht zufallsgesteuerte Verfahren**:
  - willkürliche Verfahren aufs »Geratewohl«
  - bewusste beziehungsweise gezielte Auswahl
  - Quotenauswahl
  - Schneeballverfahren

Von den gewählten Auswahlverfahren hängt wesentlich ab, wie repräsentativ die Daten sind und damit wie gut die Qualität der statistischen Analysen ist, die Sie mit den Daten durchführen wollen. Je weniger repräsentativ die Daten sind, desto vorsichtiger müssen Sie bei der Interpretation der Ergebnisse argumentieren. Repräsentativität der Daten setzt im Allgemeinen ein zufallsgesteuertes Auswahlverfahren voraus (mehr zu den Auswahlverfahren finden Sie in Kapitel 13).

Das richtige Niveau bitte! Nominal-, Ordinal- und metrische Skalen

Mit der Festlegung des Mess- beziehungsweise Skalenniveaus bestimmen Sie, wie genau die Merkmale gemessen werden. Davon ist außerdem abhängig, welche Rechenoperationen und welche Statistiken Sie später auf die Daten anwenden können.

Nichts ist ärgerlicher, als wenn Sie in mühevoller Kleinarbeit jede Menge Daten gesammelt haben, diese aber nachher überhaupt nicht verwenden können, weil sie für Ihre Zwecke nicht brauchbar sind.

Machen Sie sich schon vor der Erfassung der Daten klar, welche Anforderungen die Daten erfüllen und wie die Daten beschaffen sein müssen, damit sie verwendbar sind und sinnvolle Ergebnisse liefern können. Denn sind die Daten erst einmal erhoben, können Sie insbesondere bei größeren Erhebungen nicht einfach sagen, dass Sie aber für diese Statistik eine andere Dateneigenschaft brauchen. In diesem Fall bleibt Ihnen nichts anderes übrig, als die Daten schlicht noch einmal neu zu erheben.

Richtig messen mit Skalen

Welche statistischen Verfahren und Methoden Sie sinnvoll zur Datenanalyse einsetzen können, hängt davon ab, wie Sie die Merkmale gemessen haben. Genauer gesagt kommt es darauf an, mit welcher Skala die Merkmalsausprägungen erfasst wurden und welches Messniveau mit der jeweiligen Skala verbunden ist.

Mit einer *Skala* werden den Merkmalsausprägungen eindeutig bestimmte Werte zugeordnet. Eine Skala ist somit eine Vorschrift, wie die Merkmale zu messen sind. Die Merkmale werden dabei sozusagen skaliert.

Grundsätzlich können Sie die Merkmalsausprägungen der Merkmale anhand von drei verschiedenen Skalentypen messen, das heißt einem Merkmal eines der folgenden drei Messniveaus (Skalenniveaus) zuordnen:

- ✔ **Nominalskala:** Diese Skala passt zu Merkmalen, deren Ausprägungen Sie nur nach gleich oder verschieden einteilen können. So kann zum Beispiel das Merkmal »Familienstatus« die Ausprägungen a) »alleinstehend und noch nicht verheiratet«, b) »verheiratet«, c) »verwitwet« und d) »geschieden« aufweisen. Wie Sie sehen, schließen sich die Merkmalsausprägungen gegenseitig aus. Bei der Erhebung eines solchen Merkmals können Sie dessen Ausprägungen einfach nur voneinander unterscheiden, klassifizieren, sortieren und zuordnen, aber nicht in ein Über- oder Unterordnungsverhältnis bringen.
- ✔ **Ordinalskala:** Diese Skala verwenden Sie, wenn sich die Merkmalsausprägungen nicht nur nach gleich oder ungleich unterscheiden lassen, sondern auch in eine Rangordnung gebracht werden sollen. Das klassische Beispiel für ein ordinalskaliertes Merkmal ist eine Schulnote. Die Note 2 ist zum Beispiel besser als eine 3. Eine 3 hingegen ist besser als eine 4. Sie können jedoch nicht sagen, um wie viel eine 2 besser als eine 3 ist und ob die Leistung, die man benötigt, um von einer 4 auf eine 3 zu kommen, identisch mit der Leistung ist, um sich von einer 3 auf eine 2 zu verbessern. Über die Abstände zweier Ausprägungen eines ordinalskalierten Merkmals kann man also keine Aussage treffen. Bei einem ordinalskalierten Merkmal können Sie dessen Ausprägungen anhand der Merkmalsausprägungen »nur« oder »immerhin« der Rangordnung nach sortieren.
- ✔ **Metrische Skala:** Mit den Ausprägungen dieser Skala können Sie nicht nur zwischen gleich und ungleich unterscheiden sowie eine Rangordnung bilden, es sind auch die Abstände zwischen den Merkmalsausprägungen eindeutig definiert. Nur bei einer metrischen Skala entsprechen die Merkmalsausprägungen auch den entsprechenden (reellen) Zahlen, die ihnen zugeordnet sind. Beispielsweise unterliegen Längenmaße einer metrischen Skala, denn die Abstände zwischen den einzelnen Längeneinheiten sind eindeutig festgelegt. (So entspricht zum Beispiel die Distanz zwischen 2 und 3 Metern exakt denselben 100 Zentimetern wie die Distanz zwischen 3 und 4 Metern.)

Metrische Skalen werden oft weiter unterteilt in Intervall-, Ratio- und Absolutskalen, je nachdem, ob ein natürlicher Nullpunkt und/oder natürliche Einheiten vorliegen oder nicht. Einen natürlichen Nullpunkt finden Sie beispielsweise bei dem Merkmal Gewicht vor, denn weniger als etwa 0 Kilogramm oder 0 Gramm kann schließlich nichts wiegen. Bei *Intervallskalen* können Sie die Daten nicht nur unterscheiden und in eine Rangfolge bringen, sondern auch addieren und subtrahieren: Die Abstände der verschiedenen Merkmalsausprägungen sind messbar und plausibel interpretierbar, es existiert jedoch kein natürlicher Nullpunkt. Ab einem *Ratioskalenniveau* ist darüber hinaus auch die Division und Multiplikation der Merkmalsausprägungen erlaubt. Dies ist dann der Fall, wenn ein natürlicher Nullpunkt existiert.

Wenn Sie sich unsicher sind, ob ein metrisches Merkmal intervallskaliert oder rationalskaliert ist, nehmen Sie einfach zwei verschiedene Merkmalsausprägungen und fragen sich, ob deren Quotient sich sinnvoll interpretieren lässt. So ist es sinnvoll zu sagen, dass jemand mit 80 Kilogramm doppelt so viel wiegt, wie jemand mit 40 Kilogramm, denn das Gewicht ist ein rational skaliertes Merkmal. Anders ist es zum Beispiel bei einer Temperatur in Grad Celsius. Die Temperatur ist offensichtlich auch ein metrisches Merkmal, da seine Ausprägungen notwendigerweise Zahlen sind. Betrachten Sie aber den Quotient der beiden Temperaturwerte –10° Celsius und 20° Celsius, so sind 20° Celsius eben nicht -2-fach so viel wie –10° Celsius. Tatsächlich ist der Nullpunkt der Celsiusskala, 0° Celsius, »willkürlich« auf diejenige Temperatur festgelegt, bei der Wasser zu Eis gefriert. Temperatur in Celsius ist also ein *intervallskaliertes Merkmal* und Sie können nur sinnvoll aussagen, dass die Differenz von 20° Celsius und –10° Celsius 30° Celsius beträgt. Statistiken, die für ein niedrigeres Skalenniveau entwickelt worden sind, können Sie auch auf Daten, die auf einem höheren Niveau gemessen worden sind, anwenden. Wenn Sie das tun, sollten Sie jedoch auch bedenken, dass Sie dabei einen gewissen Verlust an Genauigkeit in Kauf nehmen müssen, denn die für ein niedriges Messniveau vorgesehenen Statistiken verarbeiten in der Regel nicht sämtliche in den Daten steckenden Informationen. Eine Verwendung von Statistiken, die für ein höheres Messniveau konzipiert sind, können Sie dagegen nicht auf Variablen, die auf einem niedrigeren Skalenniveau gemessen sind, anwenden.

Mit dem Messniveau bestimmen Sie auch, welche statistische Formel Sie verwenden dürfen! Einen großen Überblick der zulässigen Kennzahlen für die Skalenniveaus haben Sie schon in Tabelle 1.1 kennengelernt. Liegen Ihnen Daten auf einem höheren Skalenniveau vor, dürfen Sie für diese natürlich auch sämtliche Kennzahlen des tieferen Skalenniveaus berechnen. So können Sie zum Beispiel für ein metrisches Merkmal nicht nur das arithmetrische Mittel, sondern auch den Median oder den Modus als Lagemaß berechnen.

Variablen: Qualitativ oder quantitativ

Entsprechend den unterschiedlichen Skalen gibt es weitere Einteilungen der statistischen Variablen:

- **Qualitative Variablen:** Merkmale, die nominal- oder ordinalskaliert sind. Qualitative Variablen sind immer diskret, das heißt, Sie können die Merkmalsausprägungen abzählen.
- **Quantitative Variablen:** Merkmale, die metrisches Skalenniveau aufweisen. Diese lassen sich wiederum unterscheiden in:

- **Diskrete Variablen:** Variablen, bei denen zwischen zwei Merkmalsausprägungen keine anderen Werte liegen, die Ausprägungen der Variablen beziehungsweise des Merkmals also »abzählbar« sind (zum Beispiel bei den Variablen Autozahl und Personenanzahl, es gibt schließlich keine halben Menschen).
- **Kontinuierliche oder stetige Variablen:** Variablen, bei denen zwischen den einzelnen Ausprägungen beliebig viele weitere Ausprägungen liegen (zum Beispiel die Variablen Entfernung und Gewicht, denn Gewichte können Sie ja beliebig genau messen wie etwa in Tonnen, Kilogramm, Gramm, Milligramm und so weiter)
- **Quasi-stetige Variablen:** Merkmale wie das monatliche Nettoeinkommen sind eigentlich diskret, die Anzahl der möglichen Ausprägungen ist jedoch so groß, dass es auch bei einer sehr großen Grundgesamtheit sehr unwahrscheinlich ist, dass zwei verschiedene statistische Einheiten dasselbe Nettoeinkommen haben. Ein solches Merkmal wird in der Praxis wie ein stetiges Merkmal behandelt.

Ein in Befragungen gar nicht so selten vorkommender Sonderfall ist, dass die Ausprägungen einer insbesondere nominalskalierten Variablen bei einer statistischen Einheit mehrfach zutreffend sind. Wenn beispielsweise in einer Befragung von Unternehmen der Wirtschaftszweig, dem sie angehören, als Merkmal abgefragt wird, so kann zum Beispiel ein und dasselbe Unternehmen sowohl zu den Dienstleistungen als auch zum Handwerk zugeordnet werden. Das Unternehmen lässt sich also beim Merkmal Branchenzugehörigkeit zwei Ausprägungen zuordnen. In diesem Fall spricht man auch von zulässigen Mehrfachantworten bei einer Skala.

Auch wenn die Ausprägungen qualitativer Variablen immer eine Qualität und kein Ausmaß angeben, ist in der Praxis oftmals eine Kodierung der Ausprägungen in Zahlen üblich. Beispielsweise bezeichnet man für das Merkmal »Geschlecht« die Ausprägungen »männlich« und »weiblich« mit »0« und »1« oder eben die Schulnoten von 1 bis 6. Die Zahlen dienen in diesem Fall jedoch der reinen Bezeichnung: Insbesondere ändert sich also nach der Kodierung weder das Skalenniveau des Merkmals noch sind Rechenoperationen wie zum Beispiel die Durchschnittsbildung sinnvoll, die für ein höheres Skalenniveau zulässig wären.

Der Datensatz als Grundlage für statistische Analysen

Die Daten sind das Ergebnis statistischer Erhebungen. Die unmittelbaren Ergebnisse der Erhebungen werden als *Rohdaten* oder *Rohwerte* in einer sogenannten *Urliste* aufgenommen und dann in einem Datensatz zusammengestellt. Der Datensatz setzt sich aus den Daten, die zu den einzelnen statistischen Merkmalen an den statistischen Einheiten erhoben worden sind, zusammen. Für jede statistische Einheit werden also die ursprünglich gemessenen Merkmale und ihre Werte darin aufgezeichnet. Die an den statistischen Einheiten (Merkmalsträgern, Untersuchungseinheiten oder Fällen) gemessenen Werte oder Daten werden auch *Beobachtungen* genannt.

Eine Auflistung der ursprünglich erhobenen und aufgezeichneten Merkmalsausprägungen (Rohwerte) beziehungsweise der Rohdaten heißt *Urliste*.

In der Regel sind in einem Datensatz die Daten für die statistischen Einheiten in den Zeilen und für die statistischen Merkmale in den Spalten eingetragen. Sie können somit einen Merkmalswert immer genau einem statistischen Merkmal und einer statistischen Einheit zuordnen.

Datensätze sind die Grundlage und der Ausgangspunkt für die statistischen Analysen.

Tabelle 2.1 zeigt ein kleines Beispiel für einen Datensatz.

Fallnummer	Gewicht (in kg)	Körpergröße (in cm)	Schulnote	Geschlecht
1	95	181	1	weiblich
2	82	185	3	männlich
3	55	155	4	weiblich
4	75	178	5	weiblich
5	62	170	3	männlich
6	92	193	2	männlich
7	88	164	4	weiblich
8	70	190	2	weiblich
9	53	153	6	weiblich
10	68	158	5	männlich
11	100	188	3	weiblich
12	75	152	4	weiblich
13	65	170	1	männlich
14	70	167	3	weiblich
15	59	165	4	männlich
16	84	172	1	männlich
17	65	158	3	weiblich
18	65	163	2	weiblich
19	50	150	4	weiblich
20	57	149	2	weiblich

Tabelle 2.1: Beispieldatensatz

Anhand der ersten Spalte in Tabelle 2.1, in der das Merkmal »Fallnummer« eingetragen ist, können Sie schnell erkennen, dass insgesamt für 20 statistische Einheiten Daten erhoben worden sind. In den übrigen vier Spalten sind die Daten für die Variablen »Gewicht«, »Körpergröße«, »Schulnotendurchschnitt« und »Geschlecht« eingetragen. So wissen Sie jetzt beispielsweise, dass es sich bei der fünften statistischen Einheit um eine 1,70 m große männliche Person handelt, die 62 Kilogramm wiegt.

Die Merkmale »Gewicht« und »Körpergröße« sind quantitative Variablen. Etwas genauer handelt es sich um stetige, metrische (rationalskalierte) Merkmale, deren mögliche Merkmalsausprägungen alle nicht negativen Zahlen sind.

Die Merkmale »Schulnote« und »Geschlecht« sind qualitative Merkmale. Das Merkmal »Schulnote« ist ein ordinalskaliertes Merkmal. Die möglichen Merkmalsausprägungen sind die Noten 1 bis 6. Wir wissen zwar, dass eine 1 besser als eine 2 ist, jedoch lässt sich nicht sagen um wie viel besser. Zu guter Letzt handelt es sich beim Merkmal »Geschlecht« um ein weiteres Beispiel für ein nominales Merkmal mit den möglichen Merkmalsausprägungen »männlich« und »weiblich«.

Bevor Sie mit den Analysen loslegen können, müssen Daten aus der Urliste oft noch in numerische Werte umkodiert werden. Beispielsweise könnten Sie für die nominalskalierte Variable »Geschlecht« in Tabelle 2.1 für die Merkmalsausprägung »männlich« den numerischen Wert 1 und für die Merkmalsausprägung »weiblich« die 0 vergeben.

Für die Eingabe, Aufbereitung und statistische Auswertung der Datensätze können Sie auch statistische Anwendungsprogramme einsetzen und sich so die Arbeit erheblich erleichtern.

Teil II
Die beschreibende Statistik

»Nimm dich in acht, er macht den Eindruck, als könne er der perfekte Ehemann sein, aber es gibt ein Histogramm, das seine Hochzeiten und Scheidungen aufzeigt, und das sieht gar nicht gut aus.«

In diesem Teil ...

stelle ich Ihnen die wichtigsten Konzepte, Instrumente und Formeln der beschreibenden beziehungsweise deskriptiven Statistik vor. Die Aufgaben der deskriptiven Statistik reichen von der Erhebung und Aufbereitung über die Auswertung und Analyse statistischer Daten bis hin zur Präsentation der Ergebnisse Ihrer statistischen Analysen in Form von Tabellen, Diagrammen und einzelnen statistischen Kennzahlen.

In jeder Zeitung zu finden: Tabellen und Diagramme

3

In diesem Kapitel ...

- Gruppierte und klassierte Daten
- Aus Datentabellen Diagramme erstellen
- Die wichtigsten Formen von Diagrammen

Statistiken und Daten finden Sie oft in tabellarischer und grafischer Form präsentiert. Nahezu jeder Bericht über statistische Daten und Analysen enthält sie. Ich zeige Ihnen in diesem Kapitel, wie Sie aus den Daten statistischer Merkmale Tabellen und Diagramme kompetent erstellen, was darin enthalten sein sollte und wie Sie die Inhalte interpretieren können. Vielleicht werden Sie es nicht glauben, aber auch dafür gibt es Formeln, die ich Ihnen hier vorstelle.

Darstellung in Tabellen

Mit Tabellen können Sie statistische Daten in geordneter und gegliederter Form übersichtlich zusammenfassen und darstellen. Aller Anfang bei der Erstellung von Tabellen ist die sinnvolle Ordnung und systematische Zusammenfassung der Daten.

Da eine Tabelle, die alle Daten einzeln darstellt, sehr schnell unübersichtlich wird, fassen Statistiker die Daten häufig zusammen und zwar in *Gruppen* oder *Klassen*.

Eine *Datentabelle* ist die oft in Klassen zusammengefasste und geordnete systematische und übersichtliche Präsentation von Daten in einem rechteckigen oder quadratischen Zeilen- und Spaltenformat.

Gruppierte Daten oder Häufigkeitsdaten

Gruppierte Daten, auch *Häufigkeitsdaten* genannt, liegen vor, wenn mehrere Fälle oder Beobachtungen einen gemeinsamen Wert aufweisen.

Wenn Sie zum Beispiel an der Verteilung der Schulnoten in Tabelle 2.1 aufgelisteten zwanzig Personen interessiert sind, bietet es sich an, die dort sehr unübersichtlich abgebildeten Rohdaten für die Schulnoten in Häufigkeitsdaten umzuwandeln. Hierzu fassen Sie die tatsächlich realisierten Merkmalsausprägungen (die sogenannten Häufigkeitsgruppen) mit ihrer im Datensatz aufgetretenen Häufigkeit in einer Tabelle zusammen, zum Beispiel wie in Tabelle 3.1.

Schulnote	Häufigkeit
1	3
2	4
3	5
4	5
5	2
6	1
Spaltensumme	20

Tabelle 3.1: Schulnoten und ihre Häufigkeit

In der ersten Spalte von Tabelle 3.1 sehen Sie auf einen Blick, dass von den zwanzig Personen drei eine sehr gute Note hatten. Diese Information hätten Sie sich mit der Urliste erst mühsam zusammen suchen müssen. Die letzte Zeile der Tabelle enthält außerdem die Spaltensumme. Diese dient auch als Kontrolle. Die Summe über alle Häufigkeiten ergibt wieder 20, die Anzahl aller Beobachtungen im Datensatz. Es wurden also keine Beobachtungen unter den Tisch fallen gelassen. Generell gilt: Immer wenn statistische Einheiten einen gemeinsamen Merkmalswert aufweisen, kann man sie danach in Gruppen einteilen und die dazugehörenden Häufigkeiten ermitteln und in einer Tabelle darstellen. Die so aus den Rohdaten zusammengefassten Daten heißen *gruppierte Daten* oder *Häufigkeitsdaten* (siehe beispielsweise auch die Fälle/Beobachtungen 10 und 17 sowie 5 und 13 in Abbildung 3.1).

Klassierte Daten

Sind die statistischen Merkmale stetig oder quasi-stetig (was das bedeutet, können Sie in Kapitel 2 nachschlagen), ist es besonders sinnvoll, sie in Klassen einzuteilen und so ihre Darstellung in Tabellen übersichtlicher zu machen.

Stellen Sie sich vor, Sie befragen 100 Personen nach ihrem Vermögen in Euro. Sie werden dann sehr wahrscheinlich 100 verschiedene Antworten erhalten, sodass Sie die Rohdaten nicht so übersichtlich wie die Daten in Tabelle 3.1 darstellen können. Sinnvoller ist es, in einem solchen Fall bestimmte Klassen für das Vermögen zu bilden und abzuzählen, wie viele der Beobachtungen jeweils in die betreffende Klasse fallen. Sie klassifizieren das Merkmal und man spricht dann von *klassierten Daten*. Klassierte Daten können natürlich auch in einer übersichtlichen Häufigkeitstabelle dargestellt werden, in der man die einzelnen Klassen und zugehörigen Häufigkeiten zusammenfasst.

Lassen Sie mich das Gesagte an einem konkreten Beispiel veranschaulichen: Ihnen liegen die Daten über das Merkmal Größe (in cm) von 20 Personen vor (linke Seite »Variable Größe unsortiert« in Abbildung 3.1, entnommen aus dem Datensatz in Tabelle 2.1 in Kapitel 2).

Diese Informationen wollen Sie übersichtlich in Form einer einfachen Tabelle darstellen. Zu diesem Zweck ordnen Sie die Personen ihrer Größe nach und fassen gleich große Personen dabei mengenmäßig in einer Häufigkeitstabelle zusammen. Das Ergebnis können Sie der rechten Seite (»Variable Größe sortiert«) in Abbildung 3.1 entnehmen. Wie Sie sehen, kommen die meisten Werte nur einmal vor und nur die beiden Personen mit einer Größe von 1,58 m und 1,70 m weisen dieselbe Größe auf.

Rohdaten als Urliste:
Körpergröße unsortiert

Fallnr.	Größe (in cm)
1	181
2	185
3	155
4	178
5	170
6	194
7	164
8	190
9	153
10	158
11	188
12	152
13	170
14	167
15	165
16	172
17	158
18	163
19	150
20	149

Datensatz nach der
Größe sortiert

Fallnr.	Größe	Häufigkeit
20	149	1
19	150	1
12	152	1
9	153	1
3	155	1
10,17	158	2
18	163	1
7	164	1
15	165	1
14	167	1
5,13	170	2
16	172	1
4	178	1
1	181	1
2	185	1
11	188	1
8	190	1
6	194	1

Abbildung 3.1: Die Rohdaten werden ihrer Rangordnung nach in einer Häufigkeitstabelle angeordnet

Doch diese Anordnung der Daten ist Ihnen bestimmt immer noch zu wenig anschaulich und Sie möchten die Daten in einer informativeren Datentabelle zusammenfassen. Hierzu teilen Sie die Daten in sinnvolle und aussagekräftige Klassen ein und bilden dann eine Häufigkeitstabelle des klassierten Merkmals.

Klassenbildung

In der Praxis können Sie die Klassen und die sich daraus ergebenden Spalten und Zeilen für eine Tabelle oft aus dem sachlogischen Zusammenhang bilden. Wenn Sie beispielsweise Daten über die statistischen Merkmale »Einkommen« oder »Geschlecht« in einer Tabelle präsentieren möchten, bietet sich beim Merkmal »Geschlecht« die Einteilung in die beiden Kategorien »Männer« und »Frauen« an, denn es handelt es sich ja bei »Geschlecht« um ein nominalskaliertes Merkmal – für ein solches Merkmal erscheint die Darstellung in einer Häufigkeitstabelle natürlich. Doch in wie viele Klassen wollen Sie die (stetige) Variable »Einkommen« einteilen? Vielleicht in die drei Klassen »niedriges Einkommen«, »mittleres

Einkommen« und »hohes Einkommen«. Aber auch dann besteht noch das Problem, welche konkreten Einkommensgrenzen beispielsweise der Klasse »niedriges Einkommen« zugrunde gelegt werden. Eine Lösung besteht hier zum Beispiel darin, aus Gründen der Vergleichbarkeit die Einkommensklassen aus anderen Statistiken (wie zum Beispiel der des statistischen Bundesamtes) zu übernehmen. Die gleichen Überlegungen können Sie auch auf die Variable »Körpergröße« in unserem Beispiel übertragen.

Klassenzahl

Wenn Sie keine genaue Vorstellung oder Vorgaben zur Abgrenzung der Klassen und zur Bestimmung der Klassenzahl haben, verwenden Sie zur Ermittlung der Klassenzahl k die folgende Formel:

$$k \geq \frac{\log n}{\log 2}$$

Dabei bedeutet:

- ✔ k: die Anzahl der gesuchten Klassen
- ✔ n: die Gesamtzahl der Fälle/Beobachtungen
- ✔ $\log n$: der Logarithmus aus der Gesamtzahl der Fälle/Beobachtungen n
- ✔ $\log 2$: der Logarithmus aus 2

Wenden Sie die Formel auf die Variable »Körpergröße« in unserem Beispiel an, ergibt sich folgende Berechnung:

$$k \geq \frac{\log 20}{\log 2} = 4{,}32$$

Natürlich muss die Anzahl k der Klassen eine ganze Zahl sein. Runden Sie daher auf die nächstgrößere ganze Zahl auf, wenn sich eine Dezimalzahl ergibt, das heißt im Beispiel auf fünf Klassen.

Klassenbreite und Klassengrenzen

Nachdem Sie die Klassenzahl ermittelt haben, müssen Sie natürlich auch noch die Klassenbreiten und damit die Grenzen für die einzelnen Klassen festlegen. Sofern Ihnen aus sachlogischen oder anderen Gründen keine besonderen Vorgaben zur Breite bestimmter Klassen gegeben sind, empfehle ich Ihnen gleiche Klassenbreiten für die Tabelle einzurichten. Auch dafür steht Ihnen selbstverständlich eine Formel zur Verfügung.

$$\textit{Klassenbreite} = \frac{\textit{höchster Wert im Datensatz} - \textit{niedrigster Wert im Datensatz}}{\textit{Anzahl der Klassen}}$$

In unserem Beispiel bestimmen Sie die Klassenbreite, indem Sie vom höchsten Wert den niedrigsten Wert abziehen und durch die vorher errechnete Anzahl der Klassen dividieren.

Als Klassenbreite ergibt sich im Beispiel für das Merkmal »Körpergröße« also:

$$\frac{193-149}{5}=\frac{44}{5}=8{,}8\approx 9$$

Das heißt, die Klassenbreite sollte jeweils 9 cm betragen. Bei dieser Einteilung in gleich große Klassen sollte die erste Klasse mit der kleinsten Beobachtung im Datensatz beginnen.

Jetzt können Sie mit der Erstellung der Tabelle beginnen. Wie Sie die Tabelle genauer gestalten können und was in die Tabelle gehört, erfahren Sie im nächsten Abschnitt.

Die Zutaten für eine gute Datentabelle

Jede Tabelle besteht aus Zeilen und Spalten, die die Informationen und Daten in den einzelnen Zellen der Tabelle enthalten. Damit Ihre Tabelle aussagekräftig, verständlich und nachvollziehbar ist, sollte sie wie folgt aufgebaut sein:

- ✔ **Tabellenkopf**, in dem eine aussagekräftige Tabellenüberschrift über den gesamten Inhalt der Tabelle steht
- ✔ **Vorspalten und/oder Vorzeilen,** die den Inhalt in den einzelnen Zeilen und Spalten klar und eindeutig kennzeichnen
- ✔ **abschließende Zeile** mit der Quellenangabe und eventuellen weiteren Erläuterungen und Fußnoten

Die Häufigkeitstabelle eines klassierten Merkmals

Wenn Sie wissen möchten, wie sich die Untersuchungseinheiten mit ihren Werten auf die einzelnen Klassen eines statistischen Merkmals in der Tabelle verteilen, mit anderen Worten, eine informative, anschauliche, klare und leicht verständliche Übersicht über die Daten erhalten wollen, erfahren Sie das am besten anhand einer *Häufigkeitstabelle*.

Informiert die Tabelle nur über die Daten eines einzigen Merkmals, wird diese Tabelle als *eindimensional* bezeichnet. Werden mehrere Merkmale in einer Tabelle gleichzeitig betrachtet, spricht man von einer *mehrdimensionalen Tabelle*.

Ich empfehle Ihnen die Erstellung einer Häufigkeitstabelle aus der Urliste gleich zu Beginn jeder statistischen Untersuchung für jedes metrisch skalierte Merkmal mit wenigen Untersuchungseinheiten und für alle nominal- und ordinalskalierten Merkmale. So können Sie schnell die Richtigkeit und Vollständigkeit der Daten überprüfen.

Das Ergebnis aus dem Beispiel mit dem klassierten statistischen Merkmal »Körpergröße« in Abbildung 3.1 ist die Häufigkeitstabelle, die Sie in Tabelle 3.2 sehen.

Größenklassen (in cm)	Absolute Häufigkeiten	Relative Häufigkeiten	Kumulierte relative Häufigkeit
[149,158[	5	0,25	0,25
[158,167[	5	0,25	0,50
[167,176[	4	0,20	0,70
[176,185[	2	0,10	0,80
[185,194]	4	0,20	1
Spaltensumme	20	1	–

Quelle: Eigene Erhebungen Datum Monat/Jahr

Tabelle 3.2: Die Häufigkeitstabelle der Variablen »Körpergröße«

Dabei haben die einzelnen Zeilen und Spalten die folgenden Inhalte und Informationen:

- ✔ Die erste Zeile enthält den Tabellenkopf, der eine prägnante, kurze und leicht verständliche Überschrift über den Inhalt der Tabelle enthalten sollte.
- ✔ Die zweite Zeile enthält als sogenannte *Vorzeile* eine klare, kurze Bezeichnung der einzelnen Spalteninhalte.
- ✔ Die weiteren Zeilen enthalten die entsprechenden Daten beziehungsweise Häufigkeiten sowie eine summarische Zusammenfassung der Daten am unteren Ende der Tabelle.
- ✔ Die letzte Zeile enthält Angaben über die Herkunft und das Entstehungsdatum der Tabelleninhalte.
- ✔ Die erste Spalte, auch *Vorspalte* genannt, enthält die Informationen über die Klassengrenzen und die Klassenbreite.
- ✔ Die zweite Spalte enthält die jeweiligen absoluten Häufigkeiten, womit die Anzahl der Rohwerte gemeint ist, die in die entsprechende Klasse fallen.
- ✔ Die dritte Spalte gibt den relativen Anteil jeder Klasse an der Gesamtzahl aller Beobachtungen an (das heißt, die absoluten Häufigkeiten der jeweiligen Klassen sind geteilt durch die Gesamtzahl der befragten Personen).
- ✔ Die vierte und letzte Spalte enthält die kumulierte, also aufsummierte relative Häufigkeitsverteilung.

Kumulierte relative Häufigkeitsverteilung

Die *kumulierte relative Häufigkeitsverteilung* zeigt Ihnen die von der kleinsten Klasse bis zu einer bestimmten höheren Klasse aufaddierten beziehungsweise aufsummierten relativen Häufigkeiten oder den bis dahin angehäuften relativen Anteil. Sie können der kumulierten Häufigkeitsverteilung so zum Beispiel direkt entnehmen, wie groß der relative Anteil der Fälle/Beobachtungen ist, der kleiner oder gleich einem bestimmten Wert (in der Tabelle: die Klassenobergrenze) eines interessierenden Merkmals ist.

Beispielsweise können Sie Tabelle 3.2 entnehmen, dass ein relativer Anteil von 0,70, also 70 Prozent, der Fälle/Beobachtungen eine Größe von bis zu 1,76 m hat.

Achten Sie bei der Erstellung einer Tabelle darauf, dass die einzelnen Klassen klar gegeneinander abgegrenzt sind und keine Überlappungen bei den Werten vorkommen, denn nur dann können Sie die statistischen Einheiten den Klassen eindeutig zuordnen.

Im Beispiel wurden die Klassen so gewählt, dass in den ersten Klassen zwar der Klassenanfang in der Klasse enthalten ist, nicht jedoch der Klassenendpunkt. Formal nutzt man hierfür oftmals eckige Klammern. So bedeutet zum Beispiel die Angabe [149,158[der ersten Klasse, dass sich in dieser Klasse die Körpergrößen von einschließlich 149 cm bis ausschließlich 158 cm befinden, wohingegen sich die letzte Klasse, [185,194], von inklusive 185 cm bis einschließlich 194 cm erstreckt und insbesondere auch die größte Beobachtung des Datensatzes beinhaltet. Besonders wichtig ist auch die Vollständigkeit der dargestellten Informationen und die klare und deutliche Beschriftung der Spalten und Zeilen.

Exkurs: Das Summenzeichen

In Tabelle 3.2 wurden Sie aufgefordert, eine Summe zu bilden. In der Statistik müssen Sie immer wieder Summen bilden und daher ist das Summenzeichen von herausragender Bedeutung. Es wird mit dem griechischen Buchstaben Sigma (Σ) bezeichnet. Das Summenzeichen fordert Sie zur wiederholten Addition auf.

Bezeichnen Sie zum Beispiel das Merkmal »Körpergröße« aus Tabelle 3.2 als Variable X. Für die fünf Klassen der Variablen X ergeben sich dann die Häufigkeiten:

$$n_1 = 5, n_2 = 5, n_3 = 4, n_4 = 2, n_5 = 4$$

Stellen Sie sich nun vor, dass Sie die Summe der Häufigkeiten aus den fünf Klassen der Variablen X bilden wollen, dann können Sie diese Summenbildung mithilfe des Summenzeichens wie folgt ausdrücken:

$$\sum_{i=1}^{k} n_i = n_1 + n_2 + \ldots + n_k$$

Dabei bedeutet:

- ✔ Σ: Das Summenzeichen fordert Sie zur wiederholten Addition auf.
- ✔ i: Der Summenindex zeigt Ihnen den Wert, mit dem Sie in einer gegebenen Datenreihe mit der Addition beginnen sollen. Der Ausdruck unter dem Summenzeichen $i = 1$ steht für die untere Summationsgrenze und besagt, dass Sie mit der Addition beim ersten Wert n_1, das heißt der Anzahl beziehungsweise Häufigkeit der Beobachtungswerte in der ersten Klasse, beginnen sollen.
- ✔ k: Die Gesamtzahl der Klassen, deren Häufigkeit Sie aufaddieren sollen. k steht hier für die obere Summationsgrenze. In unserem Beispiel hat k den Wert 5.

- n_i: Die Bezeichnung für die Häufigkeit in der i-ten Klasse der uns interessierenden Variablen.

Im gegebenen Beispiel ergibt sich:

$$\sum_{i=1}^{5} n_i = 5 + 5 + 4 + 2 + 4 = 20$$

Die einzelnen Häufigkeiten in den Klassen ergeben somit in Summe insgesamt 20 Nennungen beziehungsweise Personen über alle Klassen hinweg. Dies entspricht der Gesamtzahl der Beobachtungen in der Urliste, die man auch mit n abkürzt.

Ein Diagramm sagt mehr als tausend Zahlen

Auch wenn Sie alle Regeln für die Erstellung einer Tabelle einhalten, kann die Darstellung in Form von Bildern oder Diagrammen oft anschaulicher, zugänglicher und damit verständlicher für den Betrachter sein.

Die Informationen aus den Tabellen können Sie in verschiedensten Diagrammen darstellen. Aus der Vielfalt der möglichen bildlichen Darstellungsformen möchte ich die folgenden, in der Statistik typischen Diagramme herausgreifen und sie anhand des Größenbeispiels veranschaulichen:

- Histogramm
- Balkendiagramm
- Kuchendiagramm
- Liniendiagramm

Das Histogramm

Das Histogramm ist die Darstellung der Verteilung der Häufigkeiten oder prozentualen Anteile eines in Klassen zusammengefassten statistischen quantitativen Merkmals. Es hat folgende Eigenschaften:

- Das Histogramm ist streng genommen nur für die Darstellung stetiger beziehungsweise kontinuierlicher Merkmale geeignet.
- In der Regel werden auf der horizontalen Achse die Klassen abgetragen und auf der vertikalen Achse die durch die jeweilige Klassenbreite geteilten relativen Häufigkeiten der einzelnen Klassen. Manchmal trägt man auch die durch die jeweilige Klassenbreite geteilten absoluten Häufigkeiten der einzelnen Klassen ab.
- Die Häufigkeiten oder relativen Anteile werden also durch rechteckige Flächen dargestellt. Die Größe der Fläche entspricht dem relativen oder absoluten Anteil.
- Die auf der vertikalen Achse abgetragenen Werte bezeichnet man auch als *Häufigkeitsdichte* (der betreffenden Klasse). Eine etwas formalere Anleitung zur Berechnung der Dichte erhalten Sie in Kapitel 4.

Beachten Sie, dass bei unterschiedlichen Klassenbreiten die Höhe der gezeigten Flächen nicht mehr viel oder gar nichts über die relative Bedeutung der Klassen aussagt. Die Bedeutung der Klassen in einem Histogramm kommt nur durch den dargestellten Flächenumfang über den Klassen zum Ausdruck. Diesen Sachverhalt sollten Sie unbedingt bei der Interpretation eines Histogramms berücksichtigen.

Aus den Häufigkeiten zu dem Beispiel mit dem Merkmal der Körpergrößen in Tabelle 3.2 können Sie ein Histogramm erstellen. Hierzu erweitern Sie am besten Tabelle 3.2 durch die Spalten »Klassenbreite« und »Häufigkeitsdichte«, wie in Tabelle 3.3 gezeigt.

Größenklassen (in cm)	Absolute Häufigkeiten	Relative Häufigkeiten	Kumulierte Häufigkeit	Klassenbreite	(Relative) Häufigkeitsdichte
[149,158[	5	0,25	0,25	9	0,25/9 = 5/180
[158,167[	5	0,25	0,5	9	0,25/9 = 5/180
[167,176[	4	0,2	0,7	9	0,20/9 = 4/180
[176,185[	2	0,1	0,8	9	0,10/9 = 2/180
[185,194]	4	0,2	1	9	0,20/9 = 4/180
Spaltensumme	20	1	–	–	–

Tabelle 3.3: Tabelle 3.2 um Klassenbreite und Häufigkeitsdichte ergänzt

Es ergibt sich das in Abbildung 3.2 gezeigte Histogramm.

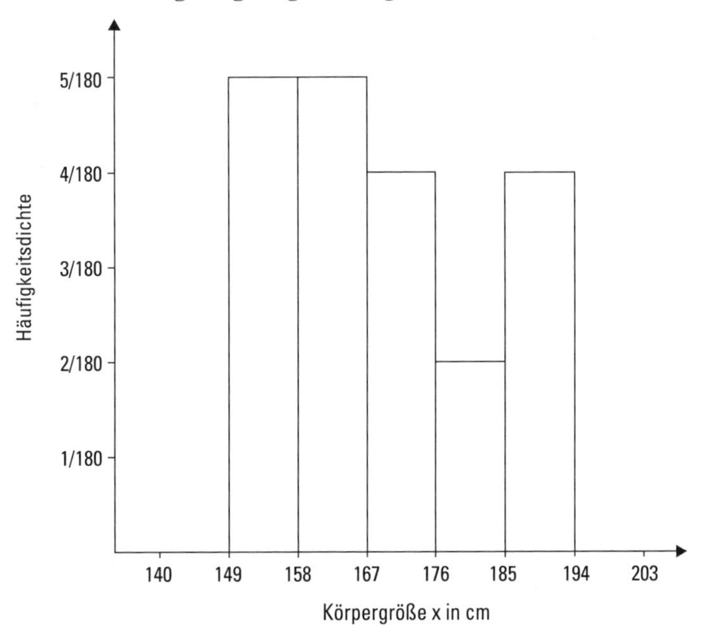

Abbildung 3.2: Beispiel eines Histogramms

Weil in diesem Beispiel die Klassenbreiten gleich sind, können Sie anhand der Höhe der dargestellten Flächen über den einzelnen Klassen in diesem Fall direkt auch die relative Bedeutung der jeweiligen Klasse ablesen. Sie sehen im Histogramm, dass die Verteilung der Körpergröße im Datensatz zwei Spitzen aufweist. Eine bei den ersten beiden Klassen und eine weitere bei der letzten Klasse: Es liegt also eine sogenannte zweigipflige Verteilung vor. In der Praxis kommen zweigipflige Verteilungen oftmals dann vor, wenn im Datensatz zwei sich bezüglich des Merkmals unterschiedlich verhaltende Gruppen vorhanden sind, wie hier Männer und Frauen.

Das Balkendiagramm/Säulendiagramm

Mit einem Säulen- oder Balkendiagramm können Sie die Häufigkeitsverteilung von Daten eines Merkmals darstellen. Häufig werden die Bezeichnungen Balken- und Säulendiagramm synonym verwendet, manchmal spricht man aber auch von Balkendiagramm, wenn die Daten in Form von quer liegenden rechteckigen Balken dargestellt sind, und von Säulendiagramm, wenn es sich um senkrecht stehende Säulen handelt.

Das Balken- oder Säulendiagramm dient wie das Histogramm der Darstellung der Verteilung der Häufigkeiten oder der prozentualen Anteile. Es unterscheidet sich aber in wesentlichen Punkten:

- ✔ Mit dem Säulen- oder Balkendiagramm kann man die Häufigkeitsverteilung von nominalskalierten oder ordinalskalierten Merkmalen darstellen (Histogramme sind im Gegensatz dazu insbesondere für stetige Merkmale geeignet).
- ✔ Die Höhe der Säulen oder die Länge der Balken eines Säulen- oder Balkendiagramms gibt die absolute Anzahl oder die relativen Anteile beziehungsweise Prozentwerte der einzelnen Klassen an (zum Vergleich: beim Histogramm ist es der Flächenumfang der Säulen).
- ✔ Zwischen den Balken oder Säulen sind Zwischenräume. Aber weder die Breite der Balken/Säulen noch der Zwischenraum zwischen den einzelnen Balken sind von Bedeutung, allein die Höhe beziehungsweise die Länge ist relevant.

Sollte man es mit einem diskreten metrischen Merkmal zu tun haben, zeichnet man statt Balken oft Stäbe in Höhe der absoluten oder relativen Häufigkeiten über den tatsächlich vorkommenden Merkmalsausprägungen im Datensatz. Man zeichnet ein sogenanntes *Stabdiagramm.*

Liegt ein ordinales Skalenniveau der Daten vor, muss beim Zeichnen eines Balken- oder Säulendiagramms die Rangordnung der Klassen natürlich bestehen bleiben. Man darf die Klassen also nicht gemäß der relativen Häufigkeiten neu anordnen, wie dies zum Beispiel bei einem nominalskalierten Merkmal möglich wäre.

Für die Daten des Merkmals »Geschlecht« aus dem Datensatz in Tabelle 2.1 können Sie das in Abbildung 3.3 gezeigte Säulendiagramm erstellen.

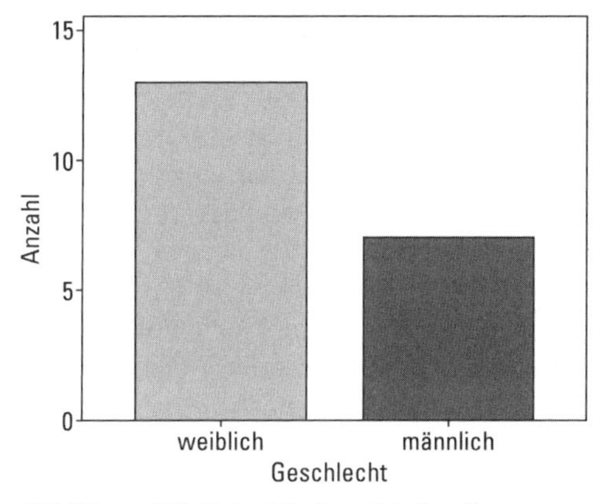

Abbildung 3.3: Beispiel eines Säulendiagramms

Beim Blick auf das Säulendiagramm können Sie sogleich das Profil der Häufigkeiten beim Merkmal »Geschlecht« erkennen. Im Unterschied zum Histogramm fallen die Lücken zwischen den Balken auf.

Das Kuchendiagramm – aber bitte mit Sahne!

Das Kuchen-, Kreis- oder Tortendiagramm ist die kreisförmige grafische Darstellung der Häufigkeiten, relativen Anteile oder Prozentwerte der Klassen eines statistischen Merkmals. Die Klassen werden entsprechend ihres Anteils in unterschiedlich großen Segmenten des Diagramms aufgeführt. So können Sie immer auf einen Blick die relativen Größen und damit die Bedeutung der Klassen anhand der Tortenstücke eines Kuchendiagramms erkennen. Aus den Häufigkeiten der Tabelle 3.2 ergibt sich das in Abbildung 3.4 gezeigte Kuchendiagramm.

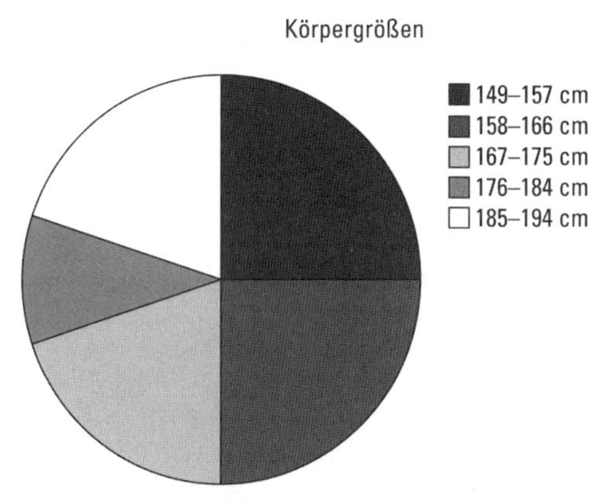

Abbildung 3.4: Beispiel eines Kuchendiagramms für das klassierte Körpergrößenmerkmal

Das Kuchendiagramm in Abbildung 3.4 zeigt, dass die beiden unteren Größenklassen bis 166 Zentimeter Größe die Hälfte beziehungsweise 50 Prozent aller Fälle/Beobachtungen ausmachen.

Im Kuchendiagramm gibt es per se keine natürliche Anordnung der Klassen und somit Kuchenstücke: Es eignet sich besonders für nominalskalierte Daten, bei der die Reihenfolge der Kategorien keine Bedeutung hat.

Wollen Sie die relative Bedeutung der einzelnen Klassen optisch hervorheben, wählen Sie am besten ein Kuchendiagramm. Wenn Sie dagegen die Unterschiede zwischen den einzelnen Klassen miteinander vergleichen wollen, wählen Sie besser ein Balken-, Säulen- oder Histogramm. Ein Balken- oder Säulendiagramm ist gegenüber dem Kuchendiagramm besonders von Vorteil, wenn die dargestellten Klassen in etwa gleich groß sind. Sie sehen, so können die verschiedenen Diagramme je nach Situation und Problemstellung auf dieselben Daten angewandt ihre jeweiligen Vor- und Nachteile haben.

Liniendiagramme

Mit Liniendiagrammen können Sie die Entwicklung der Merkmalswerte insbesondere von quantitativen stetigen oder quasi-stetigen Variablen über die Zeit hinweg in Form eines Linienzugs darstellen. Liniendiagramme werden also zur Darstellung von funktionalen Zusammenhängen und zur Entwicklung von Merkmalswerten in einem zeitlichen Ablauf eingesetzt. Auf der horizontalen Achse finden Sie in der Regel die betrachteten Zeiteinheiten von links nach rechts ansteigend dargestellt und auf der vertikalen Achse werden die Ausprägungen des betrachteten Merkmals (oder seine Häufigkeiten) zu den einzelnen Zeitpunkten abgetragen. Die einzelnen Punkte werden dann durch Linien miteinander verbunden.

Tabelle 3.4 enthält die Daten für die Gewinnentwicklung der miteinander konkurrierenden Unternehmen ProProfit und WinWin in den Jahren 2009 bis 2013.

Unternehmen	Jahr				
	2009	2010	2011	2012	2013
ProProfit	50	100	200	350	500
WinWin	150	300	350	400	450

Tabelle 3.4: Die Gewinnentwicklung (in Millionen Euro) der Firmen ProProfit und WinWin

Das den in Tabelle 3.4 enthaltenen Daten entsprechende Liniendiagramm sehen Sie in Abbildung 3.5.

Auf der vertikalen Achse sind die Gewinne und auf der horizontalen die betrachteten Jahre abgetragen. Auf einen Blick können Sie so die äußerst positive Entwicklung der Gewinne bei beiden konkurrierenden Firmen im Zeitablauf erkennen. Sie sehen auch sofort, dass die Firma ProProfit zunächst weniger Gewinn erwirtschaftete, aber im Jahr 2013 die Firma WinWin in der Gewinnentwicklung übertraf und offensichtlich einen stark zunehmenden Trend in der Gewinnentwicklung aufweist, während der Gewinn für die Firma WinWin nur noch degressiv ansteigt.

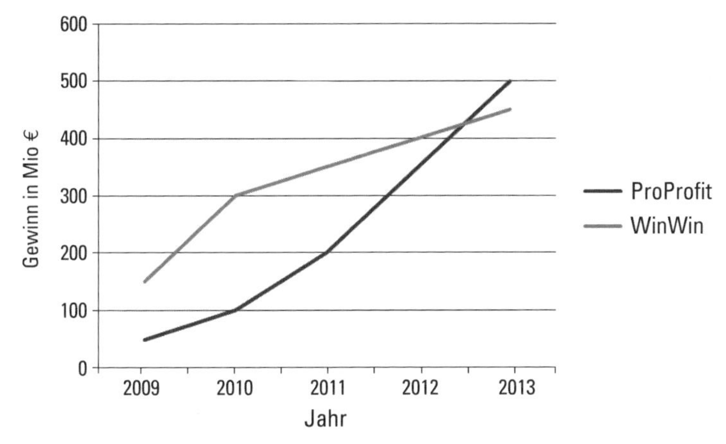

Abbildung 3.5: Beispiel eines Liniendiagramms für die Gewinnentwicklung der Firmen ProProfit und WinWin

Weitere Diagramme, die Ihnen begegnen können

Neben den gezeigten Histogrammen, Balken- und Kuchendiagrammen sowie Liniendiagrammen gibt es unter anderem insbesondere noch folgende Diagrammtypen:

- ✔ **Stabdiagramm:** In diesem Diagramm zeigen schmale Stäbe statt Flächen oder Balken die Häufigkeiten an.
- ✔ **Piktogramm:** Die Daten werden in Form von Bildern dargestellt, deren Größe die Häufigkeiten widerspiegeln.
- ✔ **Kartogramm:** Die Informationen werden als Landkarten dargestellt, wobei die Größe der dargestellten Länder den Häufigkeiten entsprechen, die sie im Diagramm repräsentieren.
- ✔ **Boxplot:** Diese Diagrammform dient zur Darstellung der Verteilung von einzelnen, mindestens ordinalskalierten Merkmalen (mehr dazu erfahren Sie in Kapitel 5).
- ✔ **Streudiagramm:** Dieses Diagramm dient zur Darstellung des Zusammenhangs zweier metrisch skalierter Merkmale, in dem die gemeinsamen Datenwerte als Punkte erscheinen (mehr dazu erfahren Sie in Kapitel 7).

Auch das ist nur eine Auswahl von Diagrammtypen, die jeweils unterschiedliche Möglichkeiten der visuellen Darstellung bieten. Allerdings dienen sämtliche Tabellen und Diagramme dem gleichen Zweck der gezielten Präsentation und Vermittlung statistischer Informationen.

Achten Sie bei der Erstellung von Tabellen und Diagrammen auf

- ✔ klare und vollständige Beschriftungen (zum Beispiel Überschriften, Zeilen- und Spaltenbeschriftungen bei Tabellen, Achsenbeschriftungen und Achsenbezeichnungen bei Diagrammen),
- ✔ Übersichtlichkeit,
- ✔ Lesbarkeit und Verständlichkeit,

- eine »problemangemessene« und korrekte Darstellung,
- Vollständigkeit der dargestellten Inhalte,
- logische Konsistenz und Richtigkeit der dargestellten Inhalte,
- vollständige und richtige Quellenangaben.

Mit Tabellen und Diagrammen lassen sich statistische Sachverhalte nicht nur gut vermitteln, sie können auch leicht durch entsprechende Darstellungsweisen und Klasseneinteilungen optische Täuschungen hervorrufen und somit zur Manipulation des Betrachters eingesetzt werden, und zwar auch ganz ohne lügen zu müssen.

Mitten drin – zentrale Lagemaße

In diesem Kapitel ...

- Für jedes Messniveau das geeignete Lagemaß
- Modus und Median
- Quartile, Perzentile, Quantile

In diesem Kapitel geht es um zentrale Lagemaße, das heißt um Modus, Median, arithmetisches und geometrisches Mittel. Mit diesen Maßen können Sie die Information über die Daten eines statistischen Merkmals kurz und knapp in einer einzigen charakterisierenden statistischen Kennzahl zusammenfassen.

Zentrale Lagemaße – ein Steckbrief

Zentrale Lagemaße haben ihren Namen verdient, weil sie das Zentrum oder die zentrale Ausrichtung und mittlere Tendenz der Verteilung der Werte eines statistischen Merkmals durch eine einzige Zahl komprimiert kennzeichnen beziehungsweise darstellen. Oft werden diese Kennzahlen deshalb auch als *Mittelwerte* bezeichnet.

Mittelwerte eignen sich insbesondere für folgende Aufgaben:

- ✔ **Beschreibung** einzelner Merkmale einer statistischen Masse
- ✔ **Information** über die Lage der Häufigkeitsverteilung eines Merkmals bezüglich der zugrunde liegenden Messskala
- ✔ **Vergleich** eindimensionaler Verteilungen von Merkmalen in und zwischen verschiedenen statistischen Massen
- ✔ **Vergleichsmaßstab** für die Werte einzelner Fälle in Bezug auf bestimmte Merkmale

Je nach Messniveau, mit dem Sie die Daten der Merkmale gemessen haben, sind verschiedene Mittelwerte für die Analyse geeignet. Deshalb müssen Sie die Anwendungsvoraussetzungen, Verfahrensweisen und Interpretationsmöglichkeiten der verschiedenen Mittelwerte gut kennen und bei der Analyse und Ergebnispräsentation berücksichtigen. Einige der wichtigsten Mittelwerte werde ich Ihnen in den nächsten Abschnitten vorstellen.

Das arithmetische Mittel

Der volkstümlich als »Durchschnitt« verstandene sogenannte Mittelwert wird von Statistikern als *arithmetisches Mittel* bezeichnet. Es ist wohl das bekannteste statistische Lagemaß. Das arithmetische Mittel können Sie nur bei metrisch gemessenen Merkmalen sinnvoll einsetzen.

Zur Berechnung des arithmetischen Mittels bilden Sie zuerst die Summe aus allen Merkmalswerten vom ersten Fall $i = 1$ bis zum letzten Fall $i = n$ der Urliste und multiplizieren das Ergebnis dann mit $1/n$ beziehungsweise dividieren es durch die Gesamtzahl der Fälle/Beobachtungen n. Sie verwenden also folgende Formel:

$$\bar{x} = \frac{1}{n}\sum_{i=1}^{n} x_i = \frac{\sum_{i=1}^{n} x_i}{n}$$

Dabei bedeutet:

- ✔ $\bar{x}$: arithmetisches Mittel
- ✔ $\sum_{i=1}^{n} x_i$: bilde die Summe von $i = 1$ bis $i = n$ über alle Werte x_i im Datensatz
- ✔ n: Gesamtzahl der Werte
- ✔ x_i: der Wert beziehungsweise die Merkmalsausprägung der i-ten statistischen Einheit des Merkmals X

Für viele Kennzahlen stehen gleich mehrere Formelausdrücke zur Verfügung, so auch für das arithmetische Mittel $\bar{x}$ (ausgesprochen x-quer). Lassen Sie sich dadurch nicht verwirren, es sind lediglich Formelumstellungen, die Ihnen für bestimmte Situationen das Rechnen erleichtern können. Falls Sie zum Beispiel eine Häufigkeitstabelle mit insgesamt k voneinander verschiedenen Merkmalswerten angefertigt haben, können Sie diese Tabelle direkt benutzen, um das arithmetische Mittel zu bestimmen, indem Sie die rechte Seite des folgenden Ausdrucks für das arithmetische Mittel berechnen:

$$\bar{x} = \frac{1}{n}\sum_{i=1}^{n} x_i = \sum_{i=1}^{k} h_i x_i$$

Dabei bezeichnet h_i die relative Häufigkeit für den i-ten voneinander verschiedenen Wert des Merkmals X.

Wenn Sie in dem in Kapitel 3 verwendeten Beispiel mit den Personengrößen die durchschnittliche Körpergröße ermitteln wollen, gehen Sie folgendermaßen vor:

1. Addieren Sie die Größen aller Personen.
2. Teilen Sie das Ergebnis durch die Anzahl der gemessenen Personen:

$$\bar{x} = \frac{181 + 185 + 155 + \ldots + 149}{20} = \frac{3361}{20} = 168{,}05$$

Das arithmetische Mittel und damit die durchschnittliche Größe der im Beispiel gemessenen 20 Personen beträgt demnach 168,05 cm.

Das geometrische Mittel

Wollen Sie nicht den Durchschnittswert für die Verteilung der Werte eines statistischen Merkmals zu einem gegebenen Zeitpunkt ermitteln, sondern die durchschnittliche Veränderung der Werte dieses Merkmals über einen bestimmten Zeitraum hinweg, können Sie auf das geometrische Mittel zurückgreifen. Das geometrische Mittel ist somit insbesondere zur Berechnung *durchschnittlicher Wachstumsraten* geeignet. Die durchschnittliche Wachstumsrate p ergibt sich als $\bar{x}_{geo} - 1$, wobei

$$\bar{x}_{geo} = \sqrt[n]{z_1 \cdot z_2 \cdot z_3 \cdot \ldots \cdot z_n}$$

Dabei bedeutet:

✔ $\bar{x}_{geo}$: geometrisches Mittel

✔ n: Gesamtzahl der Zuwachsperioden

✔ z_i: der Wert des i-ten Wachstumsfaktors

Die Verwendung des geometrischen Mittels setzt metrisches Messniveau (genau genommen die Messung auf einem Ratio- beziehungsweise Verhältnisskalenniveau, das heißt, die Messskala enthält auch einen absoluten Nullpunkt) voraus.

Zur Berechnung des geometrischen Mittels verfahren Sie folgendermaßen:

1. Berechnen Sie die einzelnen Zuwachsraten zwischen den betrachteten Perioden aus gegebenen Ausgangswerten der statistischen Merkmale beziehungsweise Variablen. Wenn Sie zum Beispiel die Wachstumsrate der i-ten Wachstumsperiode berechnen möchten, bilden Sie die Differenz der Merkmalswerte in Periode $i + 1$ und i und teilen das Ergebnis dieser Differenz durch den Merkmalswert der Periode i.
2. Berechnen Sie aus den Wachstumsraten die zugehörigen Wachstumsfaktoren, indem Sie 1 zu den Wachstumsraten addieren. Der Wachstumsfaktor ist der Faktor, mit dem man einen gegebenen Wert der Vorperiode multiplizieren muss, damit der Wert der aktuellen Periode herauskommt.
3. Multiplizieren Sie die Wachstumsfaktoren miteinander.
4. Ziehen Sie die n-te Wurzel aus dem Produkt der Wachstumsfaktoren. Dabei entspricht n der Anzahl der Wachstumsfaktoren, die Sie berechnet haben.

Zur Veranschaulichung stellen Sie sich folgendes Beispiel vor:

Sie haben die durchschnittlichen Größen von 20 Personen in den letzten fünf Perioden (zum Beispiel Jahre) gemessen und möchten jetzt die mittlere Wachstumsentwicklung für das Merkmal »Personengröße pro Periode« bestimmen. Tabelle 4.1 zeigt die arithmetischen Mittel der letzten Perioden (in Metern).

Perioden	1.	2.	3.	4.	5.
Größe in m	1,55	1,60	1,64	1,67	1,68
Wachstumsperioden		1.	2.	3.	4.
Wachstumsraten		3,23 %	2,50 %	1,83 %	0,60 %
Wachstumsfaktor		1,0323	1,025	1,0183	1,006

Tabelle 4.1: Beispieldaten zur Berechnung des geometrischen Mittels

Folgende Arbeitsschritte führen Sie zur Berechnung des geometrischen Mittels durch:

1. Berechnen Sie aus den durchschnittlichen Größen der einzelnen Perioden (1,55; 1,60; 1,64; 1,67; 1,68) die Wachstumsraten von Periode zu Periode (3,23 %, 2,5 %, 1,83 %, 0,6 %). Die Entwicklung von der ersten (mit einem Durchschnitt von 1,55 m) zur zweiten Periode (mit einem Durchschnitt von 1,60 m) war demnach zum Beispiel durch einen prozentualen Anstieg von 3,23 % gekennzeichnet.

2. Addieren Sie zu den Wachstumsraten 1 hinzu, um aus den Wachstumsraten die zugehörigen Wachstumsfaktoren zu berechnen. Für die erste Wachstumsperiode lautet der Wachstumsfaktor zum Beispiel 1,0323 = 1 + 3,23 %, da 1,55 · 1,0323 = 1,60.

3. Multiplizieren Sie die einzelnen Wachstumsfaktoren miteinander.

4. Berechnen Sie daraus mithilfe der Formel des geometrischen Mittels das durchschnittliche Wachstum über alle Perioden hinweg. Multiplizieren Sie dazu zunächst die jeweils von Jahr zu Jahr festgestellten Wachstumsfaktoren miteinander und ziehen Sie dann die vierte (weil es sich um vier Wachstumsperioden handelt) Wurzel aus dem Ergebnis:

$$\bar{x}_{geo} = \sqrt[4]{1{,}0323 \cdot 1{,}025 \cdot 1{,}0183 \cdot 1{,}006} = \sqrt[4]{1{,}08396} = 1{,}020354$$

Aufgrund dieser Berechnung gehen Sie nun von einer durchschnittlichen prozentualen Wachstumsrate p von 1,020354 – 1 = 0,020354 = 2,0354 % pro Periode aus. *p* ist also diejenige konstante Wachstumsrate, mit der der Anfangswert von 1,55 m konstant wachsen müsste, um nach insgesamt fünf Perioden 1,68 m zu betragen.

Eine Berechnung des arithmetischen Mittels der einzelnen Wachstumsraten hätte zu einem Durchschnittswert von 2,0385 Prozent geführt und damit zu einer leichten Überschätzung der tatsächlichen durchschnittlichen Wachstumsrate. Der Grund dafür ist, dass die einfache Durchschnittsberechnung der Wachstumsraten die verschiedenen Ausgangswerte von Periode zu Periode für die Berechnung der einzelnen jährlichen Wachstumsraten nicht berücksichtigt.

Der Median

Der *Median* ist ein zentrales Lagemaß, das Sie für Daten mit metrischem, aber auch für Daten mit ordinalem Messniveau berechnen können. Der Median ist derjenige Merkmalswert, bei dem 50 Prozent der Beobachtungen darunter und die anderen 50 Prozent der Beobachtungen darüber liegen. Er wird auch als *zweites Quartil* bezeichnet. Für nicht klassierte

Daten berechnen Sie ihn, indem Sie zunächst die Datensatzwerte eines Merkmals der Größe nach in einer Reihe ordnen und diese dann in zwei gleich große Teile aufteilen. Die Neuordnung der n Merkmalswerte x_1, x_2, ... x_n geschieht dabei von klein nach groß. Den kleinsten Wert im geordneten Datensatz bezeichnet man mit $x_{(1)}$, den zweitkleinsten mit $x_{(2)}$ und so weiter.

Bei der Berechnung des Medians für nicht klassierte Daten müssen Sie zwei Fälle berücksichtigen, einmal ist die den Berechnungen zugrunde liegende Zahl der Merkmalswerte ungerade und einmal gerade.

Berechnung des Medians bei ungerader Fallzahl

Wenn die Gesamtzahl der Fälle n eine ungerade Zahl ist, gilt:

$$\tilde{x} = Q_2 \text{ mit } Q_2 = x_{\left(\frac{n+1}{2}\right)}$$

Dabei bedeutet:

- ✔ $\tilde{x}$: Median
- ✔ Q_2 : das zweite Quartil, das heißt 50 Prozent der Beobachtungen haben höchstens diesen Wert
- ✔ $x_{\left(\frac{n+1}{2}\right)}$: Nehmen Sie den Wert des Merkmals, der an der Stelle $\frac{n+1}{2}$ in der geordneten Datenreihe steht. Sie dividieren also die um 1 vermehrte Gesamtzahl aller Beobachtungen durch 2. Der Datenwert dieses Falles in der geordneten Datenreihe ist dann der Median.

Bei einer ungeraden Fallzahl entspricht der Median also einfach der $\frac{n+1}{2}$-kleinsten Beobachtung im Datensatz.

Hatten Sie in der Schule gute Noten? Wie auch immer, schauen Sie sich folgendes Beispiel aus der Schule an: Ihnen liegen die in Tabelle 4.2 gezeigten Zeugnisnoten von neun Schülern vor und Sie möchten nun die mittlere Note erfahren, die die neun Schüler erreicht haben.

Schüler								
1.	2.	3.	4.	5.	6.	7.	8.	9.
Noten								
3	5	4	2	1	3	3	2	6

Tabelle 4.2: Die Zeugnisnoten von neun Schülern unsortiert

Nun Schritt für Schritt zur Lösung:

1. Sie stellen fest, dass die Schulnoten ein ordinalskaliertes Merkmal sind (mehr darüber erfahren Sie in Kapitel 2).
2. Sie stellen fest, dass die Daten nicht in Klassen eingeteilt sind.

3. Sie stellen fest, dass die Gesamtzahl der Schüler eine ungerade Zahl ist.

   Also müssen Sie zur Berechnung auf die Formel für den Median für ungerade Fallzahlen und für die Daten eines nicht klassierten ordinalskalierten Merkmals zurückgreifen.

4. Um den Median berechnen zu können, ordnen Sie die Daten entsprechend der Zeugnisnote von der besten Note zur schlechtesten Note absteigend. Die Reorganisation dieser Daten in eine absteigende Ordnung zeigt Tabelle 4.3.

Die geordneten Noten der Schüler								
1	2	2	3	**3**	3	4	5	6
Nach den Noten geordnete Fallnummern								
1.	2.	3.	4.	**5.**	6.	7.	8.	9.

Tabelle 4.3: Anwendung des Medians bei ungerader Fallzahl

5. Sie wenden die Formel an und kommen zu diesem Ergebnis:

   $$\tilde{x} = x_{\left(\frac{9+1}{2}\right)} = x_{(5)} = 3$$

   Das heißt, der fünfte Wert in dem nach den Noten geordneten Datensatz ist der Median und das ist in unserem Beispiel die Note 3. Das Ergebnis bedeutet, dass die Hälfte der Schüler eine 3 oder eine schlechtere Note erhalten hat und die andere Hälfte die Note 3 oder besser.

Berechnung des Medians bei gerader Fallzahl

Wenn die Gesamtzahl n gerade ist, gilt

$$\tilde{x} = Q_2 \text{ mit } Q_2 = \frac{x_{\left(\frac{n}{2}\right)} + x_{\left(\frac{n}{2}+1\right)}}{2}$$

Dabei bedeutet:

✔ $\tilde{x}$: Median

✔ Q_2: das zweite Quartil, das heißt 50 Prozent der Fälle haben höchstens diesen Wert

✔ $\frac{x_{\left(\frac{n}{2}\right)} + x_{\left(\frac{n}{2}+1\right)}}{2}$: Ordnen Sie den Datensatz der Größe nach. Teilen Sie die Gesamtzahl der Beobachtungen n durch 2 und Sie erhalten den Fall mit dem ersten Wert zur Berechnung des Medians.

Nehmen Sie den zugehörigen Wert im geordneten Datensatz und addieren Sie dazu den Wert derjenigen Beobachtung des der Größe nach geordneten Datensatzes, der an der Stelle »$n/2 + 1$« steht, das heißt den nächsten Wert im geordneten Datensatz. Teilen Sie das Ergebnis der Addition durch 2 und Sie erhalten den Median der Datenreihe.

Zur Bestimmung des Medians berechnen Sie bei gerader Fallzahl also einfach den Mittelwert des »$n/2$«- und »$n/2 + 1$«-kleinsten Beobachtungswert im Datensatz.

Nehmen Sie jetzt einmal an, dass drei der Schüler aus dem vorangehenden Beispiel nicht an der Prüfung teilgenommen haben und Sie somit nicht von neun, sondern nur von sechs Schülern eine Note erhalten haben. Nach den ersten beiden Arbeitsschritten zur Berechnung des Medians stellen Sie jetzt im dritten Schritt fest, dass die Fallzahl gerade ist. Der vierte Schritt der Reorganisation dieser Daten absteigend nach den erzielten Noten führt zu dem in Tabelle 4.4 dargestellten Ergebnis.

Die geordneten Noten der Schüler					
1	2	**2**	**3**	4	6
Nach den Noten geordnete Fallnummern					
1.	2.	**3.**	**4.**	5.	6.

Tabelle 4.4: Anwendung des Medians bei gerader Fallzahl

Wenn Sie nun den Median für diese Datenreihe berechnen wollen, müssen Sie natürlich die Formel für die gerade Fallzahl einsetzen. Daraus ergeben sich dann die weiteren Arbeitsschritte:

1. Teilen Sie die Gesamtzahl der Fälle n durch 2. Sie erhalten daraus die Information, dass Sie zunächst den Wert des dritten geordneten Falls nehmen sollen.
2. Dazu addieren Sie den Wert des vierten Falls in der geordneten Datenreihe.
3. Teilen Sie das daraus hervorgehende Ergebnis durch 2.

$$\tilde{x} = \frac{x_{\left(\frac{6}{2}\right)} + x_{\left(\frac{6}{2}+1\right)}}{2} = \frac{x_{(3)} + x_{(4)}}{2} = \frac{2+3}{2} = 2{,}5$$

Das Ergebnis zeigt Ihnen, dass 50 Prozent der Fälle beziehungsweise Schüler eine 2,5 oder schlechtere Note erreicht haben und die andere Hälfte eine bessere Note erhalten hat.

Median oder arithmetisches Mittel – was ist aussagekräftiger?

Ist der Median oder das arithmetische Mittel aussagekräftiger? Die Antwort lautet: Es kommt darauf an!

Nehmen Sie einmal an, dass die folgende Datenreihe gegeben ist: 18, 20, 20, 22, 120. In diesem Beispiel ergibt sich für den Median 20 und für das arithmetische Mittel 40 (zur Überprüfung rechnen Sie das am besten gleich einmal schnell nach). Welche der beiden statistischen Kennzahlen ist nun repräsentativer für die Datenreihe? Sie sehen bei der in diesem Beispiel sehr kurzen Datenreihe sofort, dass der Median über den Verlauf der Datenreihe deutlich besser informiert als das arithmetische Mittel, denn die meisten Werte liegen deutlich näher bei dem Medianwert als bei dem des arithmetischen Mittels. Weil alle Werte beim arithmetischen Mittel in die Berechnungen einbezogen werden, können Extremwerte das Ergebnis erheblich beeinflussen.

Wollen Sie dagegen auch die extremen Werte als Information in die Berechnung des Durchschnitts einbeziehen, ist es natürlich besser, wenn Sie das arithmetische Mittel verwenden.

Den Median können Sie auch für metrisch skalierte Merkmale insbesondere dann sinnvoll einsetzen, wenn die Datenreihe eines Merkmals Extremfälle aufweist. Denn diese können die zentrale Tendenz in den Daten verzerren und damit die Aussagekraft des arithmetischen Mittels deutlich vermindern, da dort alle Werte in die Berechnung beziehungsweise Analyse aufgenommen werden.

Der Modus

Während das arithmetische Mittel nur für metrisches Skalenniveau sinnvoll und der Median daneben auch für ordinales Skalenniveau verwendbar ist, können Sie den Modus darüber hinaus für nominalskalierte statistische Merkmale berechnen. Genau genommen ist es sogar das einzige sinnvoll anwendbare zentrale Lagemaß für nominalskalierte Merkmale.

Der Modus ist schlicht der Wert, der in einer Datenreihe eines Merkmals am häufigsten vorkommt. Bei klassierten Daten stellt er die Mitte der Klasse mit der größten Dichte dar (darüber erfahren Sie mehr weiter hinten in diesem Kapitel).

In der Datenreihe 18, 20, 20, 22, 120 ist der Modus der Wert 20, weil dieser zweimal und damit gegenüber den anderen vier Werten, die jeweils nur einmal auftreten, am häufigsten vorkommt.

Der Modus kann auch mehrere Werte annehmen, wenn die zugrunde liegende Häufigkeitsverteilung des betrachteten Merkmals zum Beispiel zwei genau gleich mächtige Gipfel aufweist.

Im Beispiel der Variablen »Körpergröße« aus Kapitel 3 kommen zum Beispiel die Werte 1,58 Meter und 1,70 Meter gleich häufig vor, wenn auch nur jeweils zweimal. Damit sind sie aber schon mit jeweils zwei Vorkommnissen die häufigsten Werte und repräsentieren daher gemeinsam den Modus.

Modus, Median und arithmetisches Mittel bei eingipfeligen Verteilungen

Eingipfelige Verteilungen zeichnen sich dadurch aus, dass es nur einen Wert gibt, der am häufigsten vorkommt. Bildlich gesehen gibt es also nur einen Berg mit einem Gipfel, der den Wert mit den meisten Häufigkeiten beziehungsweise im Falle von kontinuierlichen Merkmalen den Wertebereich mit der größten Dichte markiert und um den herum die Häufigkeiten der anderen Werte, vom Gipfel aus gesehen, abnehmen. Bei eingipfeligen Verteilungen finden Sie den Modus deshalb auch immer direkt unter der Spitze des Graphens der Häufigkeitsverteilung.

Bei der Verwendung und Interpretation der zentralen Lagemaße sind insbesondere drei eingipfelige Verteilungsformen interessant, die in Abbildung 4.1 als (Dichte-)Kurven wiedergegeben sind:

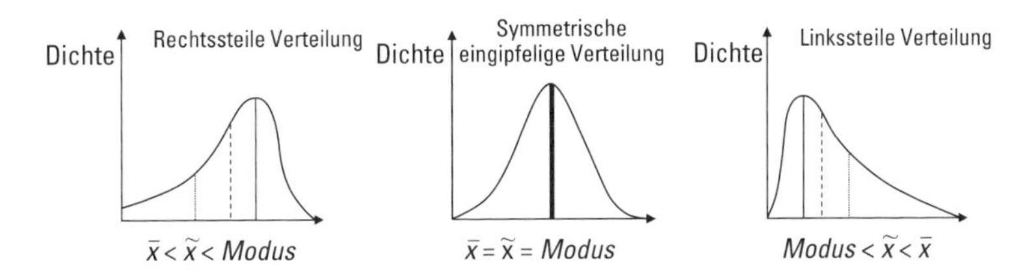

Abbildung 4.1: Lagemaße und Verteilungsformen

- ✔ **Rechtssteile (linksschiefe) Verteilung:** Die erste linke Verteilung ist *linksschief* und nimmt, von rechts betrachtet, steil zu. Sie wird deshalb auch als *rechtssteil* bezeichnet.
- ✔ **Symmetrische eingipfelige Verteilung:** Die zweite Verteilung hat ebenfalls nur einen Gipfel, ist jedoch symmetrisch um den Gipfel herum, das heißt, sie hat auf beiden Seiten exakt die gleiche Form und Fläche.
- ✔ **Linkssteile (rechtsschiefe) Verteilung:** Die rechte Verteilung steigt auf ihrer linken Seite steil an und läuft dann rechts flach aus, weshalb sie in Fachkreisen auch *linkssteil* beziehungsweise *rechtsschief* genannt wird.

In Abbildung 4.1 ist der Modus als durchgezogene Linie eingezeichnet, der Median als gepunktete und das arithmetische Mittel als gestrichelte Linie. Im Fall der rechts- und der linkssteilen Verteilung weicht das arithmetische Mittel stärker als der Median vom Modus beziehungsweise von dem am häufigsten vorkommenden Wert, das heißt vom Gipfel der Verteilung, ab. Der Median nimmt dabei stets eine mittlere Position ein. Der Modus stimmt immer mit dem zum Gipfel gehörenden Wert überein. Nur bei einer symmetrischen eingipfeligen Verteilung fallen die Werte von arithmetischem Mittel, Median und Modus zusammen (in Abbildung 4.1 fett gekennzeichnet), das heißt, sie haben alle denselben Wert.

Auch wenn Ihnen das Bild der Verteilung eines Sie interessierenden Merkmals mal nicht vorliegen sollte und Sie nur wissen, dass es sich um eine eingipfelige Verteilung handelt, können Sie anhand des Vergleichs der Werte von arithmetischem Mittel, Median und Modus erkennen, ob es sich um eine symmetrische, um eine links- oder um eine rechtsschiefe Verteilung handelt. Beachten Sie jedoch, dass wegen der Zufälligkeit durch die Stichprobe in einer Datenreihe bei einer symmetrischen Verteilung die drei Lageparameter in der Praxis nur ungefähr übereinstimmen werden.

Quartile, Perzentile oder ganz einfach Quantile

Der Median teilt die Datenreihe in zwei gleich große Teile. Quartile teilen sie in vier Teile, Quintile in fünf Teile, Perzentile in 100 Teile und Quantile in beliebig viele Teile. Das zweite Quartil und das 50. Perzentil stimmen mit dem Median überein.

Wenn Sie nicht nur an dem Merkmalswert interessiert sind, den der Fall genau in der Mitte eines nach der Größe der Werte eines Merkmals geordneten Datensatzes aufweist, sondern den geordneten Datensatz auch an der 25-Prozent-Grenze und der 75-Prozent-Grenze hinsichtlich seiner Werte betrachten wollen, greifen Sie auf das Konzept der *Quartile* zurück. Wenn Sie es noch genauer wollen, stehen Ihnen die Perzentile zur Verfügung. Noch genauere Unterteilungen werden allgemein als *Quantile* bezeichnet.

Zu viel auf einmal? Hier noch einmal im Detail:

Quartile: Vier gleich große Teile

Bei der Berechnung von Quartilen teilen Sie die Datenreihe in vier gleich große Teile:

- ✔ Das erste Quartil entspricht dem Wert des Falles, der an der Spitze der ersten 25 Prozent der Fälle/Beobachtungen in der geordneten Datenreihe steht. Das bedeutet, dass ein Viertel der Beobachtungen einen kleineren oder gleich großen Wert aufweisen und die übrigen 75 Prozent der Beobachtungen einen größeren Wert bei dem betrachteten Merkmal haben.
- ✔ Das zweite Quartil entspricht dem Median, nämlich dem Merkmalswert des Falles, der in der Hälfte der Datenreihe steht.
- ✔ Das dritte Quartil markiert den Fall, dessen Wert von 75 Prozent der anderen Beobachtungen unterschritten wird.
- ✔ Das vierte Quartil schließt auch die Werte der restlichen 25 Prozent der Beobachtungen in der Datenreihe ein.

Perzentile: Hundert gleich große Teile

Im Fall der Perzentile teilen Sie die Datenreihe eines statistischen Merkmals in hundert gleiche Teile auf. Das dritte Quartil ist dann zum Beispiel das 75. Perzentil. Drei Viertel der Beobachtungen haben dann den gleichen oder einen geringeren Wert und der Rest einen höheren.

Das p-te Perzentil ist der Wert, bis zu dem wenigstens p Prozent der Beobachtungen beziehungsweise der Daten in einer geordneten Datenreihe den gleichen oder einen geringeren Wert haben. Die übrigen (das heißt $100 - p$ Prozent) Beobachtungen haben einen größeren Wert.

Die Formel zur Berechnung der Perzentile ergibt sich, indem Sie zuerst den zugehörigen Index i, das heißt Fall, in der geordneten Stichprobe finden:

$$i = \left(\frac{p}{100}\right)n$$

Dabei bedeutet:

- ✔ i: der Fall, der den Wert $x_{(i)}$ des gesuchten Perzentils in der nach der Größe aufsteigend geordneten Datenreihe enthält, das heißt, es gilt $x_{(1)} \leq x_{(2)} \leq \ldots \leq x_{(n)}$
- ✔ n: die Gesamtzahl der Beobachtungen
- ✔ p: das gewünschte Perzentil

Und so berechnen Sie Schritt für Schritt die Perzentile:

1. Ordnen Sie die Daten in aufsteigender Ordnung.
2. Berechnen Sie:

   $$i = \left(\frac{p}{100}\right)n$$

3. Falls i keine ganze Zahl ist, runden Sie i auf die nächstgrößere ganze Zahl auf und lesen den Wert für $x_{(i)}$ in der geordneten Datenreihe ab. Sie haben den Wert für das gesuchte Perzentil bestimmt.
4. Falls i eine ganze Zahl ist, ist das p-te Perzentil der Durchschnitt der Werte der Beobachtungen in den Positionen i und $i + 1$ in der geordneten Reihe der Daten. Sie berechnen dann also:

   $$\frac{x_{(i)} + x_{(i+1)}}{2}$$

Zur Veranschaulichung der Perzentilrechnung möchte ich hier noch einmal an das Beispiel des Merkmals X mit den Körpergrößen aus Kapitel 3 anknüpfen. Die Daten aus Abbildung 3.1 sind in Tabelle 4.5 bereits in geordneter Reihenfolge noch einmal dargestellt.

Körpergröße in cm																			
149	150	152	153	155	158	158	163	164	165	167	170	170	172	178	181	185	188	190	193
Nach den Körpergrößen geordnete Fallnummern																			
1.	2.	3.	4.	5.	6.	7.	8.	9.	10.	11.	12.	13.	14.	15.	16.	17.	18.	19.	20.

Tabelle 4.5: Daten zur Berechnung von Perzentilen

Nehmen Sie einmal an, Sie möchten das 85. Perzentil für die Daten des Größenmerkmals X der 20 Personen in Tabelle 4.5 berechnen. Das können Sie in folgenden Schritten tun:

1. Ordnen Sie die Daten aufsteigend an (das ist in Tabelle 4.5 bereits durchgeführt worden).
2. Ermitteln Sie mithilfe der Formel

   $$i = \left(\frac{p}{100}\right)n$$

   den Fall, der in der geordneten Datenreihe dem 85. Perzentil entspricht, das heißt:

   $$i = \left(\frac{85}{100}\right)20 = 17$$

   Das Ergebnis ist somit der 17. Fall.
3. Sie stellen fest, dass i eine ganze Zahl ist.

4. Weil i eine ganze Zahl ist, müssen Sie das 85. Perzentil aus dem Durchschnitt der Werte des 17. und 18. Falls der geordneten Datenreihe bilden. Daraus berechnen Sie nun:

$$\frac{x_{(i)}+x_{(i+1)}}{2}=\frac{x_{(17)}+x_{(18)}}{2}=\frac{185+188}{2}=186{,}5\text{ cm}$$

Das Ergebnis ist, dass 85 Prozent der betrachteten Personen der geordneten Datenreihe im Beispiel 186,5 cm groß oder kleiner sind. Die übrigen 15 Prozent sind größer als 186,5 cm.

Quantile: Einfach nur Teile

Wenn Sie Datenreihen in andere als Perzentile oder mehr Teile unterteilen, spricht man von *Quantilen*. Insofern sind Median, Quartile und Perzentile sämtlich nur besondere Formen von Quantilen.

Zentrale Lagemaße für klassierte Daten

Sehr häufig werden die Daten statistischer Merkmale in Gruppen oder in Klassen zusammengefasst und sind in Form von Tabellen dokumentiert. Möchten Sie diese hinsichtlich der zentralen Lagemaße auswerten, müssen Sie Besonderheiten berücksichtigen, das heißt im vorliegenden Fall spezielle Formeln anwenden.

Der Modus für klassierte und gruppierte Daten

Während der Modus in dem Datensatz eines nicht klassierten statistischen Merkmals schlicht der am häufigsten vorkommende Wert ist, finden Sie bei klassierten oder gruppierten Merkmalen den Modus in der Klasse, in der sich die meisten Beobachtungen befinden, oder er hat den Wert, den die größte Gruppe von Merkmalsträgern aufweist.

Wenn beispielsweise bei der Variablen »Körpergröße« 50 Personen eine Körpergröße von exakt 170 cm aufweisen und 100 Personen exakt 175 cm groß sind (und somit die gleiche Körpergröße aufweisen), können Sie die beiden Personengruppen in jeweils eine Gruppe mit der Größe 170 cm und eine mit der Größe 175 cm zusammenfassen.

Von *gruppierten Daten* (oft wird dabei auch die Bezeichnung Häufigkeitsdaten verwendet) wird gesprochen, wenn Sie mehreren Datenträgern dieselben Werte zuordnen können und diese je nach Wert in Gruppen zusammengefasst haben. Von *klassierten Daten* spricht man, wenn Sie die Merkmalswerte der statistischen Einheiten in unterschiedlichen Klassen zusammenfassen können.

Sind die Daten einer Variablen beziehungsweise eines statistischen Merkmals in Gruppen zusammengefasst, ist der Modus der Merkmalswert mit den meisten Beobachtungen. Für den zugegebener Weise unrealistischen Fall, dass die 150 Personen genau nur eine von zwei Körpergrößen haben, wäre der Modus 175 cm, da diese Körpergröße doppelt so viele Personen haben.

In den Daten aus Tabelle 3.1 haben die beiden Merkmalsausprägungen mit »170 cm Körpergröße« und »158 cm Körpergröße« die größte Häufigkeit, und daher sind die Modalwerte auch 170 cm und 158 cm. Zu bemerken ist allerdings, dass es bei einem quantitativen stetigen Merkmal wie der Körpergröße sehr unwahrscheinlich ist, dass es zwei exakt gleich große Menschen gibt. Dass dieser Fall vorkam, liegt vor allem an der gewählten Messgenauigkeit, denn hätte man die Körpergröße nicht in Zentimetern gemessen, sondern noch genauer in Millimetern, hätte es sicher keine zwei Personen mit derselben Körpergröße gegeben. Wir haben bereits gesehen, dass in einem solchen Fall das Histogramm und die damit einhergehende Klassierung eine bessere Beschreibung der Verteilung der Daten bietet.

Sind die Daten in Klassen zusammengefasst, stellt der Modus den Mittelwert der Klasse mit der größten »Dichte«, der sogenannten *Modalklasse,* dar. Das liegt daran, dass die Klassenbreiten der einzelnen Klassen ja nicht unbedingt gleich groß sein müssen, sondern unterschiedlich sein können. Daher kommt es in diesem Fall darauf an, wie viele Beobachtungen sich die gemeinsame Klasse teilen beziehungsweise in der gleichen Klasse Platz nehmen müssen und wie dicht daher die Klasse besetzt ist.

Mit dieser Formel berechnen Sie den Modus bei klassierten Daten:

Modus: Der Mittelpunkt x_i^* der Klasse mit der maximalen Dichte

Zur Berechnung des Modus bei klassierten Daten (mit verschiedenen Klassenbreiten) benötigen Sie zuerst einmal die Formel für die Klassendichte in der i-ten Klasse:

$$D_i = \frac{n_i}{n} \cdot \frac{1}{\Delta x_i} = h_i \cdot \frac{1}{\Delta x_i} = \frac{h_i}{\Delta x_i}$$

sowie die Formel für die Klassenmitte:

$$x_i^* = \frac{x_i^u + x_i^o}{2}$$

Dabei bedeutet:

- ✔ D_i: Dichte der i-ten Klasse
- ✔ n: Gesamtzahl der Beobachtungen, also $n = \sum_{i=1}^{n} n_i$
- ✔ n_i: Fallzahl in der i-ten Klasse (absolute Häufigkeit in der i-ten Klasse)
- ✔ Δx_i : Klassenbreite der i-ten Klasse, dies ist einfach $x_i^o - x_i^u$, dabei ist

  x_i^u : der Wert an der unteren Grenze beziehungsweise der kleinste Wert in der i-ten Klasse (die Klassenuntergrenze)

  x_i^o : der Wert an der oberen Grenze beziehungsweise der größte Wert in der i-ten Klasse (die Klassenobergrenze)
- ✔ x_i^* : Mittelpunkt der i-ten Klasse
- ✔ h_i : die relative Häufigkeit $\frac{n_i}{n}$ in der i-ten Klasse

Wie Sie sehen, sind die Klassendichten also exakt die Höhen der Balken, die über den Klassen im Histogramm eingezeichnet werden. Falls die Klassenbreiten identisch sind, ist die Modalklasse, also diejenige Klasse, in der der Modalwert liegt, natürlich diejenige Klasse mit der größten Häufigkeit. Der Modalwert ist dann einfach der Mittelpunkt der betreffenden Klasse.

Die einzelnen Schritte zur Berechnung des Modus für klassierte Daten möchte ich Ihnen jetzt anhand eines kleinen Beispiels erläutern. Nehmen Sie an, dass Ihnen die Daten für das Merkmal beziehungsweise die Variable X »Gewicht« von einer Gruppe von 200 Personen vorliegen (in Tabelle 4.6 der dunkelgraue Bereich) und Sie dafür den Modus bestimmen möchten.

Klasse	Gewicht der Personen in kg		absolute Häufigkeit	relative Häufigkeit	Klassenbreite	Dichte
	von	bis unter	n_i	$h_i = \frac{n_i}{n}$	Δx_i	$D_i = \frac{h_i}{\Delta x_i}$
1	40	60	30	0,15	20	0,0075
2	60	70	80	0,4	10	0,04
3	**70**	**75**	**50**	**0,25**	**5**	**0,05**
4	75	80	20	0,1	5	0,02
5	80	100	20	0,1	20	0,005
Σ			**200**	1	–	–

Tabelle 4.6: Beispieldaten zur Berechnung des Modus für klassierte Daten

Zur Berechnung des Modus für klassierte Daten gehen Sie am besten wie folgt vor:

1. Berechnen Sie zuerst aus der Häufigkeitsverteilung der Ihnen vorliegenden Tabelle die relativen Häufigkeiten n_i/n für jede Klasse.

2. Berechnen Sie für jede Klasse die Klassenbreite, indem Sie jeweils vom oberen Klassenwert den unteren Klassenwert abziehen.

3. Unter Verwendung der Formel

   $$\frac{n_i}{n} \cdot \frac{1}{\Delta x_i} = \frac{h_i}{\Delta x_i}$$

   können Sie nun die Dichte für die einzelnen Klassen berechnen.

   Für die Klasse der 70 bis 75 Kilogramm wiegenden Personen ergibt sich zum Beispiel:

   $$\frac{50}{200} \cdot \frac{1}{5} = \frac{50}{200 \cdot 5} = \frac{0,25}{5} = \frac{1}{20} = 0,05$$

   Das heißt, diese Klasse hat im Vergleich zu den anderen Klassendichten die größte Dichte (vergleichen Sie in Tabelle 4.6).

4. Bestimmen Sie nun noch die Klassenmitte dieser Klasse und Sie erhalten den Modus:

   $$\frac{70 + 75}{2} = 72,5 .$$

Der Modus, das heißt das am häufigsten vorkommende Gewicht, ist 72,5 Kilogramm. Abbildung 4.2 zeigt Ihnen das Histogramm mit der Lage des Modus bei diesen Daten.

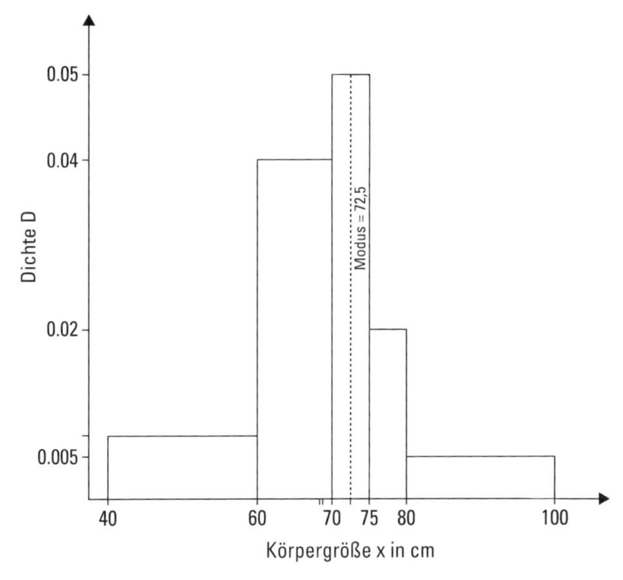

Abbildung 4.2: Histogramm mit Modus für die Gewichtsdaten

Es lässt sich nicht übersehen: Der Modus liegt genau in der Klasse mit der höchsten Dichte.

Der Median für klassierte Daten

Auch der Median lässt sich für klassierte Daten berechnen. Wiederum müssen Sie dafür zunächst herausfinden, welche Klasse den Median beinhaltet.

Zur Erinnerung: Der Median ist der Merkmalswert des Falles, der genau in der Mitte der nach der Größe des betrachteten Merkmals geordneten Beobachtungen liegt. Die eine Hälfte der Untersuchungsfälle liegt mit ihren Werten somit darunter und die andere Hälfte überschreitet diesen Wert.

Sind die Daten klassiert, befindet sich der Median in der Klasse, in der die kumulierte relative Häufigkeitsverteilung des analysierten Merkmals einen Wert von 0,5 zum ersten Mal erreicht beziehungsweise überschreitet (mehr zur kumulierten Häufigkeitsverteilung erfahren Sie in Kapitel 3). Diese Klasse wird als Medianklasse bezeichnet.

Nachdem Sie die Medianklasse *i* in der kumulierten Häufigkeitsverteilung des betrachteten Merkmals gefunden beziehungsweise bestimmt haben, setzen Sie zur genaueren Berechnung des Medians innerhalb der Medianklasse die folgende Formel ein:

$$\tilde{x}_{klass} = Q_2 = x_i^u + \frac{\Delta x_i \left(\frac{1}{2} - F_{i-1} \right)}{h_i}$$

Dabei bedeutet:

✔ $\tilde{x}_{klass}$: Median für klassierte Daten

- ✔ Q_2: Ausdruck für das zweite Quartil, das ja mit dem Median übereinstimmt
- ✔ x_i^u : die untere Klassengrenze der Medianklasse beziehungsweise der kleinste Wert in dieser Klasse
- ✔ Δx_i : Klassenbreite der Medianklasse
- ✔ F_{i-1} : die kumulierte relative Häufigkeit in der Klasse unter der Medianklasse
- ✔ h_i: die relative Häufigkeit in der Medianklasse

  wobei zur Berechnung der Klassenbreite der Medianklasse i gilt:

  $\Delta x_i = x_i^o - x_i^u$

  dabei ist:

  - x_i^u : der Wert an der unteren Grenze beziehungsweise der kleinste Wert in der Klasse
  - x_i^o : der Wert an der oberen Grenze beziehungsweise der größte Wert in der Klasse

Angenommen, Sie wollen den Median für das Merkmal »Gewicht« berechnen und dabei die Daten aus dem dunkelgrauen Bereich in Tabelle 4.7 verwenden.

Klasse	Gewicht der Personen in kg		absolute Häufigkeit	relative Häufigkeit	kumulierte Häufigkeitsverteilung	Klassenbreite
i	von	bis unter	n_i	$h_i = \frac{N_i}{N}$	$F_i = \sum_{j=1}^{i} h_j$	Δx_i
1	40	60	30	0,15	**0,15**	20
2	**60**	70	80	**0,40**	0,55	**10**
3	70	75	50	0,25	0,80	5
4	75	80	20	0,10	0,90	5
5	80	100	20	0,10	1	20
Σ	–	–	200	–	–	–

Tabelle 4.7: Beispiel zur Berechnung des Medians für klassierte Daten

Zur Berechnung des Medians für das klassierte Merkmal »Gewicht« führen Sie diese Schritte durch:

1. Bestimmen Sie die Mediankasse, das heißt jene Klasse, bei der die kumulierte Häufigkeitsverteilung erstmals den Wert 0,5 erreicht oder überschreitet. Das ist in diesem Fall die Klasse mit Personen von 60 bis unter 70 Kilogramm Gewicht, also die zweite Klasse, $i = 2$.
2. Lesen Sie die Klassenuntergrenze in der Medianklasse $x_i^u = 60$ ab.
3. Berechnen Sie die Klassenbreite in der Medianklasse $\Delta x_i = 70 - 60 = 10$ kg.

4. Stellen Sie die kumulierte relative Häufigkeit in der Klasse unter der Medianklasse mit $F_{i-1} = 0{,}15$ fest.
5. Ermitteln Sie die relative Häufigkeit in der Medianklasse $h_i = 0{,}4$.
6. Berechnen Sie den Median anhand der Formel für klassierte Merkmale.

$$\tilde{x}_{klass} = Q_2 = 60 + \frac{10 \cdot \left(\frac{1}{2} - 0{,}15\right)}{0{,}4} = 60 + \frac{10 \cdot (0{,}35)}{0{,}4} = 60 + \frac{3{,}5}{0{,}4} = 60 + 8{,}75 = 68{,}75$$

Das Ergebnis bedeutet, dass 50 Prozent der Personen ein Gewicht von bis zu 68,75 Kilogramm aufweisen und die restlichen 50 Prozent schwerer sind.

Das gewichtete arithmetische Mittel bei klassierten metrischen Daten

Liegen Ihnen die Daten eines metrisch messbaren Merkmals in klassierter oder gruppierter Form beziehungsweise als Häufigkeitsdaten vor und wollen Sie den Durchschnittswert berechnen, können Sie dafür natürlich auch das gewichtete oder gewogene arithmetische Mittel verwenden.

$$\bar{x}_{gew} = \frac{1}{n} \sum_{i=1}^{k} n_i x_i^* = \sum_{i=1}^{k} h_i x_i^*$$

Dabei bedeutet:

- ✔ $\bar{x}_{gew}$: gewichtetes arithmetisches Mittel
- ✔ n: die Gesamtzahl aller Werte
- ✔ k: Anzahl der Klassen
- ✔ x_i^*: die Klassenmitte der i-ten Klasse
- ✔ n_i: Zahl der Beobachtungen in der i-ten Klasse
- ✔ h_i: relative Häufigkeit für die i-te Klasse, das heißt $h_i = \frac{n_i}{n}$

Formel zur Bestimmung der Klassenmitte der i-ten Klasse:

$$x_i^* = \frac{x_i^u + x_i^o}{2}$$

Dabei bedeutet:

- ✔ x_i^u: der Wert an der unteren Grenze oder der kleinste Wert in der Klasse
- ✔ x_i^o: der Wert an der oberen Grenze oder der größte Wert in der Klasse

Zur Berechnung des gewichteten arithmetischen Mittels gehen Sie wie folgt vor:

1. Bilden Sie die Klassenmitten der Klassen durch:

$$x_i^* = \frac{x_i^u + x_i^o}{2}$$

2. Multiplizieren Sie die Klassenmitten mit den entsprechenden Fallzahlen in der jeweiligen Klasse.
3. Summieren Sie die Ergebnisse der Multiplikation auf.
4. Dividieren Sie die aufsummierten Multiplikationsergebnisse durch die Summe der Gewichte, das heißt der Gesamtzahl der Beobachtungen n.

Im Falle eines gruppierten Merkmals beziehungsweise bei vorliegenden Häufigkeitsdaten brauchen Sie natürlich keine Klassenmitte zur Berechnung des gewichteten arithmetischen Mittels zu berechnen, sondern können gleich die jeweilige Merkmalsausprägungen mit den entsprechenden relativen Häufigkeiten multiplizieren, um das arithmetische Mittel zu berechnen. In diesem Fall entspricht das arithmetische Mittel $\bar{x}_{gew}$ auch genau.

Ich habe das arithmetische Mittel als »gewichtet« bezeichnet, da hier die einzelnen Klassenmittelpunkte mit den relativen Häufigkeiten in den jeweiligen Klassen gewichtet werden.

Nehmen Sie sich noch einmal das Beispiel mit der Gewichtsvariablen in Tabelle 4.8 vor.

Klasse	Gewicht der Personen in kg		absolute Häufigkeit	Klassenmitte	
i	von	bis unter	n_i	x_i^*	$n_i \cdot x_i^*$
1	40	60	**30**	**50**	**1500**
2	60	70	**80**	**65**	**5200**
3	70	75	**50**	**72,5**	**3625**
4	75	80	**20**	**77,5**	**1550**
5	80	100	**20**	**90**	**1800**
Σ	–	–	**200**	**–**	**13675**

Tabelle 4.8: Beispiel zur Berechnung des gewichteten arithmetischen Mittels für klassierte Daten

Das gewichtete arithmetische Mittel für die Daten des Merkmals »Gewicht« aus Tabelle 4.8 errechnen Sie wie folgt:

1. Berechnen Sie aus den Daten in Tabelle 4.8 die Klassenmitten.
2. Berechnen Sie das gewichtete arithmetische Mittel. Aus

$$\bar{x}_{gew} = \frac{1}{n}\sum_{i=1}^{k} n_i x_i^* = \frac{\sum_{i=1}^{k} n_i x_i^*}{n}$$

folgt

$$\bar{x}_{gew} = \frac{(30 \cdot 50) + (80 \cdot 65) + (50 \cdot 72.5) + (20 \cdot 77.5) + (20 \cdot 90)}{200}$$

$$= \frac{1500 + 5200 + 3625 + 1550 + 1800}{200} = \frac{13675}{200} = 68{,}375$$

Das durchschnittliche Gewicht der Personen beträgt demnach 68,375 Kilogramm pro Person.

Bei einer Klassifikation kann es aufgrund der damit einhergehenden vereinfachten Zusammenfassung der Daten zu ungenaueren Ergebnissen kommen, als wenn man die Rohdaten zur Berechnung von statistischen Kennzahlen wie dem arithmetischen Mittel verwendet. Dies liegt einfach daran, dass mit der Klassifikation ja ein Informationsverlust einhergeht: Sie wissen nicht mehr, wo genau in einer Klasse die jeweiligen Datenpunkte liegen, sondern nur noch, wie viele davon sich in einer Klasse befinden.

Resümee zur Berechnung von zentralen Lagemaßen

Sie haben gesehen, dass für die Analyse von statistischen Merkmalen mit verschiedenen Skalenniveaus jeweils angemessene Lagemaße zur Verfügung stehen. Nicht jedes Lagemaß ist dabei gleich geeignet für jedes Skalenniveau.

- ✔ Den Modus können Sie für alle Skalenniveaus berechnen.
- ✔ Den Median können Sie nur bei ordinalskalierten und metrischen Skalenniveaus einsetzen.
- ✔ Das arithmetische Mittel ist schließlich nur auf metrisch skalierte Merkmale sinnvoll anwendbar.

Ein statistisches Lagemaß, das für ein niedrigeres Skalenniveau geeignet ist, können Sie in der Regel auch für höhere Messniveaus verwenden. Umgekehrt ist das nicht möglich, das heißt, Sie können Lagemaße, die für höhere Messniveaus konzipiert sind, nicht auf niedrigerem Messniveau einsetzen. Tabelle 4.9 fasst die Anwendbarkeit der einzelnen Lagemaße auf die verschiedenen Messniveaus noch einmal zusammen.

Skalenniveau/Statistik	Nominales Niveau	Ordinales Niveau	Metrisches Niveau
Modus	x	x	x
Median		x	x
Arithmetisches Mittel			x

Tabelle 4.9: Übersicht über die einzelnen zentralen Lagemaße und ihre Anwendbarkeit auf die verschiedenen Skalenniveaus

Wenden Sie ein statistisches Lagemaß, das für ein niedrigeres Skalenniveau geeignet ist, auf ein statistisches Merkmal mit einem höheren Skalenniveau an, müssen Sie gegebenenfalls mit einem erheblichen Informationsverlust rechnen. Setzen Sie beispielsweise den Modus für ein metrisch skaliertes Merkmal ein, erfahren Sie schließlich nur, welcher Wert am häufigsten vorkommt, und die Information über den durchschnittlichen Wert aller Daten des Merkmals geht Ihnen verloren.

Drum herum – Streuungsmaße

5

In diesem Kapitel …

- Die wichtigsten Streuungsmaße
- Standardisierung und ihre Bedeutung
- Der interquartile Abstand
- Mittlere Abweichung, Varianz und Standardabweichung
- Der Variationskoeffizient

Zentrale Lagemaße beschreiben den typischen, durchschnittlichen, eben den zentralen Wert oder auch die zentrale Tendenz und insofern das allgemeine Niveau der Werte eines Merkmals. Allerdings können die verschiedenen Lagemaße je nach Verteilungsform die einzelnen Merkmalswerte mehr oder weniger gut beziehungsweise genau charakterisieren. Die einzelnen Werte liegen in der Regel mehr oder weniger nahe an dem Wert des zentralen Lagemaßes. Sie müssen daher immer mit Abweichungen vom Durchschnittswert und das bedeutet mit einer *Streuung* um das zentrale Lagemaß rechnen. Sie wissen ja, keine Regel ohne Ausnahme.

Liegen die Werte sehr nahe an dem zentralen Lagemaß, spricht man von einer *geringen Streuung* der Werte um dieses Lagemaß, andernfalls von einer *großen Streuung*.

Je geringer die Streuung, desto genauer die Aussage des zentralen Lagemaßes, und je größer die Streuung der einzelnen Werte um den Mittelwert, desto ungenauer charakterisiert der Mittelwert die Tendenz der Werte in der Datenreihe.

Stellen Sie sich vor, Sie wollen im Land der Mythen und Sagen, das vor allem von Riesen und Zwergen bewohnt wird, die durchschnittliche Größe der Bewohner ermitteln und Sie stellen dabei fest, dass die einzelnen Werte so stark von der durchschnittlichen Größe abweichen, dass der ermittelte Durchschnittswert gar nicht repräsentativ für die einzelnen Werte ist. Weichen die einzelnen Werte von dem Mittelwert des Merkmals »Bewohnergröße« stärker ab, beschreibt der Mittelwert weniger gut die einzelnen Werte. Streuen die Werte dagegen eng um den Mittelwert, stellt er eine relativ genaue Beschreibung der einzelnen Größen der betreffenden Bewohner dar. Kommen dagegen sehr viele Riesen und viele Zwerge in der gemessenen Gruppe vor, liegt der Mittelwert zwar zwischen den beiden Teilgruppen, er gibt aber weder die Größe der Riesen noch die Größe der Zwerge hinreichend genau wieder.

Weil die Daten oft um das durchschnittliche Niveau streuen, beschreiben zentrale Lagemaße die Verteilung nur unvollständig. Sie benötigen insofern auch Informationen über das Ausmaß der Streuung.

Ein zweites Beispiel, das vielleicht weniger plakativ, aber dafür etwas lebensnäher ist: Stellen Sie sich zum Beispiel vor, Sie beobachten die Mietpreise für zwei verschiedene Städte in Deutschland. Nehmen Sie an, dass Sie für die erste Stadt die Werte 400 Euro, 500 Euro und 600 Euro ermittelt haben, der durchschnittliche Mietpreis in dieser Stadt also 500 Euro beträgt. Für die zweite Stadt beobachten Sie die Mietpreise 495 Euro, 500 Euro und 505 Euro. In diesem sehr einfachen Beispiel beträgt auch in der zweiten Stadt der durchschnittliche Mietpreis 500 Euro. Dennoch verhält sich das Merkmal »Mietpreis« in den beiden Städten völlig unterschiedlich: Die Mietpreise der ersten Stadt schwanken viel mehr um den durchschnittlichen Mietpreis als in der zweiten Stadt. Wir sehen also, dass zwar ein zentrales Lagemaß eine durchschnittliche Tendenz der Datenwerte in einer einzigen Kennzahl angeben kann, die Streuung der Daten um den zentralen Wert herum allerdings eine weitere wichtige Beschreibung der Verteilung der Daten liefern würde. Diese Quantifizierung der Streuung von Daten erfolgt mit den im Folgenden vorgestellten Streuungsmaßen.

Abbildung 5.1 zeigt drei symmetrische Verteilungen eines stetigen Merkmals, die alle den gleichen Wert für das gleiche zentrale Lagemaß haben, deren Werte jedoch unterschiedlich um den zentralen Wert streuen. Dabei werden die Dichtefunktionen als glatte Kurven dargestellt, sie bestehen nicht wie beim Histogramm aus rechteckigen Flächen. Die Interpretation der Dichtefunktion bleibt dennoch dieselbe: In Intervalle, in denen die Dichtefunktion hoch ist, fallen relativ mehr Beobachtungen als in Intervalle, in denen die Dichtefunktion einen geringeren Wert aufweist. Da die Verteilungen symmetrisch sind, wird der zentrale, also durchschnittliche Wert genau in der Mitte der Verteilung sein.

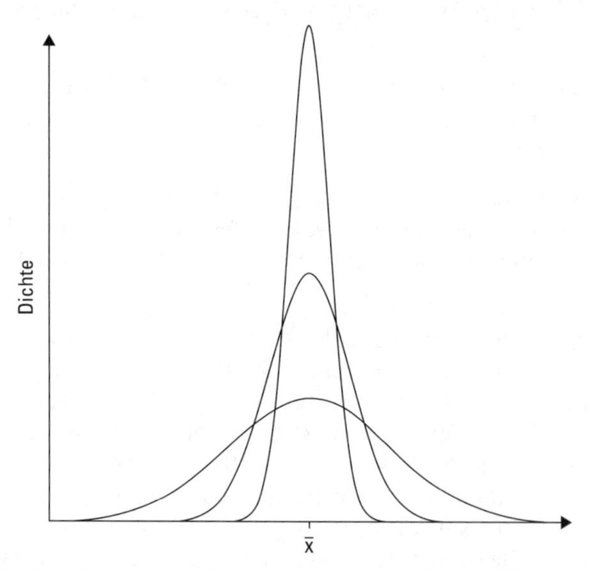

Abbildung 5.1: Verteilungen mit gleichem Mittelwert, aber verschiedenen Streuungen

Was Sie zur Charakterisierung der Daten auch benötigen, ist somit ein statistisches Maß, das Sie über das Ausmaß der Streuung um das Lagemaß beziehungsweise den Mittelwert informiert. Diese Informationen liefern Ihnen die Streuungsmaße.

Die Spannweite

Das einfachste Streuungsmaß ist die *Spannweite*, auch *Range* genannt. Die Spannweite beschreibt schlicht die Differenz zwischen dem größten und dem kleinsten Wert der Verteilung der Daten eines Merkmals. Seine Berechnung erfolgt nach dieser Formel:

$$Sp = x_{max} - x_{min}$$

Dabei bedeutet:

✔ Sp: Spannweite, Range

✔ x_{max}: der größte Merkmalswert im Datensatz

✔ x_{min}: der kleinste Merkmalswert im Datensatz

Liegen Ihnen klassierte Daten vor, müssen Sie nur die Differenz zwischen der oberen Grenze in der größten Klasse und der unteren Grenze in der kleinsten Klasse berechnen und Sie erhalten die Spannweite.

Erinnern Sie sich noch an das Beispiel mit den Riesen und den Zwergen? Hier geht es jetzt um das Ausmaß des Unterschieds zwischen dem größten Riesen und dem kleinsten Zwerg. In Kapitel 3 haben Sie mit der Tabelle 3.2 eine Häufigkeitsverteilungstabelle für das statistische Merkmal »Körpergröße« erstellt, in der Sie die Anzahl der Personen ihrer Größe nach in Klassen eingeteilt haben. Zur Berechnung der Spannweite schauen Sie in dieser Tabelle in der Klasse mit den größten Personen nach und lesen dort die oberste Grenze ab und ziehen davon die unterste Grenze in der Klasse mit den kleinsten Größen ab:

$$Sp = 194 - 149 = 45$$

Die Spannweite zwischen der größten und der kleinsten gemessenen Körpergröße beträgt somit 45 cm. Definitiv wurden hier keine Riesen mit Zwergen verglichen, sondern ganz normale Menschen.

In die Berechnung der Spannweite gehen somit nur zwei Werte ein:

✔ die beiden Extremwerte sowie

✔ der Unterschied zwischen dem größten und dem kleinsten Menschen (im Datensatz).

Sie kennen zwar die beiden Extremwerte und die Differenz zwischen ihnen, haben aber keine genauere Vorstellung von den Werten die dazwischenliegen. Insbesondere wenn nur wenige Extremwerte vorliegen, ist dieses Streuungsmaß nicht sehr aussagekräftig, da die Wertedifferenz dann völlig überzogen erscheint. Auch in Bezug auf den Mittelwert wird keine Information geliefert.

Wenn Sie beispielsweise die Vermögen von 20 Haushalten erfasst haben und 19 der Haushalte ein Vermögen zwischen 1.000 und 80.000 Euro haben, wäre die Spannweite 79.000 Euro. Wenn jetzt der zwanzigste Haushalt ein Milliardärshaushalt ist, würde sich eine Spannweite in Höhe eines Milliardenbetrags ergeben, was ganz sicher nicht repräsentativ für die Unterschiede zwischen den meisten Haushalten in Bezug auf ihr Vermögen sein dürfte. In den nächsten Abschnitten stelle ich Ihnen deshalb weitere Streuungsmaße vor.

Der interquartile Abstand

Ein Streuungsmaß, das sich nicht auf die beiden Extremwerte bezieht, sondern nur die Differenz der Werte der mittleren 50 Prozent der Beobachtungen angibt, ist der *interquartile Abstand.*

Dieses Maß können Sie für ordinal- und metrisch skalierte Merkmale verwenden, nicht jedoch für nominalskalierte Merkmale.

Der interquartile Abstand für nicht klassierte Daten

Kommen wir gleich zur Formel zur Berechnung des interquartilen Abstands:

$$IQA = Q_3 - Q_1$$

Dabei bedeutet:

- ✔ IQA: interquartiler Abstand
- ✔ Q_1: erstes Quartil, das heißt 25 Prozent der Beobachtungen haben einen solchen oder einen geringeren Wert
- ✔ Q_3: drittes Quartil, das heißt 75 Prozent der Beobachtungen haben einen solchen oder einen geringeren Wert

Die Quartile von nicht klassierten Merkmalen können Sie mithilfe der Formel für Perzentile berechnen. Bei klassierten Daten können Sie zur Bestimmung der Quartile auf die Formel zur Bestimmung des Medians zurückgreifen. Sie arbeiten dann nur nicht mit dem Grenzwert 50 Prozent, sondern mit 25 beziehungsweise 75 Prozent der Beobachtungen.

Im Beispiel mit den Körpergrößen aus Kapitel 3 ergibt sich folgende Verfahrensweise für die Berechnung der interquartilen Abweichung $Q_3 - Q_1$:

1. Nutzen Sie die Formel für Perzentile zur Berechnung des ersten Quartils (also das 25. Perzentil). Zuerst bestimmen Sie den Platz i im geordneten Datensatz, der zu dem ersten Quartil gehört:

   $$i = \left(\frac{25}{100}\right)20 = 5$$

2. Weil das Ergebnis eine ungerade Zahl ist, berechnen Sie jetzt das erste Quartil anhand des Durchschnitts der Werte für die fünfte und die sechste Beobachtung im geordneten Datensatz (mehr darüber finden Sie in Kapitel 4). Daraus folgt:

   $$Q_1 = \frac{X_{(5)} + X_{(6)}}{2} = \frac{155 + 158}{2} = 156{,}5$$

   (Die Daten dazu finden Sie in Abbildung 3.1.)

3. Entsprechend verfahren Sie zur Berechnung des dritten Quartils, also des 75. Perzentils:

$$i = \left(\frac{75}{100}\right)20 = 15 \rightarrow Q_3 = \frac{X_{(15)} + X_{(16)}}{2} = \frac{178 + 181}{2} = 179{,}5$$

4. Berechnen Sie den interquartilen Abstand aus der Differenz zwischen dem dritten und dem ersten Quartil:

$$IQA = Q_3 - Q_1 = 179{,}5 - 156{,}5 = 23$$

Der interquartile Abstand beträgt somit 23 cm. Das heißt, der Abstand der mittleren 50 Prozent der beobachteten Daten beträgt 23 cm.

Indem Sie mit dem interquartilen Abstand die Extremwerte ausgeschlossen haben, bekommen Sie eine aussagekräftigere Information über die Streuung der »normalen«, das heißt mittleren 50 Prozent der beobachteten Werte eines Merkmals.

Der interquartile Abstand für klassierte Daten

Liegen Ihnen die Daten in Klassen tabelliert vor, berechnen Sie den interquartilen Abstand nicht anhand der Formel für Perzentile, sondern anhand der Formel für den Median für klassierte Merkmale, nur dass Sie sich in diesem Fall auf das erste Quartil beziehungsweise die ersten 25 Prozent und auf das dritte Quartil beziehungsweise die ersten 75 Prozent der Beobachtungen der geordneten Datenreihe beziehen. Statt der Medianklasse bestimmen Sie diesmal deshalb zuerst die Einfallsklassen für die beiden Quartile, also jeweils die Klassennummer, bei der die kumulierte Häufigkeitsverteilung erstmals den Wert 0,25 beziehungsweise 0,75 erreicht oder überschreitet.

Nehmen Sie einmal an, Sie möchten den interquartilen Abstand *IQA* für die Daten der Gewichtsvariablen aus der Tabelle 4.6 in Kapitel 4 berechnen. Tabelle 5.1 enthält dazu noch einmal die klassierten Daten zu den Gewichten.

Klasse	Gewicht der Personen in kg		absolute Häufigkeit	relative Häufigkeit	kumulierte Häufigkeit	Klassenbreite
	von	bis unter		$h_i = \frac{n_i}{n}$	$F_i = \sum_{i=1}^{i} h_i$	Δx_i
1	40	60	30	0,15	**0,15**	20
2	**60**	70	80	**0,4**	**0,55**	**10**
3	**70**	75	50	**0,25**	0,8	**5**
4	75	80	20	0,1	0,9	5
5	80	100	20	0,1	1	20
Σ	–	–	200	**1**	–	–

Tabelle 5.1: Daten zur Berechnung des interquartilen Abstands

Bei der Berechnung des interquartilen Abstands verfahren Sie in dieser Reihenfolge:

1. Berechnen Sie das dritte Quartil in Anlehnung an die Formel für den Median, indem Sie zuerst die Einfallsklasse i des dritten Quartils bestimmen. Hier ist dies die dritte Klasse, i=3, da in dieser die kumulierte Häufigkeit den Wert 0,75 erstmalig überschreitet. Danach berechnen Sie das dritte Quartil als:

$$Q_3 = x_i^u + \frac{\Delta x_i \,(0{,}75 - F_{i-1})}{h_i} = 70 + \frac{5 \cdot (0{,}75 - 0{,}55)}{0{,}25} = 70 + \frac{5 \cdot 0{,}2}{0{,}25} = 70 + 4 = 74$$

2. Berechnen Sie das erste Quartil in Anlehnung an die Formel für den Median. Hier ist die zweite Klasse, $i = 2$, die Einfallsklasse und Sie berechnen:

$$Q_1 = x_i^u + \frac{\Delta x_i \,(0{,}25 - F_{i-1})}{h_i} = 60 + \frac{10 \cdot (0{,}25 - 0{,}15)}{0{,}40} = 60 + \frac{10 \cdot 0{,}1}{0{,}40} = 60 + 2{,}5 = 62{,}5$$

3. Unter Verwendung der Ergebnisse aus den beiden ersten Rechenschritten berechnen Sie nun den interquartilen Abstand: $IQA = 74 - 62{,}5 = 11{,}5$, das heißt der interquartile Abstand beträgt 11,5 Kilogramm (der interquartile Abstand hat die gleiche Bedeutung wie im Falle von ungruppierten Daten und Sie können ihn daher genauso interpretieren).

Alles auf einen Blick: Der Boxplot

Die Informationen zu den statistischen Kennzahlen des Medians, der Quartile, der Spannweite und des interquartilen Abstands können Sie einer einzigen Grafik, die den Namen *Boxplot* trägt, visuell abbilden und entnehmen. Um einen Boxplot zu erstellen, müssen Sie deshalb zuvor den obersten und untersten Merkmalswert bestimmen, das dritte und erste Quartil sowie den Median berechnen. Abbildung 5.2 zeigt Ihnen den Boxplot anhand der Daten zum statistischen Merkmal »Körpergröße« aus Kapitel 3.

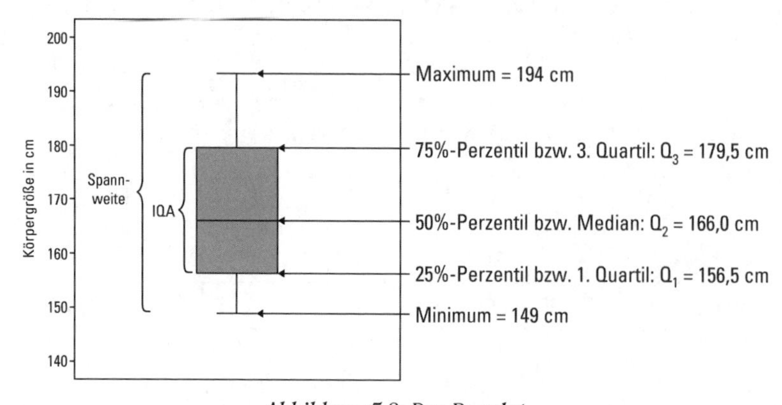

Abbildung 5.2: Der Boxplot

Für die beiden oberen und unteren Enden der in dem Boxplot abgebildeten Ausläufer können Sie am linken Rand anhand der senkrechten Achse auf einen Blick den größten und den kleinsten Wert für die Variable »Körpergröße« ablesen.

Diese Ausläufer werden in der Literatur auch als *Whiskers* bezeichnet. Manchmal wird der Boxplot auch zur Darstellung und Identifizierung von Ausreißern eingesetzt, die dann durch ein kleines Sternchen markiert sind und noch über dem oberen oder unter dem unteren Whisker liegen. Ausreißer sind extreme Werte, die Sie eigentlich gar nicht erwarten oder gar unmöglich sind (beispielsweise wenn aufgrund eines Bearbeitungsfehlers ein Beobachtungswert bei dem Merkmal Alter eines Menschen den Wert 250 ausweist, denn so alt wird schließlich kein Mensch).

Entsprechend können Sie anhand der oberen und unteren Grenze des in der Mitte befindlichen Kastens den Wert für das dritte und das erste Quartil bestimmen. Der dicke Balken in der Mitte des Kastens markiert den Wert für das zweite Quartil, das heißt den Median. Sie sehen, beim Boxplot erhalten Sie wirklich alle wichtigen Informationen über die Verteilung der Daten und deren Abweichung vom zentralen Lagemaß, des Medians, auf einen Blick.

Außerdem können Sie Boxplots sehr gut für den Vergleich der Streuung mehrerer Merkmale und/oder zwischen verschiedenen Kategorien eines Merkmals verwenden. In Abbildung 5.3 ist anhand der Daten in Tabelle 2.1 für das Merkmal »Körpergröße« getrennt nach dem Merkmal »Geschlecht« jeweils ein Boxplot dargestellt.

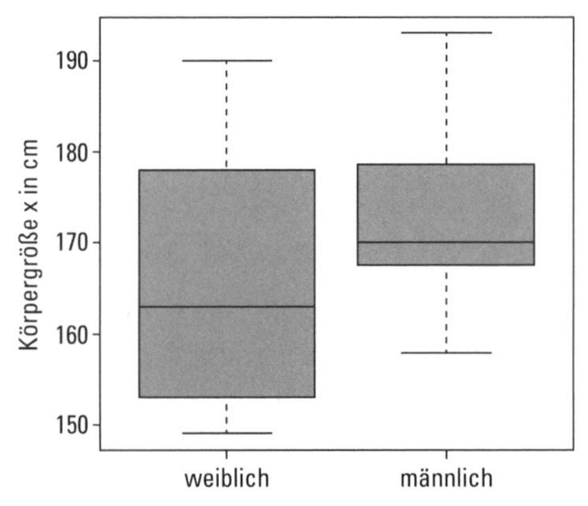

Abbildung 5.3: Vergleichende Darstellung der Streuung für das Merkmal »Körpergröße nach Geschlecht« anhand von Boxplots

Auf einen Blick können Sie so sehen, dass der Median bei den Männern etwas höher als bei den Frauen liegt, sie also insgesamt etwas größer als Frauen sind, und die Streuung sowohl bei der Spannweite als auch beim interquartilen Abstand bei den Frauen deutlich größer ist (dieser Wert ist bei den Frauen nahezu doppelt so groß).

Doch damit nicht genug, Sie können einem Boxplot auch die ungefähre Form der Verteilung entnehmen:

✔ **Linkssteile oder rechtsschiefe Verteilung:** Haben Sie es mit einer tendenziell linkssteilen beziehungsweise rechtsschiefen Verteilung zu tun (siehe zum Beispiel die Körpergrößen der Männer in Abbildung 5.3), befindet sich die Box mit den mittleren 50 Prozent der

Fälle und der Median darin im unteren Bereich und ist der obere Whisker deutlich länger als der untere.

- **Rechtssteile oder linksschiefe Verteilung:** Bei einer tendenziell rechtssteilen beziehungsweise linksschiefen Verteilungsform, liegt die Box der mittleren Werte und der Median dagegen im oberen Bereich und ist der untere Whisker deutlich länger.
- **Symmetrische Verteilung:** Haben Sie es mit einer symmetrischen Verteilung zu tun und die Whiskers oberhalb und unterhalb davon sind in etwa gleich lang, dann liegt der Median ungefähr in der Mitte der Box.

Zur Erstellung von Boxplots verfahren Sie immer folgendermaßen:

1. Ordnen die Daten des zu analysierenden Merkmals der Größe nach.
2. Zeichnen Sie die Box. Dafür bestimmen Sie den Median sowie das erste und das dritte Quartil.
3. Zeichnen Sie die Whiskers. Der obere Whisker besteht aus der größten Beobachtung im Datensatz, die gerade noch kleiner ist als die Summe des dritten Quartils, und dem 1,5-Fachen des Interquartilsabstands. Der untere Whisker entspricht hingegen der kleinsten Beobachtung im Datensatz, die gerade noch größer ist als das erste Quartil, von dem Sie das 1,5-Fache des Interquartilsabstands abziehen.
4. Tragen Sie eventuelle Extremwerte oder Ausreißer, also alle Datenpunkte, deren Werte über die Whiskers hinausgehen würden, separat in den Boxplot ein und kennzeichnen Sie sie mit einem Sternchen.

Mittlere Abweichung, Varianz und Standardabweichung

Während Sie zur Berechnung der bisher behandelten Streuungsmaße »Spannweite« und »interquartiler Abstand« nicht alle Daten der Variablen in die Berechnung einbeziehen mussten, werden bei der mittleren absoluten Abweichung, der Varianz und der Standardabweichung alle Daten für die Berechnung der Streuung der betreffenden Merkmale benötigt. Der Vorteil dabei ist, dass damit die Informationen über alle Werte der Variablen in die Berechnungen eingehen können. Diese Streuungsmaße lassen sich allerdings nur für metrisch skalierte Merkmale berechnen und sie haben auch gemeinsam, dass es jeweils darum geht herauszufinden, wie weit die einzelnen Merkmalswerte vom arithmetischen Mittel im Durchschnitt entfernt sind. Sie erfahren damit natürlich gleichzeitig, wie gut der Mittelwert die Daten beschreibt, denn je weniger weit die Daten um den Mittelwert herum liegen, desto besser gibt er ihre Lage wieder.

Die mittlere Abweichung

Die »absolute« mittlere Abweichung stellt die durchschnittliche Abweichung der Werte um den Mittelwert dar.

Als *absolut* werden die Abweichungen insofern bezeichnet, da negative beziehungsweise unter dem Durchschnitt liegende Abweichungen genauso wie positive Abweichungen behandelt werden.

Es kommt auf die absolute Größe der Abweichungen an und nicht, ob sie positiv oder negativ sind. Würden Sie bei der Aufsummierung der Abweichungen vom Mittelwert von der Summe der Abweichungen oberhalb des Mittelwerts die Summe der Abweichungen darunter abziehen, würde das Ergebnis null ergeben, weil sich die Abweichungen oberhalb und unterhalb des Mittelwerts ja in ihrer Summe immer ausgleichen würden. Wenn das nicht so wäre, hätten wir es ja auch wohl kaum mit einem Mittelwert, das heißt einem Wert, der genau in der Mitte liegt, zu tun.

Nun möchte ich Sie nicht weiter auf die Folter spannen und Ihnen die Formel für die mittlere absolute Abweichung präsentieren:

$$d = \frac{1}{n}\sum_{i=1}^{n}|x_i - \bar{x}|$$

Dabei bedeutet:

- ✔ d: mittlere absolute Abweichung
- ✔ n: Gesamtzahl der Beobachtungen
- ✔ x_i: der i-te beobachtete Wert des Merkmals X
- ✔ $\bar{x}$: arithmetisches Mittel
- ✔ $|x_i - \bar{x}|$: absolute Abweichung des i-ten Wertes des Merkmals X vom arithmetischen Mittel
- ✔ $\sum_{i=1}^{n}|x_i - \bar{x}|$: Summe der absoluten Abweichungen der Werte vom Mittelwert

Zur Berechnung der absoluten durchschnittlichen Abweichung führen Sie die folgenden Schritte durch:

1. Berechnen Sie zuerst das arithmetische Mittel $\bar{x}$ (wie das geht, können Sie in Kapitel 4 nachlesen).
2. Bestimmen Sie die Abweichungen der einzelnen Merkmalswerte vom Mittelwert.
3. Geben Sie allen Abweichungen ein positives Vorzeichen.
4. Bilden Sie die Summe der in 3. berechneten absoluten Abweichungen.
5. Multiplizieren Sie die Summe der Abweichungen mit $1/n$ beziehungsweise dividieren Sie diese Summe durch die Gesamtzahl der Untersuchungseinheiten n.

Lassen Sie mich das an einem Beispiel veranschaulichen: In der Personalabteilung Ihres Unternehmens werden alle Krankmeldungen aufgezeichnet. Sie möchten für die Personalplanung nicht nur die durchschnittliche Zahl der Krankmeldungen wissen, sondern auch das Ausmaß der Abweichungen der Anzahl der Krankmeldungen vom Durchschnittswert, das heißt die Streuung um den Durchschnitt. Als Berechnungsgrundlage ziehen Sie die Daten über Krankmeldungen der letzten zehn Tage heran, die in Tabelle 5.2 dargestellt sind.

Tag $i(n = 10)$	Merkmalswert x_i	Mittelwertabweichung $x_i - \bar{x}$	absolute Abweichung $\lvert x_i - \bar{x} \rvert$	quadrierte Abweichung $(x_i - \bar{x})^2$	quadrierter Merkmalswert x_i^2
1.	4	–2	2	4	16
2.	6	0	0	0	36
3.	2	–4	4	16	4
4.	8	2	2	4	64
5.	10	4	4	16	100
6.	3	–3	3	9	9
7.	6	0	0	0	36
8.	4	–2	2	4	16
9.	7	1	1	1	49
10.	10	4	4	16	100
Σ	60	**0**	22	70	430
$\frac{1}{h}\Sigma$	$\bar{x} = 6$	0	$\boldsymbol{d = 2{,}2}$	$\boldsymbol{s^2 = 7}$	$\overline{x^2} = 43$

Tabelle 5.2: Berechnung von arithmetischem Mittel, mittlerer absoluter Abweichung und Varianz für die Krankmeldungen an zehn Tagen

Durch die Berechnung der absoluten durchschnittlichen Abweichung erhalten Sie die durchschnittliche Streuung um das berechnete arithmetische Mittel $\bar{x}$:

1. Berechnen Sie zuerst die Summe der Krankmeldungen an den zehn Tagen. Das Ergebnis daraus sind 60 Krankmeldungen. Indem Sie diese Summe durch die zehn Tage dividieren, berechnen Sie die durchschnittliche Anzahl der Krankmeldungen pro Tag beziehungsweise das arithmetische Mittel. Als Ergebnis erhalten Sie, dass durchschnittlich pro Tag sechs Krankmeldungen in dem betrachteten Zeitraum von zehn Tagen zu verzeichnen waren (siehe Tabelle 5.2 zweite Spalte unten).

2. Summieren Sie nun die Abweichungen der Krankmeldungen vom Mittelwert auf, erhalten Sie als Ergebnis eine Abweichung von null Tagen (siehe Tabelle 5.2 dritte Spalte). Mit diesem Ergebnis können Sie aber nicht viel anfangen.

3. Deshalb führen Sie nun die Berechnung der Summe der Abweichungen der Krankmeldungen vom Mittelwert in absoluten Zahlen durch (siehe Tabelle 5.2 vierte Spalte).

Das Ergebnis ist, dass diese Gesamtabweichung der Krankmeldungszahlen vom Mittelwert 22 Tage beträgt. Teilen Sie diesen Wert durch die Gesamtzahl der betrachteten Tage, erhalten Sie die gesuchte durchschnittliche Streuung beziehungsweise die mittlere absolute Abweichung um die durchschnittliche Zahl der Krankmeldungen (siehe Tabelle 5.2 vierte Spalte unten). Der Wert für $d = 2{,}2$ bedeutet, dass Sie um den Durchschnitt von sechs Tagen Krankmeldungen pro Tag herum mit einer durchschnittlichen Abweichung von 2,2 Tagen beziehungsweise etwas über zwei Tagen durchschnittlich rechnen müssen.

Die Varianz

Mit der *Varianz* berechnen Sie ebenfalls die durchschnittliche Abweichung der empirischen Werte von ihrem Durchschnitt. Der einzige Unterschied zur absoluten durchschnittlichen Abweichung besteht darin, dass bei der Varianz die Abweichungen vom Mittelwert quadriert und nicht in absoluten Zahlen ausgedrückt werden und insofern auch alle Abweichungen einen positiven (jetzt aber quadrierten) Wert erhalten. Die Varianz liefert Ihnen somit die Information über die durchschnittliche quadrierte Abweichung vom Mittelwert.

Sie werden sich sicher fragen, warum Sie noch die Varianz benötigen, reicht denn nicht die mittlere Abweichung aus? Sie haben ganz recht; wenn Sie nur die durchschnittliche Abweichung berechnen wollten, würden Sie die Varianz nicht benötigen. Weil die Varianz aber ganz bestimmte statistische Eigenschaften hat, wird sie in vielen anderen Statistiken verwendet und deshalb möchte ich sie hier einmal vorstellen.

Die Formel für die Varianz ist:

$$s^2 = \frac{1}{n}\sum_{i=1}^{n}(x_i - \bar{x})^2$$

Manchmal begegnen Sie in Statistiklehrbüchern auch den folgenden Formeln für die Varianz:

$$s^2 = \left(\frac{1}{n}\sum_{i=1}^{n} x_i^2\right) - \bar{x}^2 \text{ oder } s^2 = \overline{x^2} - \bar{x}^2$$

Das sind lediglich Umformungen der obigen Formel zur Vereinfachung der Rechnung mit den Daten.

Dabei bedeutet:

- ✔ s^2: Varianz
- ✔ n: die Gesamtzahl der Untersuchungseinheiten beziehungsweise Beobachtungen
- ✔ x_i: der i-te Wert des Merkmals X
- ✔ $\bar{x}$: das arithmetische Mittel für das Merkmal X
- ✔ $\bar{x}^2$: das quadrierte arithmetische Mittel des Merkmals X
- ✔ x_i^2: die quadrierten Werte x_i des Merkmals X
- ✔ $\overline{x^2}$: das arithmetische Mittel der quadrierten Werte des Merkmals X

Da es sich bei der Varianz um einen quadrierten Wert handelt, können Sie bei der Interpretation nur sagen: Je größer der Wert der Varianz ist, desto größer ist die Streuung der Werte um den Mittelwert.

Die Berechnung der Varianz für das Beispiel mit den Krankmeldungen finden Sie in Tabelle 5.2 in der vorletzten Spalte. Der Mittelwert aus der Summe der quadrierten Abweichungen, das heißt die Varianz, ist danach 7. Diesen Wert hätten Sie auch durch die Formel

$s^2 = \overline{x^2} - \overline{x}^2 = 43 - 6^2 = 7$ erhalten. Weil dieser Wert nicht gerade sehr aussagekräftig für das Ausmaß der Streuung ist (die Einheit der Varianz ist das Quadrat der Einheit der Merkmalswerte), wird stattdessen die Standardabweichung verwendet. Man nennt die Wurzel aus der Varianz Standardabweichung (zur Standardabweichung erfahren Sie weiter hinten in diesem Kapitel mehr).

Im Zusammenhang mit Stichproben, bei denen aus den Daten einer Stichprobe auf die Verhältnisse in der Grundgesamtheit geschlossen werden soll, verwenden Sie bitte diese Formel für die Varianz:

$$s^2 = \frac{1}{n-1}\sum_{i=1}^{n}(x_i - \overline{x})^2$$

Der einzige Unterschied zur oben vorgestellten Varianzformel besteht darin, dass Sie dieses Mal das Ergebnis der Summenbildung nicht durch n, sondern durch $n - 1$ dividieren. Der Grund dafür ist, dass Sie bei Verwendung dieser Formel zu einer genaueren Schätzung des »wahren« Wertes der Varianz in der Grundgesamtheit kommen. Diesbezüglich wird auch von erwartungstreuer und effizienter Schätzungen gesprochen. Zur Kennzeichnung der »wahren«, aber unbekannten Parameter in der Grundgesamtheit werden in der Fachliteratur zudem griechische Buchstaben verwendet. So wird die Varianz in der Grundgesamtheit mit σ^2 und die Standardabweichung mit σ gekennzeichnet. Lesen Sie mehr zum Thema in Teil III dieses Buches.

Varianz für Häufigkeitsdaten beziehungsweise gruppierte Daten

Liegen Ihnen die Daten eines Merkmals gruppiert beziehungsweise in Häufigkeitsdaten vor, setzen Sie zur Berechnung der Varianz folgende Formeln ein:

$$s^2 = \frac{1}{n}\sum_{i=1}^{k} n_i\,(x_i - \overline{x})^2$$

Durch Umstellung der obigen Formel erhalten Sie zur Vereinfachung von Berechnungen der Varianz für gruppierte Daten noch die beiden folgenden Formeln:

$$s^2 = \left(\frac{1}{n}\sum_{i=1}^{k} n_i x_i^2\right) - \overline{x}^2 = \left(\sum_{i=1}^{k} h_i x_i^2\right) - \overline{x}^2$$

Dabei bedeutet:

- ✔ n: Gesamtzahl der Beobachtungen in der Stichprobe
- ✔ k: Anzahl der Gruppen/Klassen in der Tabelle
- ✔ $\overline{x}$: das arithmetische Mittel des Merkmals X
- ✔ s^2: Die Varianz für das Merkmal X
- ✔ x_i: der i-te Merkmalswert des Merkmals X

- ✔ n_i: die Gesamtzahl der Beobachtungen für die jeweilige Merkmalsausprägung x_i
- ✔ h_i: die relative Häufigkeit der Merkmalsausprägung x_i, also $h_i = \frac{n_i}{n}$

Varianz für klassierte Daten

Handelt es sich um klassierte Daten eines Merkmals, setzen Sie zur Berechnung der Varianz folgende Formel ein:

$$s_{klass}^2 = \frac{1}{n}\sum_{i=1}^{k} n_i \left(x_i^* - \bar{x}_{gew}\right)^2$$

Die Formel für die Varianz aus Daten in Tabellen entspricht jener für gruppierte Daten. Nur die nachstehenden Besonderheiten müssen Sie noch beachten:

- ✔ x_i^*: der Klassenmittelpunkt der i-ten Klasse
- ✔ $\bar{x}_{gew}$: das gewichtete arithmetische Mittel der klassierten Daten
- ✔ n_i: die Häufigkeit der Beobachtungen in der i-ten Klasse

Statt des Gruppenwertes x_i ist es jetzt der Klassenmittelwert x_i^*, von dem die Abweichung zum Mittelwert berechnet wird. Dies geschieht deshalb, weil Sie bei klassierten Daten »vergessen« haben, wie die einzelnen Werte sich innerhalb der Klassen verteilen.

Betrachten Sie hierzu wieder das Beispiel mit den tabellierten Daten zum Gewicht der 200 Personen und berechnen Sie dafür die Varianz. In Tabelle 5.3 können Sie die Daten dazu noch einmal nachlesen. Folgende Schritte führen Sie zur Berechnung der Varianz durch:

1. Bestimmen Sie die Klassenmitten x_i^*, indem Sie den unteren und den oberen Wert der jeweiligen Klasse addieren und durch 2 dividieren. Beispielsweise ergibt sich in der ersten Klasse beziehungsweise Datenzeile der Tabelle der Wert von 50 Kilogramm als Klassenmittelpunkt durch die Addition von 40 und 60 dividiert durch 2 (siehe Tabelle 5.3 vierte Spalte).
2. Berechnen Sie das gewichtete arithmetische Mittel für klassierte Daten (siehe Kapitel 4).
3. Berechnen Sie die Abweichungen der Klassenmitten vom gewichteten arithmetischen Mittel (siehe Tabelle 5.3 sechste Spalte).
4. Quadrieren Sie die in Schritt 3 berechneten Abweichungen (siehe Tabelle 5.3 siebte Spalte).
5. Multiplizieren Sie die quadrierten Abweichungen mit der Gesamtzahl der Beobachtungen in der jeweiligen Klasse (siehe Tabelle 5.3 achte Spalte).
6. Summieren Sie die mit den Fallzahlen gewichteten quadrierten Abweichungen auf (in der achten Spalte unten).
7. Multiplizieren Sie diese Summe mit $1/n$ beziehungsweise dividieren Sie durch n, das heißt der Gesamtzahl aller Beobachtungen.

Als Ergebnis der Berechnungen erhalten Sie eine *Varianz*, das heißt die durchschnittliche quadrierte Streuung um den Mittelwert, von 114,55. Das arithmetische Mittel dazu beträgt circa 68 Kilogramm.

Klasse	Gewicht der Personen in kg		absolute Häufigkeit	Klassenmittelpunkt				
i	von	bis unter	n_i	x_i^*	$n_i x_i^*$	$x_i^* - \bar{x}_{gew}$	$(x_i^* - \bar{x}_{gew})^2$	$n_i (x_i^* - \bar{x}_{gew})^2$
1	40	60	30	50	1500	–18,375	337,6406	10129,2188
2	60	70	80	65	5200	–3,375	11,3906	911,25
3	70	75	50	72,5	3625	4,125	17,0156	850,7813
4	75	80	20	77,5	1550	9,125	83,2656	1665,3125
5	80	100	20	90	1800	21,625	467,6406	9352,8125
Σ	–	–	200	–	13675	–	–	22909,375
$\frac{1}{n}\Sigma$	–	–	1	–	$\bar{x}_{gew} = 68,375$	–	–	$s^2_{klass} \approx 114,55$

Tabelle 5.3: Berechnung der Varianz und Standardabweichung klassierter Merkmale

Zur Erleichterung der Berechnung können Sie auch in diesem Fall die umgestellten Formeln verwenden:

$$s^2_{klass} = \frac{1}{n}\sum_{i=1}^{k} n_i \left(x_i^* - \bar{x}_{gew}\right)^2 = \left(\frac{1}{n}\sum_{i=1}^{k} n_i \,(x_i^*)^2\right) - \bar{x}^2_{gew} = \left(\sum_{i=1}^{k} h_i \,(x_i^*)^2\right) - \bar{x}^2_{gew}$$

Standardabweichung

Um eine sinnvolle Interpretation der Daten auf der ursprünglichen Messebene zu ermöglichen, können Sie die Quadrierung in der Varianz durch Ziehen der Quadratwurzel einfach wieder rückgängig machen. Das Ergebnis ist die *Standardabweichung*. Sie drückt ebenso wie die absolute durchschnittliche Abweichung die durchschnittliche Abweichung beziehungsweise Streuung der Werte um den Mittelwert aus.

Die Formel für die Standardabweichung ist:

$$s = \sqrt{s^2},$$

das heißt die Quadratwurzel aus der Varianz.

Lassen Sie uns noch einmal auf das Beispiel mit den Krankmeldungen zurückkommen: Für die Daten in Tabelle 5.2 ergibt sich für die Varianz:

$$s^2 = \frac{1}{n}\sum_{i=1}^{n}(x_i - \bar{x})^2 = 7$$

und für die Standardabweichung:

$$s = \sqrt{s^2} = \sqrt{7} = 2{,}65$$

Die durchschnittliche Abweichung der Krankmeldungen von ihrem Mittelwert beträgt danach also 2,65 Krankmeldungen.

Standardabweichung und Varianz und was sie voneinander unterscheidet

Die *Standardabweichung* gibt Ihnen nun die Information über die durchschnittliche Abweichung pro Tag vom Mittelwert. Eine Standardabweichung von 2,65 bedeutet in diesem Zusammenhang, dass es im Durchschnitt 2,65 Krankmeldungen mehr oder weniger um den Wert von sechs Krankmeldungen pro Tag herum gegeben hat (natürlich kann es tatsächlich nur ganze Zahlen als Krankmeldungen geben, aber es handelt sich eben um einen Durchschnittswert). Mit anderen Worten betrug die durchschnittliche Abweichung oder Streuung um den Mittelwert der sechs Tage $\pm 2{,}65$ Tage. Die Personalabteilung sollte für den Fall der Fälle durchschnittlich im Maximum also gut drei Personen zusätzlich in Bereitschaft halten, aber durchaus auch nicht überrascht sein, wenn es drei Krankmeldungen weniger sind als durchschnittlich erwartet.

Die Standardabweichung gibt die durchschnittliche Abweichung vom arithmetischen Mittel in den ursprünglichen Messeinheiten an, dadurch können Sie die Standardabweichung ganz einfach interpretieren.

Die *Varianz* haben Sie nur benötigt, um die Standardabweichung daraus errechnen zu können. Sie sehen auch, dass der Wert für die mittlere absolute Abweichung mit 2,2 Personen Streuung etwas geringer ausfällt. Durch die Quadrierung erhalten größere Abweichungen ein stärkeres Gewicht und das drückt sich in diesem Unterschied aus.

Wenn man einen Datensatz mit mehreren Merkmalen X, Y und Z hat, so schreibt man manchmal auch s_X oder s_X^2 für die Standardabweichung beziehungsweise die Varianz des Merkmals X. Durch den Index X wird noch einmal explizit kenntlich gemacht, dass sich die Berechnung auf die Variable X bezieht.

Standardabweichung für gruppierte und klassierte Daten

Unabhängig davon, ob Ihnen die Daten ungruppiert, gruppiert beziehungsweise in Häufigkeitsdaten oder in Form einer Tabelle klassiert vorliegen, zur Berechnung der Standardabweichung ziehen Sie immer die Quadratwurzel aus der Varianz. Die Standardabweichung wird in allen Fällen auch gleich interpretiert.

Betrachten Sie hierzu wieder das Beispiel mit den tabellierten Daten zum Gewicht der 200 Personen und berechnen Sie dafür die Standardabweichung. Zur Berechnung der Standardabweichung brauchen Sie nur noch die Quadratwurzel aus der *Varianz*, das heißt aus 114,55, zu ziehen. Als Ergebnis erhalten Sie eine Standardabweichung von $s = 10{,}7$. Im Durchschnitt wiegen die Personen somit circa 68 Kilogramm bei einer mittleren Streuung von knapp 11 Kilogramm oberhalb und unterhalb von 68 Kilogramm.

Variationskoeffizient

Manchmal ist es sinnvoll, die Streuungen verschiedener Merkmale miteinander zu vergleichen. Wenn Sie wissen wollen, ob die Streuung eines Merkmals der eines anderen Merkmals entspricht, kleiner oder größer als die andere Streuung ist, kann der direkte Vergleich zwischen den Streuungswerten irreführend sein. Das ist dann der Fall, wenn die betreffenden Merkmale in unterschiedlicher Weise gemessen worden sind, zum Beispiel andere Einheiten haben, und die Mittelwerte erheblich voneinander abweichen. Sie haben beispielsweise die Streuung des Merkmals »Körpergröße« in Zentimeter gemessen und wollen diese mit der Streuung des Merkmals »Körpergewicht« vergleichen, das aber in Kilogramm gemessen worden ist. Die unterschiedlichen Dimensionen der Messniveaus (Zentimeter und Kilogramm) lassen aber den direkten Vergleich hinken, denn eine Streuung von 100 Zentimeter hat eben nicht das gleiche Ausmaß beziehungsweise die gleiche Bedeutung wie eine Streuung von 100 Kilogramm.

Ein Streuungsmaß, das die Streuung relativ zum Mittelwert in Prozentwerten ausdrückt, ist der *Variationskoeffizient*. Durch diese Relativierung der Streuung ist es Ihnen möglich, verschiedene Merkmale bezüglich ihrer Streuung direkt miteinander zu vergleichen.

Die Formel für den Variationskoeffizienten ist:

$$v_X = \frac{s_X}{\bar{x}} \cdot 100$$

Dabei bedeutet:

v_X: Variationskoeffizientn des Merkmals X

s_X: Standardabweichung für das Merkmal X

$\bar{x}$: arithmetisches Mittel des Merkmals X

Zur Berechnung des Variationskoeffizienten für das Merkmal X gehen Sie wie folgt vor:

1. Berechnen Sie das arithmetische Mittel.
2. Berechnen Sie die Standardabweichung.
3. Dividieren Sie die Standardabweichung durch das arithmetische Mittel.
4. Multiplizieren Sie das Ergebnis mit 100.

Die Standardabweichung, das heißt die Streuung der Merkmale, wird somit zum arithmetischen Mittel ins Verhältnis gesetzt. Multiplizieren Sie diese Relation mit 100, erhalten Sie die prozentuale Streuung um den Mittelwert. Damit wird das Ausmaß der Streuung unabhängig von der zugrunde liegenden Messeinheit (bei den Körpergrößen Zentimeter und beim Körpergewicht Kilogramm) und die Streuungen verschiedener Messdimensionen sind vergleichbar. Ist die Standardabweichung größer als der Mittelwert, erhalten Sie einen Wert größer als 1 beziehungsweise als 100 %, ist sie kleiner, einen Wert unter 1 beziehungsweise unter 100 % für den Variationskoeffizienten.

Um einen Vergleich mit einem anderen Merkmal Y durchzuführen, verfahren Sie mit diesem Merkmal auf die gleiche Weise. Anschließend brauchen Sie nur noch die beiden Variationskoeffizienten miteinander zu vergleichen und Sie erfahren, welches Merkmal eine prozentual größere oder kleinere Streuung um seinen Mittelwert aufweist.

In Tabelle 5.4 liegt die Information über die Anzahl fehlerhafter Produkte sowie der Kündigungen in zehn verschiedenen Monaten vor. Sie stellen sich als Leiter der Produktionsabteilung die Frage, ob die durchschnittliche Streuung der fehlerhaften Produkte vergleichsweise größer als jene der Kündigungen ist. Dieser Vergleich kann Ihnen wichtige Informationen über die Kostenstrukturen in Ihrem Unternehmen liefern.

Monat	1	2	3	4	5	6	7	8	9	10
X: Anzahl der fehlerhaften Produkte	100	150	250	170	110	230	155	210	155	100
Y: Anzahl der Kündigungen	5	8	7	12	15	9	6	15	18	16

Tabelle 5.4: Anzahl fehlerhafter Produkte und Kündigungen in verschiedenen Monaten

Die Berechnung von arithmetischem Mittel, Standardabweichung und Variationskoeffizient für die Merkmale »Anzahl der fehlerhaften Produkte« und »Anzahl der Kündigungen«, die hier als X und als Y bezeichnet werden, ergibt folgende Werte:

$$\bar{x} = \frac{1}{n}\sum_{i=1}^{n} x_i = 163 \text{ und } s_X = 50{,}35871 \quad \rightarrow v_X = \frac{50{,}35871}{163} \cdot 100 = 30{,}89492\,\%$$

$$\bar{y} = \frac{1}{n}\sum_{i=1}^{n} y_i = 11{,}1 \text{ und } s_Y = 4{,}437342 \quad \rightarrow v_Y = \frac{4{,}437342}{11{,}1} \cdot 100 = 39{,}97605\,\%$$

Obwohl Sie zahlenmäßig vergleichsweise eine erheblich größere Standardabweichung bei dem Merkmal X sehen können, ist die Streuung relativ zum arithmetischen Mittel bei dem Merkmal Y viel größer.

Zum Vergleich: Mit 31 Prozent durchschnittlicher Streuung um den Mittelwert weist die fehlerhafte Produktion eine 9 Prozent geringere durchschnittliche Abweichung vom Mittelwert auf als jene der Kündigungen mit 40 Prozent und dass obwohl die Standardabweichung in ihrer zahlenmäßigen Größe bei dem Merkmal »Kündigungen« mit 4,437 weniger als ein Zehntel gegenüber der Standardabweichung von 50,359 bei den fehlerhaften Produkten beträgt.

Sie können außer dem arithmetischen Mittel auch ein anderes zentrales Lagemaß (wie zum Beispiel den Median) zum Bezugspunkt der Abweichungen eines metrisch skalierten Merkmals für die Berechnung des Variationskoeffizienten machen.

Standardisierung und Z-Wert

Möchten Sie nicht die Streuungen zweier verschieden gemessener Variablen miteinander vergleichen, sondern ausgewählte Untersuchungseinheiten beziehungsweise Beobachtungen hinsichtlich ihrer Abweichung bei mehreren unterschiedlich gemessenen Variablen von ihrem Mittelwert betrachten, kann Ihnen die *Standardisierung* hierbei dienlich sein. Durch Standardisierung können Sie die Entfernung einzelner Werte von ihrem Mittelwert bei verschieden gemessenen Merkmalen bestimmen und miteinander vergleichen.

Standardisierung bedeutet, dass die Abweichung der einzelnen Werte eines Merkmals vom arithmetischen Mittel in Einheiten der Standardabweichung ausgedrückt wird, das heißt, dass die einzelnen Abweichungen vom Mittelwert durch die Standardabweichung geteilt werden und nicht wie bei der Berechnung des Variationskoeffizienten durch den entsprechenden Mittelwert des betrachteten Merkmals. Diese Abweichung ergibt den sogenannten *Z-Wert*.

Mithilfe der *Z*-Werte können Sie große und kleine positive oder negative Abweichungen einzelner Merkmalswerte vom Mittelwert rasch erkennen und unterscheiden. Darüber hinaus können Sie entsprechende Abweichungen bei unterschiedlich gemessenen Merkmalen (zum Beispiel Größen, Gewichte, Entfernungen) ebenso rasch erkennen und miteinander vergleichen, weil jetzt alle Merkmale in der gleichen Einheit gemessen werden, nämlich in Standardabweichungseinheiten.

Man spricht bei der Standardisierung auch von einer *linearen Transformation*, weil die ursprünglichen Abweichungen der Werte vom Mittelwert jetzt einheitlich und gleichermaßen, das heißt linear, in Einheiten der Standardabweichung umgewandelt worden sind.

Die Formel für die Standardisierung ist:

$$z_i = \frac{(x_i - \bar{x})}{s_x}$$

Dabei bedeutet:

- ✔ z_i: der i-te Z-Wert, das heißt die Abweichungen des Wertes x_i vom arithmetischen Mittel in Standardabweichungseinheiten der i-ten Beobachtung
- ✔ x_i: Merkmalswerte der i-ten Beobachtung von Merkmal X
- ✔ $\bar{x}$: arithmetisches Mittel für das Merkmal X
- ✔ s_x: Standardabweichung des Merkmals X

Die Standardisierung führen Sie in folgenden Schritten durch:

1. Berechnen Sie das arithmetische Mittel.
2. Berechnen Sie die Differenzen der Werte des Merkmals vom Mittelwert.
3. Ermitteln Sie die Standardabweichung.
4. Dividieren Sie die Differenzen durch die Standardabweichung.

Tabelle 5.5 zeigt die Gehaltsentwicklung (in Prozent in einem bestimmten Jahr xy) in fünf europäischen Ländern. In der Tabelle sind die einzelnen Schritte zur Standardisierung des Merkmals »Gehaltsentwicklung« durchgeführt und die Z-Werte als Ergebnis in der vorletzten Spalte für die einzelnen Länder dargestellt.

	Länder	n	Gehaltsentwicklung im Jahr xy in % x_i	Abweichung vom mittleren Wert $(x_i - \bar{x})$	quadrierte Abweichung vom Mittelwert $(x_i - \bar{x})^2$	Z-Werte $z_i = \frac{(x_i - \bar{x})}{s_x}$	quadrierte Z-Werte z_i^2
1	Österreich	1	1,9	–1,08	1,1664	**–1,2279**	1,5078
2	Frankreich	2	2,4	–0,58	0,3364	**–0,6594**	0,4349
3	Deutschland	3	2,9	–0,08	0,0064	**–0,091**	0,0083
4	Italien	4	3,2	0,22	0,0484	**0,250139**	0,0626
5	Großbritannien	5	4,5	1,52	2,3104	**1,7282**	2,9866
Σ	–	–	14,9	0	3,868	0	5
$\frac{1}{n}\Sigma$	–	–	2,98	0	$s_X^2 = \mathbf{0{,}7736}$	0	$s_Z^2 = \mathbf{1}$
					$s_X = \mathbf{0{,}8795}$		

Tabelle 5.5: Standardisierung: Lohn- und Gehaltsentwicklung in fünf europäischen Ländern

Sie können Tabelle 5.5 unter anderem entnehmen, dass es im Jahr xy einen Lohnzuwachs von 2,9 Prozent in Deutschland gegeben hatte. Anhand der Z-Werte können Sie sehr schnell erkennen, dass dieser Wert kaum vom allgemeinen Durchschnitt der fünf betrachteten Länder abweicht, aber mit –0,09 z-Einheiten unterhalb des arithmetischen Mittels beim Gehaltszuwachs liegt.

Negative (unterdurchschnittliche) Abweichungen der Werte vom Mittelwert erkennen Sie sofort am negativen Vorzeichen der Z-Werte. Positive (überdurchschnittliche) Abweichungen weisen dementsprechend immer einen positiven Z-Wert auf. Das ist möglich, weil der Mittelwert der standardisierten Werte immer null ist (siehe vorletzte Spalte in Tabelle 5.5).

Vergleichen Sie die Gehaltsentwicklung in Deutschland mit dem entsprechenden Gehaltszuwachs in Großbritannien, stellen Sie fest, dass der Lohnzuwachs dort mit 1,73 Standardeinheiten deutlich über dem Mittelwert der Lohnzuwächse in den betrachteten Ländern lag.

Mithilfe der Z-Werte können Sie schnell erkennen, ob ein Rohwert (so nennt man die aufgrund der Datenerhebung gewonnenen und unveränderten Daten) über- oder unterdurchschnittlich in Bezug auf den Mittelwert ist und wie viele Standardeinheiten er vom Mittelwert entfernt liegt. Der *Z*-Wert ist insofern auch sehr hilfreich bei der Ermittlung von »Ausreißern« in den Daten. Weil die *Z*-Werte die Abweichungen vom Mittelwert unabhängig von der jeweiligen metrischen Messdimension anzeigen, können Sie die *Z*-Werte außerdem zur Analyse der Abweichungen und des Vergleichs zwischen verschiedenen metrisch skalierten Merkmalen heranziehen.

Ein weiteres Ergebnis der Standardisierung ist, dass das arithmetische Mittel aus der Summe der quadrierten *Z*-Werte immer 1 ist (siehe letzte Spalte in Tabelle 5.5). Dieser Wert entspricht genau der Varianz der standardisierten Datenreihe. Darüber hinaus spielt die Standardisierung auch eine wichtige Rolle im Bereich der schließenden Statistik (unter anderem im Zusammenhang mit Zufallsvariablen, siehe hierzu Kapitel 12).

Alles in einer Zahl

In diesem Kapitel ...

- Einfache statistische Kennzahlen beziehungsweise -ziffern und deren Bedeutung
- Verhältniszahlen und Indexzahlen
- Konzentrationszahlen und der Gini-Koeffizient

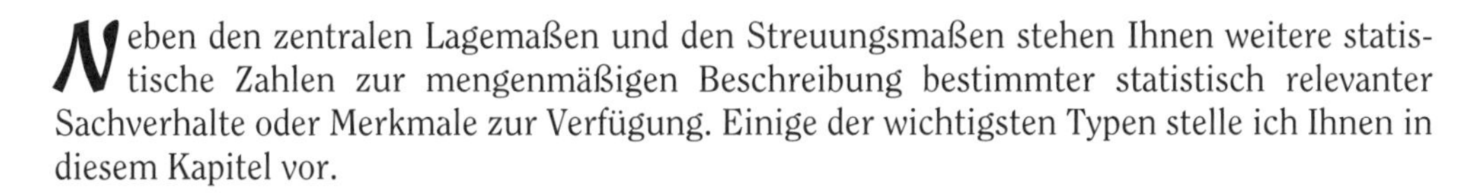

Neben den zentralen Lagemaßen und den Streuungsmaßen stehen Ihnen weitere statistische Zahlen zur mengenmäßigen Beschreibung bestimmter statistisch relevanter Sachverhalte oder Merkmale zur Verfügung. Einige der wichtigsten Typen stelle ich Ihnen in diesem Kapitel vor.

Einfache statistische Kennzahlen

Mit einer statistischen Kennzahl beziehungsweise Kennziffer wird die Mächtigkeit der Menge eines bestimmten statistischen Merkmals ausgedrückt. Einfache statistische Kennzahlen sind beispielsweise:

- ✔ die Erwerbstätigenzahl in einem Gebiet
- ✔ die Anzahl der hergestellten Produkteinheiten einer bestimmten Automarke in einem Jahr
- ✔ der Jahresgewinn eines Unternehmens
- ✔ die bebaute Quadratkilometerzahl der Fläche einer Stadt
- ✔ die Anzahl der Bewohner eines Landes
- ✔ die Anzahl der Neugeborenen und der Gestorbenen

Einfache statistische Kennzahlen informieren Sie also über die Anzahl oder zahlenmäßige Größe eines bestimmten Sachverhalts. Aufgrund einer einzigen Zahl sind Sie somit sofort im Bilde und wissen, was Fakt ist.

Bevor Sie weiterlesen, halten Sie einmal inne und stellen Sie sich die wirklich bedrohlichen Risiken des Lebens vor: Woran müssen die meisten Menschen in Deutschland Ihrer Meinung nach sterben? In Tabelle 6.1 finden Sie die Auflösung, und zwar jeweils in einer einzigen Zahl.

Ausgewählte Ursache	Anzahl der Gestorbenen	Jahr
Hochwasser	10	2002
HIV	500	2004
Illegale Drogen	1.500	2004
Verkehrsunfälle	6.500	2004
Selbstmorde	11.000	2005
Grippe	20.000	2005
Legale Drogen	210.000	2005
Herz- und Kreislauferkrankungen	395.000	2004

Quelle: `http://forum.golem.de`; Autor Marek 31.01.07 – 14:42

Tabelle 6.1: Statistische Kennzahlen zum Sterberisiko in Deutschland

Das Ergebnis ist ernüchternd, die wirklich großen Risiken gehen wir alle offenbar ganz freiwillig ein. Mangelnde Bewegung und falsche Essgewohnheiten sind danach mit Abstand das größte Risiko, dem wir uns aussetzen. Diese Zahlen machen die Größenverhältnisse deutlich und lassen so manche Schlagzeile in den Medien ziemlich blass dastehen, finden Sie nicht auch?

Achten Sie bei der Interpretation immer auf die Quelle der Daten (hier handelt es sich um eine Internetquelle). Sie sollte vollständig genannt sein und es sollte sich um eine seriöse und verlässliche Quelle handeln. Natürlich können Sie die Zahlen auch hinsichtlich ihres Zustandekommens (nach den zugrunde liegenden definitorischen Abgrenzungen, der Erhebungsmethode, dem Erhebungszeitpunkt und so weiter) hinterfragen. So ist doch wichtig zu wissen, wie beispielsweise legale von illegalen Drogen abgegrenzt worden sind und unter welchen Bedingungen ein Todesfall beispielsweise eindeutig einer legalen Droge zugeschrieben worden ist. Nicht zuletzt ist die Quelle der Daten in Tabelle 6.1 auch nicht gerade aktuell.

Verhältniszahlen

Wenn Sie zwei statistische Kennzahlen miteinander in der Weise in Beziehung setzen, so dass ein Quotient aus den beteiligten Kennzahlen gebildet wird, handelt es sich um *Verhältniszahlen*.

Die Verhältniszahlen lassen sich weiter in verschiedene Untergruppen einteilen. Die wichtigsten sind

- ✔ Gliederungszahlen,
- ✔ Beziehungszahlen und
- ✔ Veränderungszahlen, auch Messzahlen genannt.

Gliederungszahlen

Mit *Gliederungszahlen* setzen Sie die Anzahl eines Teils zu dem Ganzen in Beziehung. Sie erhalten damit die relative Häufigkeit oder den prozentualen Anteil, wenn Sie das Ergebnis einer Gliederungszahl mit 100 multiplizieren. Aus diesem Grund sind Gliederungszahlen eigentlich auch Prozentzahlen.

$$G = \frac{Teilzahl}{Gesamtzahl} \qquad P = \frac{Teilzahl}{Gesamtzahl} \cdot 100$$

Dabei bedeutet:

✔ G: Gliederungszahl

✔ P: Prozentzahl

✔ *Gesamtzahl*: die Anzahl der Einheiten aus der betrachteten statistischen Gesamtheit

✔ *Teilzahl*: die Anzahl des betrachteten Teils einer statistischen Gesamtheit

Wenn Sie aus Tabelle 6.2 den Anteil der Erwerbslosen aus dem Jahr 1991 an der Gesamtheit der Erwerbspersonen (das sind alle Erwerbstätigen und Erwerbslosen zusammen genommen) berechnen, erhalten Sie als Ergebnis die folgende Gliederungszahl:

$$G = \frac{2159}{38664} = 0{,}056$$

und diese Prozentzahl:

$$P = \frac{2159}{38664} \cdot 100 = 5{,}56\ \%$$

Der relative Anteil der erwerbslosen Personen an der Gesamtzahl der Erwerbspersonen betrug also im Jahr 1991 in Deutschland 0,056 beziehungsweise prozentual 5,56 %.

Beziehungszahlen

Bei den *Beziehungszahlen* werden inhaltlich unterschiedliche Gesamtheiten miteinander in Beziehung gesetzt, indem Sie die eine Zahl durch die andere teilen. Sie setzen also nicht eine Teilmenge zu der dazugehörenden Gesamtmenge ins Verhältnis, sondern es geht um die Beziehung gleichwertiger unterschiedlicher Gesamtmengen zueinander. Sinnvoll ist die Bildung einer Beziehungszahl aber nur dann, wenn ein inhaltlicher oder kausaler Zusammenhang zwischen den in Beziehung gesetzten Gesamtheiten angenommen werden kann.

$$B = \frac{Gesamtheit\ A'}{Gesamtheit\ A}$$

Dabei bedeutet:

✔ B: Beziehungszahl

✔ *Gesamtheit* A: die Gesamtzahl der statistischen Gesamtheit A

✔ *Gesamtheit* A': die Gesamtzahl der statistischen Gesamtheit A'

Stellen Sie sich einmal vor, dass Sie als Unternehmer 100.000 Stück eines bestimmten Produkts herstellen. Dabei fallen Kosten in Höhe von insgesamt 500.000 Euro an. Nun möchten Sie die die Stückkosten ermitteln.

$$\text{Stückkosten} = \frac{\textit{Gesamtkosten}}{\textit{Zahl hergestellter Einheiten}} = \frac{500000}{100000} = 5$$

Das heißt, jedes Stück, das Sie produzieren, kostet Sie 5 Euro.

Messzahlen

Mit Messzahlen können Sie Informationen darüber erhalten, wie sich bestimmte Merkmale in sachlicher, zeitlicher oder räumlicher Hinsicht verändern. Sie dienen auch dem Vergleich dieser Veränderungen zwischen verschiedenen Merkmalen.

Diese Messzahlformel gibt die prozentuale Veränderung des Merkmals X zwischen zwei verschiedenen zeitlichen Perioden wieder:

$$M_0^a = \frac{x_a}{x_0} \cdot 100$$

Dabei bedeutet:

- ✔ M_0^a: Messzahl für den aktuellen Zustand a der Variablen X im Vergleich zum Wert der Variablen X in der Basisperiode 0
- ✔ x_a: Wert für das Merkmal X in der aktuellen Periode
- ✔ x_0: Wert für das Merkmal X in der Ausgangsperiode beziehungsweise Basisperiode

In Tabelle 6.2 finden Sie die Anzahl der erwerbstätigen und die Anzahl der erwerbslosen Menschen in Deutschland in den Jahren 1991, 2000 und 2010. Für diese Daten habe ich die entsprechenden Messzahlen in Bezug auf die Entwicklung der Erwerbstätigen- und Erwerbslosenzahlen in Deutschland berechnet und dort aufgeführt.

Beispielsweise ergibt die Messzahl für die Entwicklung der Zahl der erwerbslosen Personen im Zeitraum von 1991 bis zum Jahr 2000:

$$\frac{\textit{Anzahl Berichtsjahr}}{\textit{Anzahl Basisjahr}} \cdot 100 = \frac{3137}{2159} \cdot 100 = 145{,}30 \text{ (aufgerundet)}$$

Das heißt, dass die Zahl der Erwerbslosen im Jahr 2000 im Vergleich zum Jahr 1991 um 45,3 % gestiegen ist.

Als Basisjahr wurde in diesem Beispiel das Jahr 1991 und als Berichtsjahr 2000 gewählt. Durch Nebeneinanderstellen der Messzahlen können Sie schnell die Entwicklung der Erwerbstätigenzahlen und der Erwerbslosenzahlen in dem betrachteten Zeitraum zwischen den Werten im Basisjahr und dem jeweiligen Berichtsjahr erkennen und vergleichen.

Die Wahl des Basisjahrs will wohlbedacht sein, denn damit können die Ergebnisse stark manipuliert werden.

Jahr	Erwerbstätige in Deutschland		Erwerbslose in Deutschland	
	Anzahl in 1000	Messzahlen	Anzahl in 1000	Messzahlen
1991	38664	100	2159	100
2000	39038	100,96	3137	145,3
2010	40368	104,41	2930	135,71

Quelle: Bundeszentrale für politische Bildung: Datenreport 2011, Band 1, S. 99, eigene Berechnungen

Tabelle 6.2: Beispieldaten zur Berechnung von Messzahlen

Wenn Sie die Messzahlen vergleichen, sehen Sie, dass die Zahl der Erwerbstätigen im Vergleich zu der Zahl der Erwerbslosen nur geringfügig gestiegen ist. Die Erwerbslosen haben dagegen relativ sehr hohe Zuwächse von über 45 % im ersten betrachteten Jahrzehnt erzielt, um dann im zweiten Jahrzehnt bis 2010 wieder um über neun Prozent auf 35 % über dem Basisjahr zurückzugehen.

Dass die Erwerbslosenzahlen zwischenzeitlich noch deutlich höher waren, können Sie aus dieser Statistik leider nicht entnehmen.

Zu den Messzahlen gehört auch das *Preisrelativ*, das ist das Verhältnis zwischen dem aktuellen Preis eines Gutes zu seinem Preis in einer bestimmten Periode in der Vergangenheit (Basisjahr).

Das Preisrelativ

Mit dem Preisrelativ können Sie die relative Preisentwicklung über einen bestimmten Zeitraum bestimmen.

Die Formel für das Preisrelativ ist:

$$Pr = \frac{P_t}{P_0} \cdot 100$$

Dabei bedeutet:

- ✔ Pr: Preisrelativ
- ✔ P_0: der (Referenz-)Preis im Basisjahr (Vergleichsjahr in der Vergangenheit)
- ✔ P_t: der Preis zum aktuellen Zeitpunkt

Wenn beispielsweise im Jahr 2002 der Preis für das Kilo Bananen $P_0 = 3{,}36$ Euro betrug und nun im Jahr 2011 der Preis $P_1 = 2{,}21$ Euro beträgt, beträgt das Preisrelativ für das Kilo Bananen im Zeitraum von 2002 bis 2011: $Pr = \frac{2{,}21}{3{,}36} \cdot 100 = 65{,}77\ \%$, das heißt, der Preis für ein Kilo Bananen ist im betrachteten Zeitraum auf knapp 66 Prozent seines ursprünglichen Wertes beziehungsweise um gut 34 Prozent gefallen.

Indexzahlen

Eine besondere Gruppe der Verhältniszahlen sind die *Indexzahlen*. Dabei werden mehrere Messzahlen miteinander in Beziehung gesetzt, um damit die Entwicklung der durch die Messzahlen dargestellten Sachverhalte im zeitlichen Ablauf in einer einzigen Verhältniszahl zum Ausdruck zu bringen. Der Verbraucherpreisindex ist wohl das berühmteste Beispiel für einen Index.

Ein *Index* ist eine Zahl, die die Entwicklung mehrerer Größen, die in einem Verhältnis zueinander stehen, darstellt. Dabei wird das Verhältnis eines gegenwärtigen oder interessierenden aktuellen Zustands zu einer Ausgangsbasis beziehungsweise zu einem Ursprungszustand gebildet. Vergleichsbasis kann neben der Zeit aber auch ein anderer Zusammenhang sein (beispielsweise indem nicht Zeitperioden, sondern verschiedene Regionen betrachtet werden).

Durch die Nutzung des Preisrelativs können Sie lediglich die relative Veränderung eines einzelnen Preises berechnen. Ein *Preisindex* bietet Ihnen dagegen die Möglichkeit, die durchschnittliche Entwicklung der Preise für mehrere Produkte in einer einzigen Zahl auszudrücken.

Wenn Sie den Durchschnitt aus den einzelnen Preisrelativen für die verschiedenen Güter in dem Warenkorb des Verbrauchers berechnen würden, bekämen Sie ein verzerrtes Ergebnis der tatsächlichen Preisentwicklung, weil Sie die verschiedenen Mengen der betrachteten Güter nicht berücksichtigten. Eine Preiszunahme von 10 Prozent beim Grundnahrungsmittel Brot A würde die gleiche Bedeutung zugemessen wie eine Preiszunahme von 10 Prozent beim Genussmittel Champagner, obwohl die gekauften Mengen der beiden Produkte vermutlich sehr unterschiedlich sind.

Gebräuchliche Indexzahlen zur Analyse der Entwicklung von Mengen und Preisen sind:

- ✔ der Index nach Laspeyres
- ✔ der Index nach Paasche

Der Preisindex nach Laspeyres

Der Preisindex nach Laspeyres ist ein zusammengesetzter Preisindex. Er vergleicht die Preise mehrerer Güter gewichtet mit ihren jeweils gekauften Mengen zu zwei verschiedenen Zeitpunkten hinsichtlich ihrer relativen Veränderung in Prozentwerten.

Folgende Formel benötigen Sie zur Berechnung:

$$I_L = \frac{\sum_{i=1}^{n} P_{it} Q_{i0}}{\sum_{i=1}^{n} P_{i0} Q_{i0}} \cdot 100$$

Dabei bedeutet:

- ✔ I_L: Preisindex nach Laspeyres
- ✔ P_{it}: der Preis in der aktuellen beziehungsweise in der Berichtsperiode für das i-te Gut

✔ P_{i0}: der Preis in der ersten beziehungsweise in der Basisperiode für das i-te Gut

✔ Q_{i0}: die gekaufte Menge in der Basisperiode vom i-ten Gut

✔ Q_{it}: die gekaufte Menge in der aktuellen beziehungsweise in der Berichtsperiode vom i-ten Gut

✔ n: die Gesamtzahl der betrachteten Güter

Im Zähler der Formel sehen Sie die Preise der Berichtsperiode gewichtet mit den Mengen aus der Basisperiode, das heißt der Gesamtwert des Warenkorbs aus der Basisperiode zu aktuellen Preisen. Im Nenner stehen die Preise der Basisperiode gewichtet mit den Verkaufsmengen in der Basisperiode, das heißt der Gesamtwert des Warenkorbs aus der Basisperiode zu den Preisen in der Basisperiode. Diese beiden Werte werden nun durch Division zueinander in Beziehung gesetzt. Sie wissen also mit dem Preisindex nach Laspeyres darüber Bescheid, wie sich die Preise für den Warenkorb aus der Basisperiode im Vergleich zur aktuellen Periode verändert haben.

Nehmen Sie einmal an, der Warenkorb, von dem Familie Spärlich lebt, enthält nur die drei Produkte A, B und C (zugegeben, in der Realität gibt es wohl kaum einen Haushalt, der nur drei Produkte im Jahr kauft, aber als Beispiel ist das ganz praktisch). Tabelle 6.3 enthält die Preise und Einkaufsmengen für die drei Produkte A, B und C in zwei verschiedenen Jahren. Außerdem sind darin auch die Kosten (die Preise multipliziert mit den jeweiligen Produktmengen, das heißt $P \cdot Q$) für die einzelnen Produkte sowie für den gesamten Warenkorb enthalten (siehe die letzte Zeile in den letzten vier Spalten in Tabelle 6.3). Die Einkaufssummen werden dabei aus Preisen und Produktmengen aus jeder Berichtsperiode kombiniert gebildet und dargestellt (siehe die letzten vier Spalten in der Tabelle).

Sie möchten nun wissen, wie sich die Preise zwischen dem ersten und dem zweiten Jahr für den Warenkorb der Familie Spärlich mit den Gütern aus dem ersten Jahr verändert haben. Dazu greifen Sie auf den Preisindex nach Laspeyres zurück.

	Preise		Einkaufsmengen (in 100)		Einkaufssummen			
	Jahr 1	Jahr 2	Jahr 1	Jahr 2	Jahr 1	Jahr 2	Jahr 1	Jahr 2
	P_1	P_2	Q_1	Q_2	$P_1 \cdot Q_1$	$P_1 \cdot Q_2$	$P_2 \cdot Q_1$	$P_2 \cdot Q_2$
Gut A	0,5	0,4	6	11	3	5,5	2,4	4,4
Gut B	0,3	1	7	4	2,1	1,2	7	4
Gut C	0,7	0,9	10	12	7	8,4	9	10,8
Σ	–	–	–	–	12,1	15,1	18,4	19,2

Tabelle 6.3: Beispieldaten zur Berechnung der Preisindizes

Die Berechnung für den Preisindex nach Laspeyres erfolgt in folgenden Schritten:

1. Berechnen Sie den Nenner, indem Sie die einzelnen Preise aus dem Basisjahr mit den jeweiligen Mengen der eingekauften Güter des Basisjahrs multiplizieren, das heißt, Sie berechnen die Ausgabensumme für jedes Gut im Basisjahr (Tabelle 6.3, Spalte $P_1 \cdot Q_1$).

2. Bilden Sie die Gesamtsumme der Ausgaben für alle Einkäufe im Basisjahr (Tabelle 6.3, Spalte $P_1 \cdot Q_1$ unten).
3. Berechnen Sie den Zähler, indem Sie die einzelnen Preise im aktuellen Berichtsjahr mit den jeweiligen Mengen der eingekauften Güter des Basisjahrs multiplizieren, das heißt, Sie berechnen die aktuelle Ausgabensumme im Berichtsjahr für jedes Gut mit der Menge aus dem Warenkorb im Basisjahr (Tabelle 6.3, Spalte $P_2 \cdot Q_1$).
4. Bilden Sie die Gesamtsumme der Ausgaben für alle Einkäufe im Basisjahr anhand der aktuellen Preise im Berichtsjahr (Tabelle 6.3, Spalte $P_2 \cdot Q_1$ unten).
5. Dividieren Sie den Zähler durch den Nenner, das heißt die Gesamtsumme der Ausgaben für den Warenkorb aus dem Basisjahr zu Preisen des Berichtsjahrs durch die Gesamtsumme der Ausgaben für den Warenkorb aus dem Basisjahr zu den Preisen im Basisjahr.
6. Multiplizieren Sie das Ergebnis mit 100 und Sie haben den Preisindex nach Laspeyres berechnet.

Die Berechnung des Preisindex nach Laspeyres anhand von Tabelle 6.3 ergibt somit für die Familie Spärlich:

$$I_L = \frac{\sum_{i=1}^{n} P_{it} Q_{i0}}{\sum_{i=1}^{n} P_{i0} Q_{i0}} \cdot 100 = \frac{0,40 \cdot 6 + 1,00 \cdot 7 + 0,90 \cdot 10}{0,50 \cdot 6 + 0,30 \cdot 7 + 0,70 \cdot 10} = \frac{18,40}{12,10} \cdot 100 = 152,07$$

Mit anderen Worten, es hat bezüglich des Warenkorbs der Familie Spärlich aus dem ersten Jahr einen Preisanstieg von 52,07 Prozent zwischen dem ersten und dem zweiten Jahr gegeben.

Der Preisindex nach Paasche

Wollen Sie nun die Preisveränderung für den Warenkorb der Familie Spärlich aus der aktuellen Berichtsperiode berechnen, verwenden Sie die Indexformel nach Paasche:

$$I_P = \frac{\sum_{i=1}^{n} P_{it} Q_{it}}{\sum_{i=1}^{n} P_{i0} Q_{it}} \cdot 100$$

Dabei bedeutet:

- ✔ I_P: Preisindex nach Paasche
- ✔ P_{it}: der Preis in der Berichtsperiode für das i-te Gut
- ✔ P_{i0}: der Preis in der ersten beziehungsweise in der Basisperiode für das i-te Gut
- ✔ Q_{i0}: die gekaufte Menge in der Basisperiode vom i-ten Gut
- ✔ Q_{it}: die gekaufte Menge in der Berichtsperiode vom i-ten Gut
- ✔ n: Die Gesamtzahl der betrachteten Güter

In der Formel für den Preisindex nach Paasche werden die Preise der Berichtsperiode gewichtet mit den entsprechenden Mengen aus dieser Periode (im Zähler der Formel) und in Beziehung gesetzt zu den Preisen der Basisperiode gewichtet mit den Verkaufsmengen in der aktuellen Berichtsperiode (im Nenner). Das bedeutet, dass Sie das Verhältnis zwischen dem Gesamtwert des aktuellen Warenkorbs zu den aktuellen Preisen des Berichtsjahrs (aktuelle Preise multipliziert mit den Gütern des aktuellen Warenkorbs) und dem Gesamtwert des aktuellen Warenkorbs zu Preisen des Basisjahrs (Preise der Vorperiode multipliziert mit den Gütern des aktuellen Warenkorbs) berechnen. Sie wissen also mit dem Preisindex nach Paasche darüber Bescheid, wie sich die Preise für den Warenkorb aus der Berichtsperiode zwischen den beiden betrachteten Perioden verändert haben.

Die Berechnung erfolgt in folgenden Schritten:

1. Berechnen Sie den Nenner, indem Sie die einzelnen Preise aus dem Basisjahr mit den jeweiligen Mengen der eingekauften Güter des Berichtsjahrs multiplizieren, das heißt, Sie berechnen die Ausgabensumme für jedes Gut aus dem Warenkorb im Berichtsjahr zu Preisen des Basisjahrs (Tabelle 6.3, Spalte $P_1 \cdot Q_2$).
2. Bilden Sie die Gesamtsumme der Ausgaben für alle Einkäufe beziehungsweise für den Warenkorb im Berichtsjahr zu Preisen des Basisjahrs (Tabelle 6.3, Spalte $P_1 \cdot Q_2$ unten).
3. Berechnen Sie den Zähler, indem Sie die einzelnen Preise im aktuellen Berichtsjahr mit den jeweiligen Mengen der eingekauften Güter des Berichtsjahrs multiplizieren, das heißt, Sie berechnen die aktuelle Ausgabensumme im Berichtsjahr für jedes Gut mit der Menge aus dem Warenkorb im Berichtsjahr (Tabelle 6.3, Spalte $P_2 \cdot Q_2$).
4. Bilden Sie die Gesamtsumme der Ausgaben für alle Einkäufe beziehungsweise für den Warenkorb im Berichtsjahr (Tabelle 6.3, Spalte $P_2 \cdot Q_2$ unten).
5. Dividieren Sie den Zähler durch den Nenner beziehungsweise die Gesamtsumme der Ausgaben für den Warenkorb aus dem Berichtsjahr durch die Gesamtsumme der Ausgaben für den Warenkorb aus dem Berichtsjahr zu den Preisen im Basisjahr.
6. Multiplizieren Sie das Ergebnis mit 100 und Sie haben den Preisindex nach Paasche berechnet.

Die Berechnung des Preisindex nach Paasche anhand von Tabelle 6.3 ergibt:

$$I_P = \frac{\sum_{i=1}^{n} P_{it} Q_{it}}{\sum_{i=1}^{n} P_{i0} Q_{it}} \cdot 100 = \frac{0,40 \cdot 11 + 1,00 \cdot 4 + 0,90 \cdot 12}{0,50 \cdot 11 + 0,30 \cdot 4 + 0,70 \cdot 12} = \frac{19,20}{15,10} \cdot 100 = 127,15$$

Für den aktuellen Warenkorb muss der Verbraucher also 27,15 Prozent mehr bezahlen als im Basisjahr. Der alte Warenkorb ist also aufgrund der mengenmäßigen Zusammensetzung der Güter mit einem Ausgabenzuwachs von 52,07 Prozent deutlich stärker im Preis angestiegen als der gegenwärtige Warenkorb.

Wenn Sie als Bezugsgröße oder Referenzmenge die Menge der Güter aus der Basisperiode nehmen, müssen Sie den Preisindex nach Laspeyres verwenden. Wird hingegen als Bezugsgröße für die Menge die aktuelle Gütermenge genommen, greifen Sie zu dem Preisindex nach Paasche.

Bei der Berechnung von Indexzahlen sollten Sie auf die Wahl der Bezugsgrößen achten. Wenn es beispielsweise darum geht, den Hartz-IV-Satz für arbeitslose Personen an die aktuelle Preisentwicklung anzupassen, müssen Sie natürlich den aktuellen Warenkorb als Bezugsgröße wählen, denn das sind die zurzeit benötigten Güter der Empfänger. In diesem Fall müssten Sie die Formel von Paasche verwenden.

Problematisch kann bei der Berechnung von Indizes über einen längeren Zeitraum auch die Wahl der Berichtsperioden sein. Fraglich ist beispielsweise, welches Basisjahr Sie wählen sollen, denn damit können die erzielten Ergebnisse mehr oder weniger stark schwanken.

Die Konzentration mit dem Gini-Koeffizienten messen

Das Phänomen, dass der Sieger alles bekommt und die übrigen Teilnehmer eines Wettbewerbs gar nichts, kennen Sie sicherlich unter dem Titel *The winner takes it all*. Aber auch manche andere Situation ist durch eine solche ungleiche Behandlung gekennzeichnet. Sehr viel Aufmerksamkeit wird beispielsweise der ungleichen Verteilung von Einkommen und Vermögen in der medialen Öffentlichkeit gewidmet. So wird behauptet, dass nur einige wenige sehr viel Vermögen auf sich vereinigen. Doch wie groß ist dieser Anteil am gesamten Vermögen aller? Darauf geben Ihnen *Konzentrationsmaße* eine Antwort. Ich möchte Ihnen hier den Gini-Koeffizienten vorstellen, mit dem Sie die Konzentration beispielsweise des Vermögens auf die Haushalte messen und in einer statistischen Kennzahl darstellen können.

Der *Gini-Koeffizient* informiert Sie über die Konzentration der Verteilung der Werte eines nicht negativen metrischen Merkmals auf die Untersuchungseinheiten. Er misst die Abweichung von der Gleichverteilung der Merkmalswerte auf die einzelnen Fälle.

Und so lautet die Formel für den Gini-Koeffizienten:

$$G = \frac{2\sum_{i=1}^{n} i \cdot x_i}{n\sum_{i=1}^{n} x_i} - \frac{n+1}{n}$$

Dabei bedeutet:

- ✔ G: der Gini-Koeffizient
- ✔ i: die i-te Untersuchungseinheit der nach der Größe geordneten Merkmalswerte
- ✔ n: die Gesamtzahl der Untersuchungseinheiten
- ✔ x_i: der i-te Merkmalswert der Variablen X im Datensatz, anhand derer die Konzentration gemessen werden soll

Wenn der Wert des Gini-Koeffizienten null ist, gibt es keine Abweichung von der Gleichverteilung. Je größer die Abweichungen sind, desto größer der Koeffizient. Sein größtmöglicher Wert ergibt sich aus der Formel $(n - 1)/n$. Sie ziehen also von der gesamten Anzahl der Beobachtungen 1 ab und teilen das Ergebnis durch die gesamte Anzahl der Beobachtungen. Diesen Wert nimmt der Gini-Koeffizient genau dann an, wenn die größtmögliche Konzentration vorherrscht, das heißt, einer hat alles, die anderen nichts – the winner takes it all.

Den Gini-Koeffizienten können Sie in der folgenden Reihenfolge berechnen:

1. Ordnen Sie die Untersuchungseinheiten bezüglich ihrer Werte x_i in aufsteigender Reihenfolge und vergeben Sie daraufhin jedem Fall seine neue Position i im geordneten Datensatz.
2. Bilden Sie die Summe aus den einzelnen x_i-Werten der Untersuchungseinheiten.
3. Multiplizieren Sie die so errechnete Summe mit der Gesamtzahl der Fälle n und Sie haben den Nenner des ersten Teils der Formel berechnet.
4. Multiplizieren Sie die x_i-Werte der Untersuchungseinheiten mit dem jeweiligen i-Wert und summieren Sie diese Werte auf.
5. Multiplizieren Sie das Ergebnis mit 2 und Sie haben den Zähler im ersten Teil der Formel berechnet.
6. Dividieren Sie den Zähler durch den Nenner und Sie erhalten das Ergebnis für den ersten Teil der Formel.
7. Addieren Sie zur Gesamtzahl der Beobachtungen 1 hinzu und teilen Sie das Ergebnis durch die Gesamtzahl der Beobachtungen n.
8. Subtrahieren Sie das Ergebnis der Berechnung aus Schritt 7 von dem in Schritt 6 errechneten ersten Teil der Formel und Sie haben den Gini-Koeffizienten berechnet.

In Tabelle 6.4 finden Sie die Angaben über die Jahreseinkommen (die im Folgenden als Merkmal X bezeichnet werden) von fünf verschiedenen Haushalten. Sie haben den Eindruck, dass die Einkommen in den fünf Familien nicht gleich verteilt sind, und möchten das gerne in einer Zahl beschreiben. Von dem Gini-Koeffizienten haben Sie gehört, dass er genau Ihren Wunsch erfüllen kann.

Haushalte	A (Familie Adams)	B (Familie Bauer)	C (Familie Clementini)	D (Familie Diemel)	E (Familie Euler)
Jahreseinkommen x_i	40.000	100.000	30.000	30.000	40.000

Tabelle 6.4: Ausgangsdaten zur Berechnung des Gini-Koeffizienten

Die Schritte zur Berechnung des Gini-Koeffizienten sind in Tabelle 6.5 für Sie zusammengefasst.

Schritt 1: Haushalte; i; n	Einkommen x_i (in 1.000)	$i \cdot x_i$ (in 1.000)
C; $i = 1$	30	30
D; $i = 2$	30	60
A, $i = 3$	40	120
E; $i = 4$	40	160
B; $i = n = 5$	100	500
Summen	**Schritt 2**: $\sum_{i=1}^{n} x_i = 240$	**Schritt 4**: $\sum_{i=1}^{n} i \cdot x_i = 870$
Berechnung des Nenners und Zählers	**Schritt 3**: $n\sum_{i=1}^{n} x_i = 5 \cdot 240 = 1200$	**Schritt 5**: $2\sum_{i=1}^{n} i \cdot x_i = 1740$
Schritt 6: $\frac{2\sum_{i=1}^{n} i \cdot x_i}{n\sum_{i=1}^{n} x_i} = \frac{1740}{1200} = 1{,}45$	**Schritt 7**: $\frac{n+1}{n} = \frac{5+1}{5} = \frac{6}{5} = 1{,}2$	
Schritt 8: G = 1,45 – 1,2 = 0,25		

Tabelle 6.5: Berechnung des Gini-Koeffizienten

Weil der Gini-Koeffizient einen Höchstwert von $(n - 1)/n$ erreichen kann, das heißt in diesem Beispiel einen Wert von (5 – 1)/5 = 0,8, beträgt der errechnete Gini-Koeffizient von 0,25 knapp ein Drittel dieses Wertes.

Der Gini-Koeffizient ist ungleich null, das heißt, es liegt keine Gleichverteilung vor. Da der Gini-Koeffizient aber gerade mal ein Drittel des maximal möglichen Wertes hat, ist die Abweichung von der Gleichverteilung nicht besonders stark. Alle betrachteten Familien haben also ein recht ähnliches Einkommen zur Verfügung, es gibt also nicht einen reichen Krösus und vier arme Kirchenmäuse.

Zusammenhangsmaße

7

In diesem Kapitel ...

- Statistische und andere Zusammenhänge
- Die Kreuztabelle und das Geheimnis des Chi-Quadrats
- Korrelationen und ihre Koeffizienten
- Streudiagramme erstellen und interpretieren

Bisher haben Sie meist statistische Formeln zur Analyse eines Merkmals kennengelernt. Mit der Betrachtung der Formeln für Verhältniszahlen haben Sie diese eindimensionale Analyse in Kapitel 6 verlassen und zwei oder mehr statistische Größen gleichzeitig in ihrem mengenmäßigen Verhältnis und Zusammenhang zueinander betrachtet. In diesem Kapitel möchte ich Sie noch näher mit der mehrdimensionalen statistischen Analyse vertraut machen.

Statistiker nennen eine Analyse *mehrdimensional*, wenn dabei zwei oder mehr Merkmale gleichzeitig in ihrer Beziehung zueinander betrachtet werden.

Die Analyse von Zusammenhängen

In erfahrungsbasierten wirtschafts- oder sozialwissenschaftlichen Untersuchungen und Erhebungen werden in der Regel mehrere Merkmale erhoben. Oft möchten Sie gezielt wissen, ob ein Zusammenhang besteht und wenn ja, wie ausgeprägt er ist. Wenn Sie zum Beispiel demografische Merkmale von Personen wie Alter, Einkommen, Geschlecht, Bildungsgrad, Beruf, Familienstatus, Religion und Nationalität in einer Befragung abgefragt haben, werden Sie vielleicht annehmen, dass die statistischen Merkmale Geschlecht und Bildungsgrad mit den Merkmalen Einkommen und Beruf zusammenhängen, sich also beispielsweise die Frage stellen, ob Frauen tatsächlich weniger verdienen als Männer.

Ein statistischer Zusammenhang zwischen zwei und mehr Merkmalen besteht immer dann, wenn hohe beziehungsweise niedrige Merkmalsausprägungen bei einem Merkmal überwiegend mit hohen beziehungsweise niedrigen Merkmalsausprägungen bei dem anderen Merkmal einhergehen. So gibt es beispielsweise einen Zusammenhang zwischen den Merkmalen Geschlecht und Einkommen, wenn hohe Einkommen überwiegend von Männern und niedrige Einkommen überwiegend von Frauen verdient werden. Sollten sich die hohen und niedrigen Einkommen gleichermaßen auf beide Geschlechter verteilen, insofern Sie also keine solche Regelmäßigkeit in den Daten feststellen können, gibt es keinen statistischen Zusammenhang zwischen den beiden Merkmalen.

Manchmal wird in diesem Zusammenhang auch von einer kausalen Beziehung gesprochen. Ein gegebener Zusammenhang ist *kausal*, wenn davon ausgegangen werden kann, dass die Merkmalsausprägungen bei einem Merkmal einen Einfluss auf die Merkmalsausprägungen bei dem anderen Merkmal haben. Das bewirkende, verursachende Merkmal wird dabei als *unabhängiges Merkmal* und das beeinflusste Merkmal als *abhängiges Merkmal* bezeichnet.

Die einfachste mehrdimensionale Betrachtungsweise ist die Analyse von nur zwei statistischen Merkmalen, weshalb sie auch *zweidimensionale* oder *bivariate Zusammenhangsanalyse* genannt wird.

Die Kreuztabelle

Den Zusammenhang von Variablen beziehungsweise Merkmalen, die *nominalskaliert* (siehe dazu mehr in Kapitel 2) sind, wie in dem Beispiel des Geschlechts (mit den Ausprägungen »männlich« und »weiblich«) oder dem Familienstatus (mit den Ausprägungen »ledig«, »verheiratet«, »geschieden«, »verwitwet«), können Sie in einer *Kreuztabelle*, auch *Kontingenztabelle* genannt, darstellen. In dieser Tabelle kreuzen sich die Daten, denn die Daten des einen Merkmals stehen in den Spalten und die Daten des anderen Merkmals in den Zeilen der Kreuztabelle.

Tabelle 7.1 zeigt das Beispiel einer Kreuztabelle zu den beiden Variablen »Examenserfolg« und »Lehrer«.

	Lehrer						
Examenserfolg	Leichtfuß		Schwer		Mittelmaß		Σ
bestanden	**50**	33,33 %	**45**	30 %	**55**	36,67 %	**150**
	83,33 %	25 %	64,29 %	22,50 %	78,57 %	27,50 %	
durchgefallen	**10**	20 %	**25**	50 %	**15**	30 %	**50**
	16,67 %	5 %	35,71 %	12,50 %	21,43 %	7,50 %	
Σ	**60**		**70**		**70**		**200**

Tabelle 7.1: Beispiel einer Kreuztabelle

In den Spalten der Tabelle ist die Anzahl der Schüler bei den Lehrern Leichtfuß, Schwer und Mittelmaß aufgeführt. In den Zeilen der Tabelle finden Sie die Daten des Merkmals »Examenserfolg« mit den Zahlen der Schüler mit und ohne Examenserfolg. In den einzelnen Zellen der Tabelle ist die Häufigkeit (die Häufigkeiten beziehungsweise die absoluten Zahlen sind in der Tabelle fett hervorgehoben) der jeweiligen Kombination von Lehrer und Examenserfolg enthalten. Beispielsweise können Sie der oberen linken Zelle entnehmen, dass 50 Schüler bei Herrn Leichtfuß das Examen bestanden haben. Die Häufigkeit in dieser Zelle wird mit n_{11} bezeichnet. Allgemein wird die absolute Häufigkeit der Merkmalskombination der i-ten Zeile und j-ten Spalte in der Kreuztabelle mit n_{ij} gekennzeichnet. Sie können in Tabelle 7.1 auf einen Blick sehen, bei welchem Lehrer wie viele Schüler das Examen bestanden oder eben nicht bestanden haben. (Näheres über die Berechnung von Summen finden Sie in Kapitel 3.)

Die einzelnen Spalten und Zeilen haben folgende Aussagekraft:

- ✔ Die letzte Spalte enthält die Gesamtzahl Summe der Schüler, die bei allen Lehrern bestanden und nicht bestanden haben.
- ✔ Die letzte Zeile informiert Sie über die Gesamtsumme der Schüler, die bei den einzelnen Lehrern eine Prüfung abgelegt haben.
- ✔ Die letzte Zelle rechts unten in der Tabelle zeigt Ihnen die Gesamtzahl aller Schüler bei sämtlichen Lehrern und somit die gesamte Anzahl der Beobachtungen n.

Die letzte Spalte und die letzte Zeile werden auch *Randverteilungen* der Merkmale genannt, weil sie die *univariaten Häufigkeitsverteilungen* der beiden Merkmale widerspiegeln.

Neben den absoluten Häufigkeiten (die in Tabelle 7.1 fett gedruckt sind) finden Sie in den umrahmten Zellen auch die entsprechenden Prozentangaben:

- ✔ Der Prozentwert rechts neben jeder absoluten Zellhäufigkeit entspricht dem Zeilenprozentwert, das heißt dem prozentualen Anteil in Bezug auf die Zeilensumme.
- ✔ Der Prozentwert direkt unter jeder absoluten Zellhäufigkeit entspricht dem Spaltenprozentwert, das heißt dem prozentualen Anteil in Bezug auf die Spaltensumme.
- ✔ Der untere rechte Prozentwert in jeder Zelle bezieht sich auf die Gesamtzahl der Beobachtungen.

Neben den (absoluten) Häufigkeiten sind in Tabelle 7.1 für jede Zelle somit auch jeweils die entsprechenden Zeilenprozentwerte, die Spaltenprozentwerte sowie die Prozentwerte bezogen auf die Gesamtzahl der Beobachtungen (n) angegeben. Das Grundraster für jede Zelle in Tabelle 7.1 entspricht somit dem in Abbildung 7.1 gezeigten Schema:

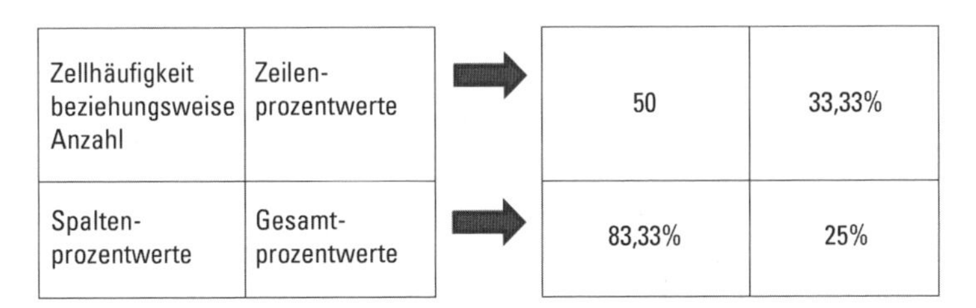

Abbildung 7.1: Zellenschema für Kreuztabellen mit Beispiel für die erste Zelle (erste Zeile und erste Spalte) in Tabelle 7.1

Aus der ersten Datenzelle links oben in Tabelle 7.1 können Sie beispielsweise also Folgendes entnehmen:

- ✔ Insgesamt 50 Schüler haben bei Lehrer Leichtfuß die Klausur bestanden.
- ✔ $\frac{50}{150} \cdot 100 = 33{,}33\ \%$ (Zeilenprozentwert der ersten Datenzelle) aller erfolgreichen Schüler stammen aus dieser Klasse.

- ✔ $\frac{50}{60} \cdot 100 = 83,33\,\%$ (Spaltenprozentwert der ersten Datenzelle) der Schüler dieser Klasse haben die Klausur bestanden.
- ✔ Der Anteil der Schüler aus dieser Klasse, die die Klausur bestanden haben, an allen Schülern beträgt $\frac{50}{200} \cdot 100 = 25,00\,\%$ (Prozentwert bezogen auf die Gesamtzahl für die erste Zelle).

Die anderen Zellen in Tabelle 7.1 liefern Ihnen entsprechende Informationen für die übrigen Kombinationen zwischen den beiden Merkmalen »Lehrer« und »Examenserfolg«.

Mit der Auswertung der Häufigkeiten und der Prozentwerte ist jedoch noch nicht die Frage beantwortet, inwiefern es einen Zusammenhang zwischen den beiden Merkmalen »Lehrer« und »Examenserfolg« gibt. Beim Vergleich der Spaltenprozentwerte sehen Sie, dass bei Lehrer Leichtfuß prozentual die meisten Schüler die Prüfung bestehen, nämlich 83,33 Prozent Bei Herrn Schwer fällt dagegen jeder dritte Schüler durch (Durchfallquote 35 Prozent) und die Erfolgsquote bei Herrn Mittelmaß liegt bei 78,57 Prozent. Es macht scheinbar einen deutlichen Unterschied, welcher Lehrer die Prüfung abnimmt. Es gibt demnach einen Zusammenhang zwischen den Merkmalen »Lehrer« und »Examenserfolg«. Kein Wunder, dass Lehrer Leichtfuß bei den Schülern sehr beliebt ist, deren oberstes Anliegen das erfolgreiche Examen ist. Herr Schwer steht dagegen bei den Schülern in der Gunst, die möglichst viel lernen wollen.

Bei kleineren Kreuztabellen mit wenigen Spalten und Zeilen können Sie anhand der Verteilung der Werte in den einzelnen Zellen noch direkt erkennen, ob es einen Zusammenhang zwischen den Daten der Merkmale gibt. Besitzen die Merkmale in den Tabellen aber mehr Ausprägungen, wird es für Sie schon schwieriger zu erkennen, ob es einen Zusammenhang gibt und falls ja, wie stark dieser Zusammenhang ist. *Zusammenhangsmaße* können in einer einzigen Zahl die Art und Intensität dieses Zusammenhangs beschreiben.

Das Chi-Quadrat

Ein statistisches Zusammenhangsmaß, das Ihnen Informationen in Form einer einzigen Kennzahl über den Zusammenhang zweier Merkmale einer Kreuztabelle beziehungsweise Kontingenztabelle liefert, ist das *Chi-Quadrat*. Wenn das Chi-Quadrat den Wert 0 hat, gibt es keine Beziehung zwischen diesen Merkmalen, und je größer sein Wert ist, desto stärker ist die Beziehung. Das Chi-Quadrat können Sie für nominalskalierte Merkmale berechnen. Die Formel für das Chi-Quadrat lautet:

$$\chi^2 = \sum_{i=1}^{m} \sum_{j=1}^{k} \frac{(n_{ij} - \tilde{n}_{ij})^2}{\tilde{n}_{ij}}$$

Dabei bedeutet:

- ✔ χ^2: das Chi-Quadrat
- ✔ i: Zeilenindex

- ✔ m: Gesamtzahl der Zeilen
- ✔ j: Spaltenindex
- ✔ k: Gesamtzahl der Spalten
- ✔ n_{ij}: die absolute Häufigkeit der Merkmalskombination der i-ten Zeile und der j-ten Spalte, also die ij-te Zelle.
- ✔ $\tilde{n}_{ij}$: der für die ij-te Zelle unter Unabhängigkeit der beiden Merkmale erwartete Wert der absoluten Häufigkeit

Der *erwartete Wert* ist der Wert, den Sie bei Unabhängigkeit der beiden Merkmale annehmen können. Unabhängigkeit der Merkmale bedeutet hier, dass es keinen Zusammenhang zwischen den Merkmalsausprägungen der Merkmale gibt.

$\tilde{n}_{ij}$ wird wie folgt berechnet:

$$\tilde{n}_{ij} = \frac{n_{i\bullet} \cdot n_{\bullet j}}{n}$$

Dabei bedeutet:

- ✔ $\tilde{n}_{ij}$: zu erwartende Häufigkeit in der Tabellenzelle (i,j)
- ✔ $n_{i\bullet}$: Gesamthäufigkeit in der i-ten Zeile der Tabelle über alle Spalten hinweg
- ✔ $n_{\bullet j}$: Gesamthäufigkeit in der j-ten Spalte der Tabelle über alle Zeilen hinweg
- ✔ n: Gesamtzahl aller Beobachtungen

Wenn Sie den Zusammenhang zwischen den Merkmalen »Lehrer« und »Examenserfolg« der betreffenden Klausur im obigen Beispiel anhand des Chi-Quadrats berechnen, wählen Sie folgende Vorgehensweise:

1. Berechnen Sie die Erwartungswerte für jede Datenzelle, indem Sie die entsprechende Spaltensumme mit der jeweiligen Zeilensumme für die Spalte multiplizieren und das Ergebnis daraus durch die Gesamtzahl der Beobachtungen dividieren, das heißt:

   $$\tilde{n}_{ij} = \frac{n_{i\bullet} \cdot n_{\bullet j}}{n}$$

2. Bilden Sie die Differenz zwischen tatsächlichem Wert und erwartetem Wert in jeder Zelle, indem Sie den Erwartungswert von dem tatsächlichen beziehungsweise empirischen Wert abziehen:

   $$n_{ij} - \tilde{n}_{ij}$$

3. Quadrieren Sie die Differenzen:

   $$(n_{ij} - \tilde{n}_{ij})^2$$

4. Dividieren Sie die einzelnen Ergebnisse des dritten Rechenschritts durch den jeweiligen Erwartungswert:

$$\frac{(n_{ij} - \tilde{n}_{ij})^2}{\tilde{n}_{ij}}$$

5. Summieren Sie die Werte über alle Zeilen und Spalten der Tabelle auf und Sie haben den Chi-Quadrat berechnet:

$$\chi^2 = \sum_{i=1}^{m} \sum_{j=1}^{k} \frac{(n_{ij} - \tilde{n}_{ij})^2}{\tilde{n}_{ij}}$$

Die Berechnung des Chi-Quadrats möchte ich Ihnen an dem Beispiel der beiden Merkmale »Examenserfolg« und »Lehrer« vorführen. Dafür sind die absoluten Zellhäufigkeiten und die erwarteten Werte $\tilde{n}_{ij}$, die sich aus dem Produkt der jeweiligen Zeilen- und Spaltensummen dividiert durch die Gesamtzahl der Beobachtungen errechnen, in Tabelle 7.2 aufgeführt.

	Lehrer						
Examenserfolg	Leichtfuß		Schwer		Mittelmaß		Σ
bestanden	**50**	45	**45**	52,5	**55**	52,5	**150**
durchgefallen	**10**	15	**25**	17,5	**15**	17,5	**50**
Σ	**60**		**70**		**70**		**200**

Tabelle 7.2: Beispiel zur Berechnung des Chi-Quadrats (beobachtete Häufigkeiten sind fett, zu erwartende Häufigkeiten mager)

Zur Berechnung des Chi-Quadrats gehen Sie somit wie folgt vor:

1. Berechnen Sie die erwarteten Werte $\tilde{n}_{ij}$, zum Beispiel in Tabelle 7.2 für den erwarteten Wert in der ersten Zelle oben links:

$$\tilde{n}_{11} = \frac{n_{1\bullet} \cdot n_{\bullet 1}}{n} = \frac{60 \cdot 150}{200} = 45$$

2. Bestimmen Sie die Abweichungen der erwarteten Werte $\tilde{n}_{ij}$ von den tatsächlichen Werten n_{ij}.
3. Quadrieren Sie die Differenzen.
4. Dividieren Sie die quadrierten Differenzen durch den jeweils erwarteten Wert.
5. Summieren Sie die in Schritt 4 errechneten Ergebnisse auf und Sie erhalten den Chi-Quadrat-Wert.

Aus den fünf Arbeitsschritten ergibt sich die folgende Rechnung:

$$\chi^2 = \sum_{i=1}^{k} \sum_{j=1}^{m} \frac{(n_{ij} - \tilde{n}_{ij})^2}{\tilde{n}_{ij}} = \frac{(50-45)^2}{45} + \frac{(45-52{,}5)^2}{52{,}5} + \frac{(55-52{,}5)^2}{52{,}5} + \frac{(10-15)^2}{15}$$

$$+ \frac{(25-17{,}5)^2}{17{,}5} + \frac{(15-17{,}5)^2}{17{,}5} = 0{,}56 + 1{,}07 + 0{,}12 + 1{,}67 + 3{,}21 + 0{,}36 = 6{,}99$$

Das Chi-Quadrat ist somit die Summe der quadrierten Abweichungen der erwarteten Werte von den Zellhäufigkeiten dividiert durch die erwarteten Werte.

Der Chi-Quadrat-Wert nimmt einen Wert von 0 an, wenn zwischen den Merkmalen keine Beziehung besteht. Werte größer als null weisen auf einen Zusammenhang hin.

Chi-Quadrat ist aber keine standardisierte Kennzahl. Es gilt lediglich: Je größer der Chi-Quadrat-Wert ist, desto stärker ist die Beziehung zwischen den beiden Variablen.

Weil der Wert mit 6,99 von 0 verschieden ist, können Sie somit nur sagen, dass es einen Zusammenhang gibt und dass es daher nicht egal ist, zu welchem Lehrer Sie gehen, wenn Sie Ihren Klausurerfolg optimieren wollen. Inwiefern es sich um eine starke oder um eine schwache Beziehung handelt, können Sie anhand des Chi-Quadrat-Wertes aber nicht unmittelbar erkennen. Ebenso erkennen Sie durch bloßes Ablesen des Chi-Quadrat-Wertes nicht, in welche Richtung der Zusammenhang geht, also ob die Chancen zum Beispiel bei Herrn Leichtfuß zu bestehen tatsächlich größer sind, als sie es bei Herrn Schwer wären. Mittels des Chi-Quadrat-Wertes können Sie nur sagen, dass es bezüglich des Examenserfolgs nicht egal ist, bei wem Sie den Kurs besuchen.

Beachten Sie auch, dass Sie in der Praxis wegen der zufälligen Stichprobe auch unter vorherrschender Unabhängigkeit einen Chi-Quadrat-Wert nur nahe, aber nicht exakt gleich 0 errechnen würden.

Der Wert des Chi-Quadrats hängt in seiner Höhe von der zugrunde liegenden Anzahl der Beobachtungen beziehungsweise Fälle und der Anzahl der Reihen und Spalten in der Tabelle ab. Daher müssen Sie die absolute Größe des Chi-Quadrat-Wertes vor diesem Hintergrund immer relativieren. Eine Normierung dieses Zusammenhangs, wie sie zum Beispiel der Kontingenzkoeffizient bietet, wäre deshalb sinnvoll.

Der Kontingenzkoeffizient nach Pearson

Ein normiertes Maß, das auf der Berechnung des Chi-Quadrats beruht und der Analyse des Zusammenhangs zwischen nominalskalierten Variablen dient, ist der *Kontingenzkoeffizient* von Pearson K^P. Dieser Koeffizient kann Werte zwischen 0 und 1 annehmen, das heißt es gilt:

$$0 \leq K^P \leq 1$$

Dabei bringt der Wert 0 zum Ausdruck, dass es keine Beziehung gibt, und je näher der Wert an 1 heranreicht, desto stärker ist die Beziehung zwischen den Merkmalen.

$$K^P = \sqrt{\frac{\chi^2}{n+\chi^2} \cdot \frac{M}{M-1}} \quad \text{mit } M = \min(k, m)$$

Dabei bedeutet:

✔ χ^2: Chi-Quadrat-Wert

✔ n: Gesamtzahl der untersuchten Fälle

- M: $M = \min(k, m)$ wählen Sie als Zahl M die kleinere der beiden Zahlen der Spaltenanzahl k und Zeilenanzahl m in der Tabelle aus (wenn es also zum Beispiel weniger Zeilen als Spalten gibt, wählen Sie die Anzahl der Zeilen für M).

Die Schritte zur Berechnung des Kontingenzkoeffizienten:

1. Berechnen Sie den Chi-Quadrat-Wert (wie das geht, steht weiter vorn in diesem Kapitel).
2. Dividieren Sie den Chi-Quadrat-Wert durch die Gesamtzahl der Fälle/Beobachtungen plus Chi-Quadrat-Wert.
3. Bestimmen Sie den Wert für M, indem Sie die Anzahl der Zeilen und Spalten in der Tabelle vergleichen und davon den geringeren Wert wählen (falls die Anzahl der Zeilen mit der Anzahl der Spalten übereinstimmt, können Sie sich die Zahl aussuchen, die Sie nehmen, sie ist ja sowieso die gleiche).
4. Dividieren Sie die für M gefundene Zahl durch M verringert um 1.
5. Multiplizieren Sie das in Schritt 2 gefundene Ergebnis mit dem Ergebnis aus Schritt 4.
6. Ziehen Sie aus dem Ergebnis von Schritt 5 die Quadratwurzel und Sie erhalten den Wert für den Kontingenzkoeffizienten.
7. Schauen Sie sich nun mithilfe des Kontingenzkoeffizienten genauer an, wie groß der Einfluss des Prüfers auf den Ausgang der Prüfung ist. Sie rechnen:

$$K^P = \sqrt{\frac{\chi^2}{n+\chi^2} \cdot \frac{M}{M-1}} \rightarrow K^P = \sqrt{\frac{6{,}99}{200+6{,}99} \cdot \frac{2}{2-1}} = 0{,}26$$

wobei $\chi^2 = 6{,}99$, n = 200 (Gesamtzahl der Fälle/Beobachtungen aus der letzten Zelle rechts unten in Tabelle 7.2) und $M = 2$ (es gibt zwei Zeilen und drei Spalten in der Tabelle und Sie müssen davon die niedrigste Zahl nehmen) ist.

Der Koeffizient hat einen Wert größer als null, das heißt, es gibt einen Zusammenhang zwischen dem Examenserfolg und dem Lehrer. Der Wert des Koeffizienten ist mit $K^P = 0{,}26$ allerdings relativ gering (der Koeffizient kann Werte zwischen null und eins annehmen). Das bedeutet, dieser Zusammenhang ist nicht sehr ausgeprägt.

Zur Erinnerung: Zwei statistische Merkmale sind statistisch oder kausal abhängig, wenn es einen Zusammenhang zwischen den beiden Merkmalen gibt, das heißt, dass die Beobachtungen nicht zufällig auf die einzelnen Zellen in der Kreuztabelle verteilt sind. Man sagt dann auch, dass die beiden Merkmale *miteinander assoziiert* oder *kontingent* sind. Deshalb wird auch manchmal von einer *Assoziation* oder *Kontingenz* beziehungsweise von einem *Kontingenz- oder Assoziationskoeffizienten* gesprochen. Wenn es nicht egal ist, zu welchem Lehrer Sie gehen, um Ihre Chancen für das Examen zu verbessern, dann sind die beiden Merkmale Lehrer und Examenserfolg assoziiert oder kontingent. Wenn es dagegen egal ist, bei welchem der Lehrer Sie im Kurs sind, dann besteht kein Zusammenhang oder keine Kontingenz zwischen den beiden Merkmalen. Sie sind dann voneinander unabhängig und Sie haben bei jedem der Lehrer die gleichen Erfolgschancen.

Der Rangkorrelationskoeffizient

Lassen sich die Werte der betrachteten Merkmale in eine Rangordnung bringen, entsprechen sie somit mindestens einer *Ordinalskala*, können Sie zur Bestimmung der Beziehung zwischen den so gemessenen Merkmalen den *Rangkorrelationskoeffizienten* verwenden.

Ein Rang ist der Platz, den der Merkmalswert einer Beobachtung in der nach Größe geordneten Reihe der Merkmalswerte eines statistischen Merkmals einnimmt. Angenommen, die Merkmalswerte liegen bereits in einer geordneten Anordnung vor, sodass $x_{(1)} < x_{(2)} < \ldots < x_{(n)}$ gilt. Dann hat der Merkmalswert $x_{(i)}$ der i-ten Beobachtung einfach den Rang i, da sie ja aufgrund der Anordnung die i-t kleinste Beobachtung im Datensatz ist. Der Rang eines Merkmalswertes entspricht also der Indexnummer des Merkmalwertes in der geordneten Stichprobe.

Ein relativ einfacher Rangkorrelationskoeffizient ist der nach dem Psychologen Charles Spearman benannte ρ*-Koeffizient* (Spearmans Rho), den wir auch mit r_{sp} abkürzen werden.

Die Formel für den Rangkorrelationskoeffizienten ist:

$$r_{sp} = \rho = 1 - \frac{6\sum_{i=1}^{n}(R_i - R_i')^2}{n(n^2 - 1)}$$

Dabei bedeutet:

- ✔ $r_{sp} = \rho$: Spearmans Rangkorrelationskoeffizient Rho
- ✔ R_i: der Rang des i-ten Falles aus der Reihe der anhand der Messwerte nach Rängen geordneten Beobachtungen für das erste Merkmal
- ✔ R_i': der Rang des i-ten Falles aus der Reihe der anhand der Messwerte nach Rängen geordneten Beobachtungen für das zweite Merkmal
- ✔ n: die Gesamtzahl der Beobachtungen

Zur Berechnung des Rangkorrelationskoeffizienten nach Spearman verfahren Sie wie folgt:

1. Ordnen Sie die Beobachtungen entsprechend ihrer Werte in eine auf- oder absteigende Rangordnung.
2. Schreiben Sie den geordneten Beobachtungen entsprechend ihren Positionen in der Rangordnung ihre Rangordnungszahlen zu.
3. Bilden Sie für jeden Fall die Rangdifferenz bezüglich der beiden Merkmale, indem Sie den Rang des zweiten Merkmals von dem des ersten Merkmals subtrahieren.
4. Quadrieren Sie die in Schritt 3 errechneten Differenzen.
5. Summieren Sie die quadrierten Rangdifferenzen auf.

6. Multiplizieren Sie die berechnete Summe mit 6. Sie haben nun den Zähler des Bruches in der Formel für den Rangkorrelationskoeffizienten berechnet.
7. Zur Berechnung des Nenners subtrahieren Sie von der quadrierten gesamten Anzahl der Beobachtungen 1 und multiplizieren das Ergebnis mit der gesamten Anzahl der Beobachtungen.
8. Dividieren Sie das Ergebnis aus Schritt 6 durch das Ergebnis aus Schritt 7.
9. Subtrahieren Sie das Ergebnis aus Schritt 8 von 1 und Sie haben den Rangkorrelationskoeffizienten ρ nach Spearman berechnet.

Der Rangkorrelationskoeffizient kann Werte zwischen –1 und +1 annehmen. Folgende Übersicht sagt Ihnen, welcher Wert was aussagt:

- **r_{sp} nahe bei ±1:** Es liegt ein sehr starker positiver/negativer Zusammenhang vor. Wenn er negativ und nahe –1 ist, gehen überdurchschnittliche Werte bei einem Merkmal nahezu immer mit unterdurchschnittlichen Werten beim anderen Merkmal einher und umgekehrt. Die Merkmalsausprägungen verlaufen also gegensinnig. Wenn der Wert von r_{sp} positiv und nahe 1 ist, gehen überdurchschnittliche Werte bei dem einen Merkmal fast immer mit überdurchschnittlichen Werten bei dem anderen Merkmal einher. Umgekehrt gilt, dass mit unterdurchschnittlichen Werten bei einem Merkmal auch unterdurchschnittliche Werte bei dem anderen Merkmal zu gegenwärtigen sind. Das bedeutet, im Fall einer positiven Beziehung verhalten sich die Werte gleichsinnig.
- **r_{sp} nahe bei ±0,75:** Der positive/negative Zusammenhang ist stark beziehungsweise überwiegend, jedoch nicht durchgängig vorhanden.
- **r_{sp} nahe bei ±0,5:** Der positive/negative Zusammenhang ist mittelmäßig ausgeprägt.
- **r_{sp} nahe bei ±0,25:** Der positive/negative Zusammenhang ist nur schwach ausgeprägt.
- **r_{sp} nahe bei 0:** Es gibt keinen Zusammenhang, das heißt, überdurchschnittliche Werte und unterdurchschnittliche Werte wechseln sich bei beiden Merkmalen unregelmäßig ab und es ist weder eine negative noch eine positive Beziehung feststellbar.

Anders als der Kontingenzkoeffizient zeigt der Rangkorrelationskoeffizient nicht nur die Stärke des Zusammenhangs, sondern auch die Richtung des Zusammenhangs. Allerdings setzt die korrekte Verwendung dieses Koeffizienten voraus, dass es keine sogenannten »Ties« gibt, das heißt, dass die Ränge eindeutig den Merkmalswerten zugeordnet werden können und jeder Rang nur einmal zugewiesen ist: Jeder Merkmalswert im Datensatz kommt nur genau einmal vor.

Stellen Sie sich vor, Sie sind Lehrer im Fach Statistik und Sie möchten wissen, ob die Schüler, die bereits gute Noten im Fach Mathematik erzielt haben, auch gute Leistungen in Statistik erbringen werden. Genauer gesagt, suchen Sie Antworten auf die folgenden Fragen:

- Besteht ein Zusammenhang zwischen den Merkmalen (Leistung in Mathematik und Leistung in Statistik)?

✔ Wie stark ist der Zusammenhang?

✔ Welche Richtung hat der Zusammenhang?

Dazu haben Sie die erreichten Punkte aus einer kleinen Stichprobe von fünf Schülern des letzten Jahrgangs für die beiden Fächer in der zweiten und der vierten Spalte in Tabelle 7.3 eingetragen. Außerdem sind in der Tabelle die jeweils erzielten Ränge, die Rangdifferenzen und deren Quadrat sowie die Summen und damit alle Angaben der ersten fünf Schritte zur Berechnung des Rangkorrelationskoeffizienten aufgeführt.

Student i	Punkte in Mathe	R_i Schritt 1, 2	Punkte in Statistik	R_i' Schritt 1, 2	$R_i - R_i'$ Schritt 3	$(R_i - R_i')^2$ Schritt 4
1	8	3	12	5	–2	4
2	9	4	5	3	1	1
3	7	2	6	4	–2	4
4	4	1	3	2	–1	1
5	10	5	1	1	4	16
Σ	38	15	27	15	0	26 (Schritt 5)

Tabelle 7.3: Beispiel zur Berechnung des Rangkorrelationskoeffizienten

Unter Verwendung der Formel erhalten Sie die Ergebnisse für die weiteren Rechenschritte 6 bis 9:

$$r_{sp} = 1 - \frac{6\sum_{i=1}^{n}(R_i - R_i')^2}{n(n^2-1)} = 1 - \frac{6 \cdot 26}{5 \cdot (25-1)} = -0,3$$

Was sagt Ihnen nun ein Wert von $r_{sp} = -0,3$?

Aus dem Wert des Rangkorrelationskoeffizienten in unserem Beispiel von $r_{sp} = -0,30$ können Sie schließen, dass es einen relativ schwachen negativen Zusammenhang zwischen dem erzielten Abschneiden in Mathematik und Statistik bei den fünf betrachteten Studenten gibt. Mit anderen Worten: Ganz entgegen Ihrer Erwartung haben diejenigen, die gut in Mathematik waren, in Statistik etwas schlechter abgeschnitten, die schlechten Mathematiker haben sich eher besser in Statistik geschlagen. Doch dieser Zusammenhang ist nur schwach ausgeprägt.

Alles auf einen Blick – das Streudiagramm

Liegen Ihnen die Daten zweier auf metrischem Niveau gemessener Merkmale vor, können Sie deren Werte gepaart als Punkte in einem Streudiagramm darstellen. Anhand der grafischen Verteilung der Punkte erkennen Sie auf den ersten Blick, ob, wie und in welchem Ausmaß die beiden Merkmale miteinander zusammenhängen.

Streudiagramme werden oft zu Beginn einer statistischen Analyse von Statistikern verwendet, um daraus die Art der Beziehung zwischen den Merkmalen und damit die mathematische Funktion, die am besten mit ihrem Graphen die Form der Streuung nachvollzieht, festzustellen. Sie werden auch eingesetzt, um eventuelle extreme Beobachtungen zu identifizieren, die folgende statistische Analysen mit den Daten beeinflussen können.

Die Daten in Tabelle 7.4 stammen aus einem OECD-Bericht über Deutschland und enthalten die prozentuale Lohn- und Preisentwicklung in fünf OECD-Ländern in einem bestimmten Jahr.

i	Länder	Lohnsteigerung in Prozent x_i	Preissteigerung in Prozent y_i
1	Österreich	1,9	2
2	Frankreich	2,4	1,5
3	Deutschland	2,9	1,7
4	Italien	3,2	3,5
5	Großbritannien	4,5	3
Σ	–	14,9	11,7
$\frac{1}{h}\Sigma$		**2,98**	**2,34**

Tabelle 7.4: Beispieldaten zum Erstellen eines Streudiagramms: Lohn- und Preisentwicklung in fünf OECD-Ländern

Wenn Sie die Daten aus Tabelle 7.4 verwenden und die Werte für die prozentualen Veränderungen der Löhne und Gehälter auf der horizontalen Achse und jene der Konsumpreisentwicklung auf der vertikalen Achse in einem Diagramm abtragen, ergibt sich das Streudiagramm in Abbildung 7.2. Der erste Punkt von links gibt beispielsweise die beiden Werte für den ersten Fall von Österreich wieder.

Auch wenn es sich nur um fünf Datenpunkte handelt, können Sie aus dem Diagramm bereits eine leichte Tendenz entnehmen: Je höher der Gehaltsanstieg ist, desto größer ist auch der Preisanstieg. Es besteht also eine positive Beziehung zwischen den Merkmalen Lohnerhöhung und Preissteigerungsrate. Eine sehr einfache Methode, einen solchen Zusammenhang mathematisch darzustellen, besteht darin, ihm einfach eine lineare Form zu unterstellen. Mit anderen Worten nehmen Sie an, dass Sie den Zusammenhang zwischen der Lohnsteigerung X und der Preissteigerung Y im Wesentlichen durch eine Gerade beschreiben können. Im Wesentlichen bedeutet hier, dass die eingezeichneten Datenpunkte im Scatterplot nur zufällige Abweichungen von der Geraden darstellen. Natürlich reichen fünf Beobachtungen in der Praxis oftmals nicht aus, um festzustellen, ob die Annahme eines linearen Zusammenhangs zwischen zwei Variablen denn wirklich plausibel ist. Und es wäre natürlich viel besser, dass der (lineare) Zusammenhang sehr viel deutlicher erkennbar ist.

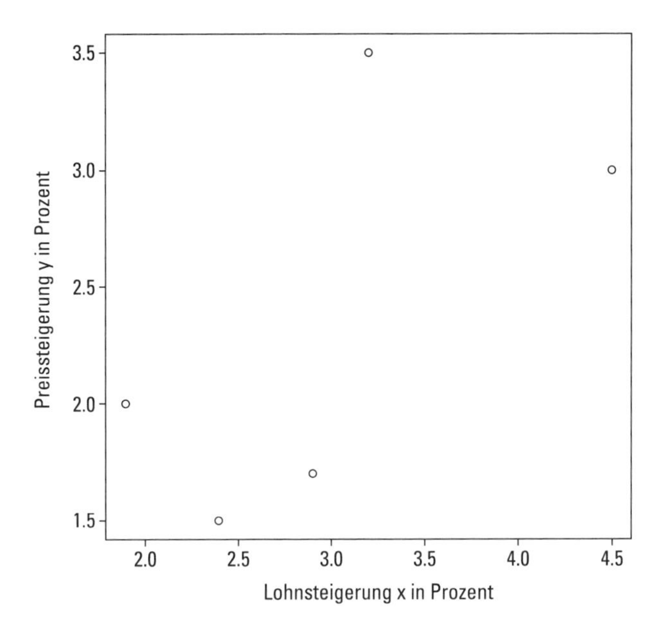

Abbildung 7.2: Beispiel eines Streudiagramms: Zusammenhang zwischen Lohnsteigerung X und Preissteigerung Y

Durch die Erhöhung der Zahl der Beobachtungen wird der Zusammenhang zwischen zwei Variablen im Scatterplot jedoch deutlicher sichtbar. Abbildung 7.3 zeigt ein Streudiagramm zwischen den Merkmalen »Körpergröße« und »Körpergewicht« aus dem Datensatz in Tabelle 2.1. Hier können Sie schon sehr viel deutlicher sehen, dass der Zusammenhang zwischen den betrachteten Merkmalen im Wesentlichen durch eine Gerade beschrieben werden kann, deren Berechnung Sie im nächsten Kapitel kennenlernen.

Auf der horizontalen Achse sehen Sie die Körpergrößen von 20 Beobachtungen und auf der vertikalen Achse die dazugehörenden Körpergewichte. Sie können erkennen, dass mit zunehmender Größe auch das Gewicht tendenziell linear, das heißt proportional zunimmt.

Anhand des Vergleichs von Abbildung 7.2 und Abbildung 7.3 können Sie gut sehen, dass mehr Beobachtungen zur besseren Erkennbarkeit eines eventuell vorhandenen Trends beitragen können. Allerdings möchte ich Sie auch auf die Gestaltung der Achsen aufmerksam machen: Je nach Wahl des Ursprungs (links unten im Bild) und der gewählten Achseneinheiten können sehr unterschiedliche Formen des dargestellten Zusammenhangs resultieren.

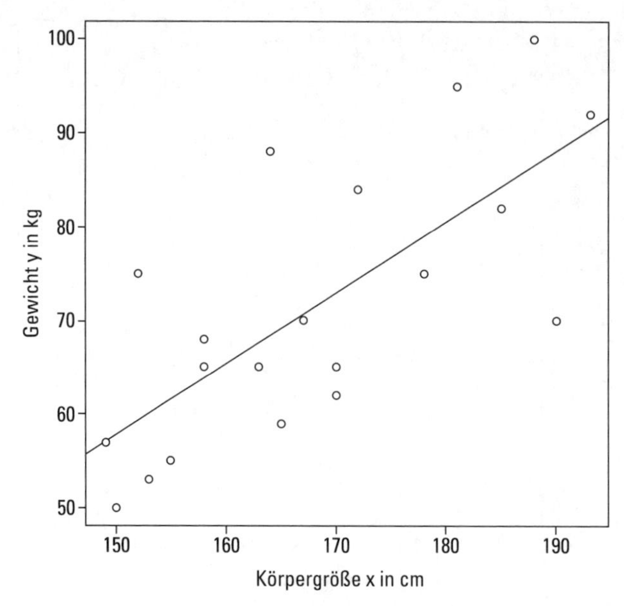

Abbildung 7.3: Beispiel eines Streudiagramms bei erhöhter Fallzahl: Zusammenhang zwischen Körpergröße X und Körpergewicht Y

Die Kovarianz

Ein statistisches Maß, mit dem Sie auch den in Abbildung 7.2 unterstellten linearen Zusammenhang zwischen zwei metrisch gemessenen Merkmalen in einer einzigen Zahl zum Ausdruck bringen können, ist die *Kovarianz*. Wie mit dem Rangkorrelationskoeffizienten können Sie mit der Kovarianz feststellen, ob ein Zusammenhang besteht, welche Richtung die Beziehung hat, das heißt ob ein negativer oder positiver Zusammenhang besteht, und Sie erhalten auch Informationen über die Stärke des Zusammenhangs. Im Unterschied zum Rangkorrelationskoeffizienten ist die Kovarianz jedoch ein Zusammenhangsmaß, das speziell für Merkmale mit metrischem Messniveau konzipiert ist und misst auch nur lineare Zusammenhänge zwischen den Merkmalen, also den Zusammenhang zwischen zwei Merkmalen, der sich durch eine Gerade beschreiben lassen kann.

Die Formel für die Kovarianz ist:

$$s_{XY} = \frac{1}{n}\sum_{i=1}^{n}(x_i - \bar{x})(y_i - \bar{y})$$

Dabei bedeutet:

- s_{XY} : Kovarianz zwischen den Merkmalen X und Y
- x_i: die einzelnen Daten des Merkmals X
- y_i: die einzelnen Daten des Merkmals Y
- $\bar{x}$: das arithmetische Mittel für das Merkmal X

- ✔ $\bar{y}$: das arithmetische Mittel für das Merkmal Y
- ✔ n: Gesamtzahl der Beobachtungen

Zur Berechnung der Kovarianz gehen Sie folgendermaßen vor:

1. Berechnen Sie die Abweichungen der einzelnen Werte der beiden Merkmale von ihrem jeweiligen arithmetischen Mittelwert (dazu mehr in Kapitel 4).
2. Multiplizieren Sie die Abweichungen miteinander.
3. Summieren Sie die in Schritt 2 errechneten Produkte für alle Beobachtungen auf.
4. Dividieren Sie die in Schritt 3 errechnete Summe durch die Gesamtzahl der Beobachtungen beziehungsweise multiplizieren Sie sie mit $1/n$. Damit haben Sie die Kovarianz berechnet.

Die Kovarianz ist also der Durchschnitt aus der Summe der Produkte der jeweiligen Abweichungen der Merkmalswerte von ihrem Mittelwert.

Folgende Kombinationen gibt es dabei:

- ✔ **Positiv und positiv oder negativ und negativ gibt positiv.** Wenn die Abweichungen bei beiden Merkmalen positiv oder negativ sind, die Werte also gleichsinnig positiv oder negativ von ihrem Mittelwert abweichen, werden auch die Produkte daraus positiv sein. Positive Zahlen werden mit positiven beziehungsweise negative Zahlen mit negativen multipliziert, was jeweils ein positives Ergebnis hervorbringt.
- ✔ **Positiv und negativ gibt negativ.** Wenn positive Abweichungen vom Mittelwert auf negative treffen (und umgekehrt), sie also gegensinnig abweichen, ergibt sich aus der Multiplikation der beiden Werte ein negativer Wert.
- ✔ **Überwiegend positiv ergibt positiv.** Überwiegen in der Summe die positiven Werte, liegt eine positive Beziehung zwischen den betrachteten Merkmalen vor.
- ✔ **Überwiegend negativ ergibt negativ.** Überwiegen in der Summe die negativen Werte, liegt eine negative Beziehung zwischen den betrachteten Merkmalen vor.
- ✔ **Ausgeglichen viele positive und negative Werte ergeben keine Beziehung.** Gleichen sich die positiven und negativen Produktsummen in etwa aus, lautet das Ergebnis: Es gibt keine Beziehung zwischen den Merkmalen.

Außerdem gilt: Je größer das Produkt, desto stärker ist die Beziehung. Lassen Sie uns das Beispiel der Lohn- und Preisentwicklung in den fünf OECD-Ländern noch einmal aufgreifen:

- ✔ Gibt es einen Zusammenhang zwischen den beiden Merkmalen?
- ✔ Wenn ja, wie stark ist diese Beziehung?
- ✔ Welche Richtung hat die Beziehung?

Dieses Mal wollen Sie die Antwort kurz und knapp in einer einzigen Zahl präsentiert bekommen, nämlich mit der Kovarianz. Hierzu haben Sie noch einmal die Daten und die Rechenschritte sowie die Ergebnisse Ihrer Berechnungen in Tabelle 7.5 zusammengetragen.

Länder $n = 5$	Lohnzuwachs in %	Preiszuwachs in %	Mittelwertabweichung X	Mittelwertabweichung Y	Kovarianz XY
	x_i	y_i	Schritt 1 $(x_i - \bar{x})$	Schritt 1 $(y_i - \bar{y})$	Schritt 2 $(x_i - \bar{x})(y_i - \bar{y})$
Österreich	1,9	2	–1,08	–0,34	0,3672
Frankreich	2,4	1,5	–0,58	–0,84	0,4872
Deutschland	2,9	1,7	–0,08	–0,64	0,0512
Italien	3,2	3,5	0,22	1,16	0,2552
Großbritannien	4,5	3	1,52	0,66	1,0032
Σ	14,9	11,7	0	0	2,164 (Schritt 3)
$\frac{1}{n}\Sigma$	**2,98**	**2,34**	–	–	0,4328 (Schritt 4)

Tabelle 7.5: Berechnung der Kovarianz

Die Kovarianz beträgt demnach:

$$s_{XY} = \frac{1}{n}\sum_{i=1}^{n}(x_i - \bar{x})(y_i - \bar{y}) = 0{,}4328$$

Gibt es einen linearen Zusammenhang zwischen den beiden Merkmalen? Ja! Der erzielte Wert der Kovarianz ist ungleich dem Wert null und außerdem ist er positiv. Daraus können Sie grundsätzlich einen positiven linearen Zusammenhang ableiten, das heißt, je höher die Gehaltsforderung, desto höher die Inflation, und je niedriger die Lohnzuwächse, desto niedriger die Preiszuwächse.

Wie stark ist dieser Zusammenhang? Es gilt grundsätzlich: Je größer der Wert der Kovarianz, desto stärker ist die Beziehung!

Die Kovarianz ist keine normierte Statistik. Das bedeutet, dass es keine Begrenzung der Größe für den Wert der Kovarianz gibt. Allein nach den zugrunde liegenden Einheiten, mit denen Sie die Werte der Merkmale gemessen haben, kann der Wert für die Kovarianz größer oder kleiner ausfallen. Wenn Sie beispielsweise Merkmale wie Preise und Gehälter in Cent und nicht in Euro gemessen und dann die Kovarianz berechnet hätten, würde diese bei den in Cent gemessenen Merkmalswerten deutlich höher ausfallen, als wenn Sie die Merkmalswerte in Euro gemessen hätten. Aus diesem Grund kann eine normierte Statistik den Zusammenhang viel besser beschreiben als eine nicht normierte Statistik.

Korrelationskoeffizient nach Bravais und Pearson

Zur Messung des Zusammenhangs zwischen metrisch skalierten Merkmalen steht Ihnen mit dem *Korrelationskoeffizienten nach Bravais und Pearson* ein normierter statistischer Koeffizient zur Verfügung. Die Verwendung dieses Korrelationskoeffizienten beschreibt einzig einen linearen Zusammenhang zwischen den analysierten Merkmalen.

Linearität bedeutet, dass die Merkmalswerte sich proportional beziehungsweise in einem bestimmten konstanten Verhältnis zueinander verhalten. Bei einem linearen Einkommensteuertarif müssen Sie beispielsweise für jede Einkommenshöhe genau 10 Prozent Steuern bezahlen. Die Höhe der Steuerzahlung verhält sich somit proportional zu der Höhe Ihres Einkommens und Ihre Einkommensteuerzahlung ist damit linear abhängig von der Höhe Ihres Einkommens.

Die Stärke des Zusammenhangs können Sie dem Korrelationskoeffizienten nach Bravais und Pearson leicht entnehmen, weil er, ebenso wie der Rangkorrelationskoeffizient nach Spearman, auf Werte zwischen –1 und +1 festgelegt ist und Sie ihn entsprechend interpretieren können.

$$r = \frac{s_{XY}}{s_X s_Y}$$

Dabei bedeutet:

- ✔ r: Bravais-Korrelationskoeffizient
- ✔ s_{XY} : die Kovarianz zwischen den Merkmalen X und Y
- ✔ s_X : die Standardabweichung von dem Merkmal X
- ✔ s_Y : die Standardabweichung von dem Merkmal Y

Es gilt: $-1 \leq r \leq 1$

Er nimmt genau einen der extremen Werte an, wenn ein exakter linearer Zusammenhang besteht. Er hat den Wert 1, falls alle Punkte im Scatterplot/Streudiagramm auf einer Geraden mit positiver Steigung liegen würden. Er ist genau –1, wenn alle Punkte im Scatterplot auf einer Geraden mit negativer Steigung liegen. Er ist 0, wenn kein linearer Zusammenhang zwischen den Variablen vorliegt. Hier ist Achtung geboten, da ja durchaus auch andere Zusammenhänge zwischen den Merkmalen vorstellbar wären, die sich nicht durch eine Gerade beschreiben lassen können.

Den Korrelationskoeffizienten berechnen Sie wie folgt:

1. Berechnen Sie die Standardabweichungen für die Merkmale X und Y (wie das geht, erfahren Sie in Kapitel 5).
2. Berechnen Sie die Kovarianz (siehe hierzu weiter vorn in diesem Kapitel).
3. Multiplizieren Sie die Standardabweichungen miteinander.
4. Dividieren Sie die Kovarianz durch das in Schritt 3 errechnete Produkt der Standardabweichungen und Sie erhalten den Korrelationskoeffizienten.

Nehmen Sie einmal an, dass Sie im Beispiel zum Zusammenhang von Lohn- und Preisentwicklung den Zusammenhang mit dem Korrelationskoeffizienten nach Bravais und Pearson messen und überprüfen möchten. Dazu habe ich die Ausgangsdaten zum Berechnen des Korrelationskoeffizienten in Tabelle 7.6 noch einmal zusammengestellt.

Länder	Lohnzuwachs in %	Preiszuwachs in %	Mittelwertabweichung		quadrierte Abweichungen		Kovarianz
	x_i	y_i	$(x_i - \bar{x})$	$(y_i - \bar{y})$	$(x_i - \bar{x})^2$	$(y_i - \bar{y})^2$	$(x_i - \bar{x}) \cdot (y_i - \bar{y})$
Österreich	1,9	2	–1,08	–0,34	1,1664	0,1156	0,3672
Frankreich	2,4	1,5	–0,58	–0,84	0,3364	0,7056	0,4872
Deutschland	2,9	1,7	–0,08	–0,64	0,0064	0,4096	0,0512
Italien	3,2	3,5	0,22	1,16	0,0484	1,3456	0,2552
Großbritannien	4,5	3	1,52	0,66	2,3104	0,4356	1,0032
Σ	14,9	11,7	0	0	3,868	3,012	2,164
$\frac{1}{n}\Sigma$	$\bar{x} = 2{,}98$	$\bar{y} = 2{,}34$	0	0	$s_X^2 = 0{,}77$	$s_Y^2 = 0{,}60$	$s_{XY} = 0{,}4328$
					1. Schritt	**1. Schritt**	**2. Schritt**
					$s_X = 0{,}88$	$s_Y = 0{,}78$	$s_{XY} = 0{,}4328$

Tabelle 7.6: Ausgangsdaten zum Berechnen des Korrelationskoeffizienten

Die Ergebnisse der ersten beiden Rechenschritte, das heißt die Berechnung der Standardabweichungen und der Kovarianz, können Sie in den letzten drei Spalten der Tabelle nachvollziehen. Im dritten Schritt der Rechnung multiplizieren Sie die beiden Standardabweichungen:

$$s_x s_y = 0{,}88 \cdot 0{,}78 = 0{,}69$$

Im letzten Schritt ergibt sich für

$$r = \frac{s_{xy}}{s_x s_y} = \frac{0{,}4328}{0{,}879 \cdot 0{,}776} = \frac{0{,}4328}{0{,}69} = 0{,}634.$$

Der Wert von 0,634 sagt Ihnen, dass es einen mittelmäßig bis starken positiven linearen Zusammenhang zwischen der Lohn- und der Preisentwicklung gibt. Was aber bedeutet es, wenn Sie wissen, dass ein mittelmäßig bis stärkerer positiver Zusammenhang vorliegt? Doch offenbar nur eine Bekräftigung der Aussage: Je höher die Lohnforderungen ausfallen, desto höhere Preiszuwächse sind zu erwarten. Eine genauere Vorhersage der Werte für die Preisentwicklung ist Ihnen auf der Basis der Kenntnis der Werte für die Lohnentwicklung aber nicht möglich.

Genau genommen gibt Ihnen der Korrelationskoeffizient nur Auskunft darüber, wie weit entfernt die tatsächlichen Werte von einem linearen Zusammenhang sind, aber er gibt nicht an, wie stark die abhängige Variable auf die unabhängige Variable reagiert.

Grundsätzlich liefert Ihnen ein Korrelationskoeffizient auch immer nur eine Information über die relative Stärke eines vorhandenen oder eben nicht vorhandenen *statistischen Zusammenhangs* und nicht, warum dieser Zusammenhang besteht (*ursächliche Erklärung*). Ursächliche Erklärungen müssen Sie immer gedanklich, theoretisch begründen, das heißt, Sie dürfen begründet annehmen, dass im Beispiel die Lohnentwicklung einen ursächlichen Einfluss auf das Merkmal Preisentwicklung hat. Das ist aber nur begründet, wenn die Verursachung der Folge zeitlich vorausgeht. Die Lohnentwicklung muss also der Preisentwicklung zeitlich vorausgehen, soll sie überhaupt als kausaler Faktor oder verursachende Variable eine Rolle spielen können. Gleichzeitig können Sie jedoch auch nicht ausschließen, dass die Preisentwicklung die Lohnentwicklung bestimmt. Eine wechselseitige Beeinflussung ist damit durchaus möglich. Darüber hinaus sind natürlich auch noch andere Gründe beziehungsweise Faktoren für die Entwicklung der Preise oder der Löhne anzunehmen.

Es geht auch ohne die Kristallkugel – Vorhersagen mit der Regressionsanalyse

8

In diesem Kapitel ...

- Die Formel zur Erstellung der Regressionsgleichung kennenlernen
- Mit der Regressionsfunktion Werte vorhersagen
- Mit der Regressionsanalyse Daten und Fakten erklären
- Die Güte der Regressionsfunktion mit dem Determinationskoeffizienten bestimmen

Mit der Regressionsanalyse können Sie nicht nur feststellen, inwiefern eine lineare Beziehung zwischen zwei metrisch skalierten Merkmalen vorliegt, wie stark diese Beziehung ist und welche Richtung sie hat. Sie können damit auch den (nicht nur linearen) Zusammenhang zwischen einem sogenannten abhängigen statistischen Merkmal und mehreren unabhängigen Merkmalen analysieren sowie Erklärungen liefern und statistische Vorhersagen auf der Grundlage der unabhängigen Merkmale für die abhängige Variable machen.

Die Regressionsfunktion

Die *Regressionsfunktion* ist der Kern der Regressionsanalyse. Mit der Regressionsfunktion beschreiben Sie in Form einer mathematischen Gleichung den funktionalen Zusammenhang zwischen einer abhängigen Variablen und einer oder mehreren unabhängigen Variablen.

Regression bedeutet hier so viel wie die Werte der abhängigen Variablen »zurückführen auf« die Werte der unabhängigen Variablen. Es wird damit oft ein »kausaler Zusammenhang«, das heißt ein Ursache-Wirkungszusammenhang, unterstellt, der mit der Regressionsanalyse empirisch, das heißt erfahrungsgestützt, überprüft werden soll. Die abhängige Variable wird deshalb auch als *zu erklärende Variable*, als *endogene Variable*, als *determinierte, als Kriteriumsvariable* oder als *Effektvariable* bezeichnet. Die unabhängige Variable heißt dementsprechend *erklärende, exogene, determinierende, Prädikatorenvariable* oder *Wirkungsvariable*.

Das abhängige Merkmal Y ist *funktional abhängig* von dem unabhängigen Merkmal X. Im Basismodell der Regressionsanalyse wird dabei von einer linearen Beziehung zwischen einer abhängigen Variablen und einer unabhängigen Variablen ausgegangen. Das heißt, theoretisch unterstellen wir bei diesem Modell der Regressionsanalyse, dass bis auf einen Fehlerterm (zum Beispiel aufgrund von Messungenauigkeiten) die Beziehung zwischen den beiden metrischen Variablen *Y* und *X* durch eine Gerade im (in Kapitel 7 eingeführten) Streudiagramm dargestellt werden kann. Eine Gerade kann in der Mathematik durch zwei Parameter beschrieben werden: Zum einen ist dies der Achsenabschnitt (oder *Interzept*), also der Wert von *Y*, wenn *X* den Wert 0 annimmt, und zum anderen der *Steigungsparameter*, der die Veränderung von *Y* ausdrückt, wenn sich der Wert der Variable X um eine Einheit erhöht. Die Aufgabe der Regressionsanalyse ist es nun, diese beiden Parameter aus den Daten möglichst gut zu schätzen. Als Resultat erhalten Sie die unten stehende Regressionsgleichung oder Regressionsfunktion, die also nichts anderes als diese aus den Daten geschätzte Gerade darstellt (zu den Messniveaus erfahren Sie mehr in Kapitel 2, zur Linearität mehr in Kapitel 7).

Anhand der Regressionsfunktion können Sie insbesondere die Stärke des funktionalen linearen Zusammenhangs zwischen der unabhängigen und der abhängigen Variablen feststellen, die Güte der Regression, und außerdem die Werte des abhängigen Merkmals *Y* aufgrund der Werte der unabhängigen Variablen *X* schätzen beziehungsweise vorhersagen.

Nun will ich Sie aber nicht weiter auf die Folter spannen. Mit der folgenden Formel für die Regressionsgleichung können Sie die Gleichung des Basismodells der Regressionsanalyse zur Schätzung der Werte der abhängigen Variablen erstellen:

$$\hat{y}_i = b_0 + b_1 x_i$$

Dabei bedeutet:

- ✔ $\hat{y}_i$: der mithilfe der Regressionsgleichung geschätzte *i*-te Wert für das abhängige Merkmal *Y*
- ✔ x_i: der *i*-te Wert des unabhängigen Merkmals *X*, mit dem der zugehörige Wert des abhängigen Merkmals *Y* geschätzt werden soll
- ✔ $b_1 = \frac{s_{XY}}{s_X^2}$: der Steigungskoeffizient b_1 der Regressionsgleichung mit dem die Stärke des Zusammenhangs zwischen den Merkmalen ausgedrückt wird;

  dabei bedeutet:

  - s_{XY}: Kovarianz zwischen den Merkmalen *X* und *Y* (zur Berechnung der Kovarianz siehe Kapitel 7)
  - s_X^2: Varianz des unabhängigen Merkmals *X* (zur Varianzberechnung siehe Kapitel 5)
- ✔ $b_0 = \bar{y} - b_1\bar{x}$: die Konstante b_0 der Regressionsgleichung, die den geschätzten Wert für die abhängige Variable *Y* angibt, wenn die unabhängige Variable *X* einen Wert von null aufweist;

  dabei bedeutet:

  - $\bar{y}$: arithmetisches Mittel des abhängigen Merkmals *Y* (zur Berechnung des arithmetischen Mittels siehe Kapitel 4)
  - $\bar{x}$: arithmetisches Mittel des unabhängigen Merkmals *X*

Und so berechnen Sie die Regressionsgleichung zur Schätzung der Werte der abhängigen Variablen Y:

1. Ermitteln Sie das arithmetische Mittel für die Merkmale X und Y, das heißt:

   $$\bar{x} = \frac{1}{n}\sum_{i=1}^{n} x_i \text{ und } \bar{y} = \frac{1}{n}\sum_{i=1}^{n} y_i$$

   (Zur Berechnung des arithmetischen Mittels siehe Kapitel 4.)

2. Berechnen Sie die Varianz für das unabhängige Merkmal X, das heißt:

   $$s_X^2 = \frac{1}{n}\sum_{i=1}^{n}(x_i - \bar{x})^2$$

   (Zur Berechnung der Varianz und der Standardabweichung siehe Kapitel 5.)

3. Berechnen Sie die Kovarianz zwischen den Merkmalen X und Y, das heißt:

   $$s_{XY} = \frac{1}{n}\sum_{i=1}^{n}(x_i - \bar{x})(y_i - \bar{y})$$

   (Zur Berechnung der Kovarianz siehe Kapitel 7.)

4. Ermitteln Sie den Regressionskoeffizienten, indem Sie die in Schritt 3 berechnete Kovarianz durch die in Schritt 2 berechnete Varianz des unabhängigen Merkmals X dividieren, das heißt, Sie berechnen:

   $$b_1 = \frac{s_{XY}}{s_X^2}$$

5. Berechnen Sie die Konstante der Regressionsgleichung, indem Sie von dem in Schritt 1 berechneten Mittelwert der abhängigen Variablen y das Produkt von dem in Schritt 4 berechneten Regressionskoeffizienten und dem in Schritt 1 errechneten Mittelwert des unabhängigen Merkmals X subtrahieren, das heißt, Sie rechnen nach der Formel:

   $$b_0 = \bar{y} - b_1\bar{x}$$

Die Regressionsgleichung interpretieren

Wenn Sie einer beruflichen Tätigkeit nachgehen und nach der Anzahl der Stunden bezahlt werden, ist Ihr Einkommen linear beziehungsweise proportional abhängig von den von Ihnen geleisteten Stunden. Schauen Sie auf die Aufzeichnungen Ihrer geleisteten Stunden, können Sie daraus genau berechnen, wie viel Einkommen Sie erhalten werden. Insofern können Sie mit dem unabhängigen Merkmal »geleistete Arbeitsstunden« die Werte für das abhängige Merkmal »Einkommen« berechnen oder eben vorhersagen. Nachdem Sie die Regressionsgleichung bestimmt haben, können Sie dies natürlich für einen beliebigen Wert der unabhängigen Variablen X tun und nicht nur an den Werten x_i, die tatsächlich im Datensatz enthalten waren.

Denken Sie daran, dass Sie für die Berechnung des Zusammenhangs ein lineares Modell unterstellt haben. Doch passen Sie auf, dass Sie nicht Werte für *Y* vorhersagen, die außerhalb des empirisch untersuchten Bereichs liegen, denn es kann sein, dass die so festgestellten Zusammenhänge außerhalb dieses Bereichs keine Gültigkeit besitzen. Seien Sie also vorsichtig mit dieser Art von Vorhersagen.

Es ergibt sich allgemein formuliert also die folgende Regressionsgerade/-gleichung:

$$\hat{y} = b_0 + b_1 x$$

Die Intensität und Richtung des Zusammenhangs zwischen den Merkmalen können Sie anhand des Steigungskoeffizienten b_1 der Regressionsgleichung ablesen. Das Vorzeichen gibt dabei die Richtung des Zusammenhangs an:

- **Ist das Vorzeichen negativ**, handelt es sich um eine negative Beziehung, das heißt, positive Werte bei einem Merkmal gehen mit negativen Werten beim anderen Merkmal einher und hohe Werte bei einem Merkmal mit hohen Werten beim anderen Merkmal.
- **Ist das Vorzeichen positiv**, ist die Beziehung positiv, das heißt, hohe Werte bei einem Merkmal gehen mit hohen Werten bei dem anderen einher und niedrige korrespondieren mit niedrigen Werten bei den Merkmalen.
- **Ist der Wert ein Bruchteil von ±1**, reagiert die abhängige Variable unterproportional auf eine Veränderung der unabhängigen Variablen.
- **Liegt der Wert über beziehungsweise unter ±1**, reagiert die abhängige Variable im Verhältnis zur unabhängigen Variablen überproportional, das heißt, die Reaktion der abhängigen Variablen ist größer als der Impuls durch die unabhängige Größe.
- **Beträgt der Wert 0**, besteht kein linearer Zusammenhang zwischen den beiden Variablen. Dies kann zum Beispiel dann der Fall sein, wenn es überhaupt keinen Zusammenhang zwischen den beiden Variablen gibt, das heißt die beiden Variablen unabhängig voneinander sind. Eine Veränderung der unabhängigen Variablen hat dann keinerlei Auswirkung auf den Wert der abhängigen Variablen. Genau genommen zeigt Ihnen der Wert des Regressionskoeffizienten b_1 an, um wie viele Einheiten sich das abhängige Merkmal *Y* ändert, wenn sich das unabhängige Merkmal *X* um eine Einheit verändert. Wenn der Koeffizient b_1 beispielsweise den Wert 2 aufweist, verändert sich das abhängige Merkmal *Y* um das Zweifache der Veränderung des unabhängigen Merkmals *X*.

Passen Sie bei der Analyse und Interpretation der Koeffizienten auf die Messeinheit der Merkmale auf, denn es macht einen Unterschied, ob Sie zum Beispiel das Gewichtsmerkmal in Kilogramm, in Gramm oder in Milligramm gemessen haben.

Zur Erinnerung: Der Steigungskoeffizient b_1 gibt kurz und knapp die Veränderung der abhängigen Variablen an, wenn sich die unabhängige Variable um eine Einheit steigert.

Der Koeffizient b_0 ist die Konstante in der Gleichung. Sie zeigt den Wert, den die abhängige Variable *Y* einnimmt, wenn der Wert des unabhängigen Merkmals 0 ist. Nicht immer kann die Konstante jedoch inhaltlich sinnvoll interpretiert werden. Wenn die unabhängige Variable X beispielsweise die Körpergröße darstellt und die abhängige Variable Y das Gewicht, macht zum Beispiel der Wert einer Konstanten von $b_0 = 35$ keinen Sinn, wenn der Wert der Körpergröße $x = 0$ beträgt. Oder haben Sie schon mal jemanden gesehen, der 35 Kilo wiegt und 0 Zentimeter groß ist?

Lassen Sie uns noch einmal das Beispiel aus Kapitel 7 über den Zusammenhang zwischen der prozentualen Lohn- und der Preisentwicklung in fünf ausgewählten OECD-Ländern aufgreifen. Anhand dieses Beispiels zeige ich Ihnen jetzt, wie die Regressionsanalyse zur Beantwortung der Frage eingesetzt werden kann, ob und genauer inwiefern höhere Lohnforderungen zu höheren Preisen sprich zu einer Geldentwertung beziehungsweise Inflation führen.

Anders ausgedrückt geht es darum, auf der Grundlage der Kenntnisse der Lohnentwicklung die Preisniveauentwicklung zu erklären und vorherzusagen. Die unabhängige erklärende Variable ist die Lohnentwicklung und die zu erklärende abhängige Variable die Preisentwicklung. Mit dem Basismodell der Regressionsanalyse liegt Ihrer Berechnung die Hypothese zugrunde, dass die Preisentwicklung linear beziehungsweise proportional auf die Lohnentwicklung zurückgeführt und damit erklärt werden kann.

Und so sieht die Berechnung im Detail aus:

1. Ermitteln Sie das arithmetische Mittel für die Lohnentwicklung und die Preisentwicklung:

$$\bar{x} = \frac{1}{n}\sum_{i=1}^{n} x_i = 2{,}98 \qquad \bar{y} = \frac{1}{n}\sum_{i=1}^{n} y_i = 2{,}34$$

2. Berechnen Sie die Varianz für das unabhängige Merkmal X Lohnentwicklung.

$$S_X^2 = \frac{1}{n}\sum_{i=1}^{n}(x_i - \bar{x})^2 = 0{,}7736$$

3. Berechnen Sie die Kovarianz zwischen den Variablen X (Lohnerhöhung) und Y (Preisentwicklung).

$$S_{XY} = \frac{1}{n}\sum_{i=1}^{n}(x_i - \bar{x})(y_i - \bar{y}) = 0{,}4328$$

Die ersten drei Rechenschritte sehen Sie zusammen mit den Ausgangsdaten des Beispiels übersichtlich in Tabelle 8.1.

1. Ermitteln Sie den Steigungskoeffizienten:

$$b_1 = \frac{s_{XY}}{s_X^2} = \frac{\frac{1}{n}\sum_{i=1}^{n}(x_i - \bar{x})(y_i - \bar{y})}{\frac{1}{n}\sum_{i=1}^{n}(x_i - \bar{x})^2} = \frac{0{,}4328}{0{,}7736} = 0{,}559$$

2. Berechnen Sie die Konstante der Regressionsfunktion:

$$b_0 = \bar{y} - b_1\bar{x} = 2{,}34 - 0{,}559 \cdot 2{,}98 = 0{,}674$$

Länder	Lohnzuwachs in %	Preiszuwachs in %	Mittelwertabweichung		quadrierte Abweichung	Kovarianz
	x_i	y_i	$(x_i - \bar{x})$	$(y_i - \bar{y})$	$(x_i - \bar{x})^2$	$(x_i - \bar{x})(y_i - \bar{y})$
Österreich	1,9	2	–1,08	–0,34	1,1664	0,3672
Frankreich	2,4	1,5	–0,58	–0,84	0,3364	0,4872
Deutschland	2,9	1,7	–0,08	–0,64	0,0064	0,0512
Italien	3,2	3,5	0,22	1,16	0,0484	0,2552
Großbritannien	4,5	3	1,52	0,66	2,3104	1,0032
Σ	14,9	11,7	0	0	3,868	2,164
$\frac{1}{n}\Sigma$	**Schritt 1** $\bar{x} = 2{,}98$	**Schritt 1** $\bar{y} = 2{,}34$			**Schritt 2** $s_X^2 = 0{,}7736$	**Schritt 3** $s_{XY} = 0{,}4328$

Tabelle 8.1: Beispiel zum Berechnen der Regressionsgleichung

3. Stellen Sie daraus die Regressionsgleichung zur Schätzung der y-Werte auf:

   $\hat{y} = b_0 + b_1 x = 0{,}674 + 0{,}559x$

Die hier ausgerechnete Regressionsgerade sehen Sie in Abbildung 8.1.

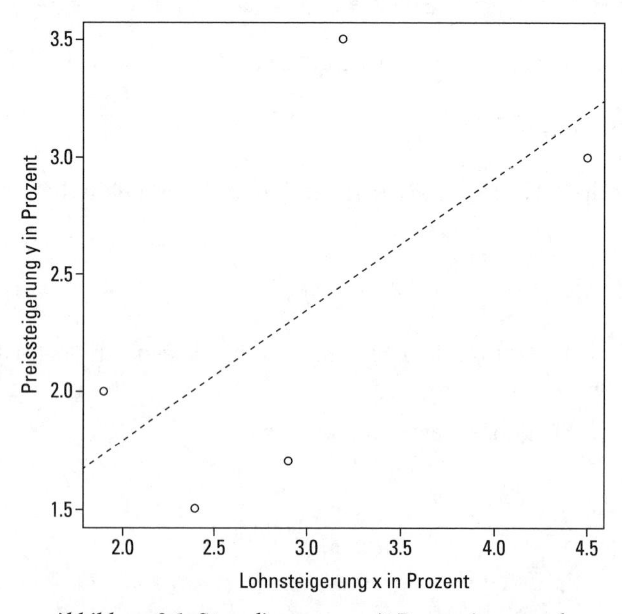

Abbildung 8.1: Streudiagramm mit Regressionsgerade

Die Konstante b_0 von 0,674 bedeutet, dass Sie mit einem Preisanstieg von 0,674 Prozent rechnen müssen, auch wenn die Löhne überhaupt nicht verändert worden sind. Der Regressionskoeffizient b_1 von 0,559 besagt: Wenn die Löhne um 1 Prozent erhöht werden, gibt es einen Preisanstieg von 0,559 Prozent.

Nehmen Sie einmal an, dass in einem anderen europäischen Land, zum Beispiel in Norwegen, ein Lohnzuwachs von 2 Prozent stattgefunden hat, dann würden Sie mithilfe der errechneten Regressionsgleichung folgenden Preisanstieg für Norwegen vorhersagen:

$$\hat{y} = 0{,}674 + 0{,}559 \cdot 2{,}0 = 0{,}674 + 1{,}118 = 1{,}791$$

Norwegen müsste demnach von einem Anstieg des Preisniveaus von 1,791 Prozent aufgrund der Lohnzunahme von 2 Prozent ausgehen.

Wie gut ist gut? Die Güte der Regressionsanalyse

Wenn Sie die einfache Gleichung des Basismodells der Regressionsanalyse zur Schätzung der Werte für die abhängige Variable heranziehen, gehen Sie von einer linearen beziehungsweise proportionalen Beziehung zur unabhängigen Variablen aus. Oft ist der Zusammenhang zwischen der unabhängigen und der abhängigen Variablen aber nicht so eindeutig proportional und die auf der Basis des unabhängigen Merkmals vorhergesagten Werte des abhängigen Merkmals werden mehr oder weniger stark von der unterstellten linearen Beziehung abweichen. Sie werden sich dann aber bestimmt fragen, wie gut die Daten mithilfe der linearen Regressionsgleichung beschrieben werden können. Ein Kriterium für die Güte der Regressionsgleichung ist die Differenz zwischen den tatsächlichen Werten der abhängigen Variablen und den mit der Regressionsgleichung geschätzten Werten.

Die nicht erklärte Varianz – oder: Was die Regressionsanalyse nicht erklärt

Die Differenz der tatsächlichen Werte von den geschätzten Werten wird als *nicht erklärte Abweichung* durch die Regressionsgleichung bezeichnet. Tabelle 8.2 enthält noch einmal die Daten aus Tabelle 8.1 und zusätzlich die mit der Regressionsgleichung geschätzten Werte für die Preiszuwächse in den betrachteten Ländern (in der vierten Spalte in Tabelle 8.2). Der geschätzte Wert für Italien ergibt sich darin beispielsweise wie folgt:

$$\hat{y}_4 = b_0 + b_1 x_4 = 0.674 + 0{,}559 \cdot 3{,}2 = 0{,}674 + 1{,}789 = 2{,}463$$

Gleich rechts neben der Spalte mit den geschätzten Werten $\hat{y}_i$ finden Sie die Spalte mit den Abweichungen der tatsächlichen Werte von den mit der Regressionsgleichung geschätzten Werten, das heißt die nicht erklärten Abweichungen $y_i - \hat{y}$. Sie sehen sofort, dass im Fall Italiens der aufgrund der Regressionsgleichung geschätzte Wert $\hat{y}_4 = 2{,}463$ von dem tatsächlich gemessenen Wert $y_4 = 3{,}5$ um $y_4 - \hat{y}_4 = 3{,}5 - 2{,}463 = 1{,}037$ Prozentwerte abweicht.

Wenn Sie zur Bestimmung der Güte der Regressionsgleichung das gesamte Ausmaß der durchschnittlichen Abweichungen zwischen den geschätzten und tatsächlichen Werten ermitteln wollen und dafür die Summe dieser Abweichungen berechnen, werden Sie feststellen, dass die Summe dieser Abweichungen immer gleich (oder aufgrund von Rundungsfehlern ungefähr) null ist.

Länder	Lohnzuwachs in % x_i	Preiszuwachs in % y_i	Schätzwerte $\hat{y}_i$	Nicht erklärte Abweichung $y_i - \hat{y}_i$	Nicht erklärte Varianz $(y_i - \hat{y}_i)^2$	Erklärte Abweichung $\hat{y}_i - \bar{y}$	Erklärte Varianz $(\hat{y}_i - \bar{y})^2$
Österreich	1,9	2	1,736	0,265	0,07	–0,604	0,365
Frankreich	2,4	1,5	2,016	–0,516	0,266	–0,324	0,105
Deutschland	2,9	1,7	2,295	–0,595	0,354	–0,045	0,002
Italien	3,2	3,5	**2,463**	1,037	1,075	0,123	0,015
Großbritannien	4,5	3	3,19	–0,19	0,036	0,85	0,723
Σ	14,9	11,7	–	0	1,801	0	1,21
$\frac{1}{n}\Sigma$	**2,98**	**2,34**	–	0	**0,36**	0	**0,242**

Tabelle 8.2: Nicht erklärte Abweichungen von den geschätzten Werten

Dieses Problem können Sie umgehen, indem Sie die Abweichungen quadrieren und dann aufsummieren und davon den Mittelwert bilden (wie bei der Berechnung der Varianz). Anschließend brauchen Sie die errechnete Summe der quadrierten Abweichungen nur noch durch die Gesamtzahl der Beobachtungen n teilen (siehe ganz unten in der sechsten Spalte 6 in Tabelle 8.2). Damit haben Sie die *nicht erklärte Varianz* der tatsächlichen Werte um die vorgesagten Werte berechnet.

Mit der Methode der kleinsten Quadrate die optimale Regressionsgrade bestimmen

Der Grund dafür, dass die Summe der Abweichungen der mit der Regressionsgleichung geschätzten Werte von den tatsächlichen Werten immer null ergibt, ist, dass der Graph der linearen Regressionsgleichung eine Gerade ist und diese Gerade so durch das Streudiagramm der tatsächlich festgestellten Werte gelegt wird, dass sie genau durch die Mitte der Datenwerte führt. Die Konsequenz daraus ist, dass die aufsummierten quadratischen Abweichungen der tatsächlichen Werte zu der Geraden nicht nur insgesamt minimal sind, die Werte unterhalb und oberhalb der Geraden gleichen sich deshalb auch in der Summe aus. Abbildung 8.2 zeigt diesen Zusammenhang noch einmal beispielhaft auf.

Wenn Sie diese Distanzen quadrieren, Sie also

$$\sum_{i=1}^{n}(y_i - \hat{y}_i)^2$$

berechnen, ist dieser Wert verglichen mit allen anderen Geraden, die Sie durch die Punktewolke legen könnten, aufgrund unserer Bestimmung des Interzepts (das heißt des Schnittpunkts mit der y-Achse beziehungsweise mit der Konstante b_0) und des Steigungsparameters (das heißt des Koeffizienten b_1) minimal. Auf diesem Vorgang beruht die *Methode der kleinsten Quadrate*; sie hat daher auch ihren Namen.

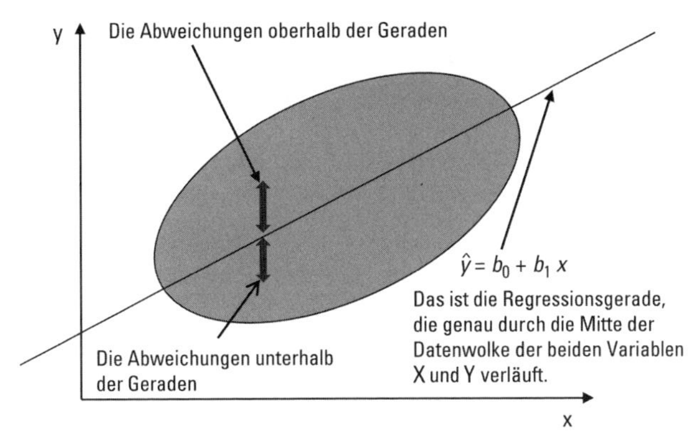

Abbildung 8.2: Streudiagramm mit Regressionsgerade

Die Formel zur nicht erklärten Varianz geht somit von der Differenz zwischen den tatsächlichen und den mit der Regressionsfunktion vorhergesagten Werten aus. Sie hat die folgende Form:

$$\frac{1}{n}\sum_{i=1}^{n}(y_i - \hat{y}_1)^2$$

Dabei bedeutet:

✔ n: Gesamtzahl der Untersuchungsfälle beziehungsweise Beobachtungen

✔ y_i: der i-te Wert der abhängigen Variablen Y

✔ $\hat{y}_i$: der i-te mit der Regressionsgleichung vorhergesagte beziehungsweise geschätzte Wert für die abhängige Variable Y

Zur Berechnung der nicht erklärten Varianz verfahren Sie wie folgt:

1. Berechnen Sie die Regressionsgleichung:

   $$\hat{y} = b_0 + b_1 x$$

2. Ermitteln Sie die Schätzwerte $\hat{y}_i$ für die abhängige Variable Y der untersuchten Beobachtungen anhand der zuvor in Schritt 1 erstellten Regressionsgleichung für die einzelnen Beobachtungen x_i der unabhängigen Variablen X.

3. Bestimmen Sie die Abweichungen zwischen den tatsächlichen und den geschätzten Werten.

4. Quadrieren und summieren Sie die ermittelten Abweichungen auf und dividieren Sie das Ergebnis durch die Gesamtzahl der Beobachtungen n. Sie erhalten die nicht erklärte Varianz.

Mit der nicht erklärten Varianz haben Sie das Ausmaß berechnet, mit dem Sie mit der linearen Regressionsgleichung die tatsächlichen Werte nicht getroffen haben:

- ✔ Wenn Sie eine hundertprozentige Treffergenauigkeit erzielt haben, ist die nicht erklärte Varianz gleich null.
- ✔ Je größer der Wert der nicht erklärten Varianz ist, desto weiter liegen die geschätzten von den tatsächlichen Werten entfernt und desto weniger gut können die Daten mithilfe der Regressionsgeraden beschrieben und »erklärt« werden.

Die erklärte Abweichung – oder: Was die Regressionsgleichung erklärt

Im Abschnitt »Die nicht erklärte Varianz – oder: Was die Regressionsanalyse nicht erklärt« haben Sie das Ausmaß der Streuung der tatsächlichen Werte um die Regressionsgerade der Regressionsgleichung kennengelernt. Statistiker haben das als die *nicht erklärte Varianz* bezeichnet, weil sie sich auf das Ausmaß der Abweichung zwischen den mit der Regressionsgeraden bestimmten Werten und den tatsächlichen Werten bezieht. Sie haben sich nun sicherlich schon gefragt: Wenn es eine nicht erklärte Streuung gibt, existiert dann nicht auch eine erklärte Streuung? Die Antwort ist kurz und knapp: Ja! Aber was verstehen die Statistiker in diesem Zusammenhang darunter? Das erläutere ich nun im Folgenden etwas näher.

Die Schätzungen und Vorhersagen mit der Regressionsgleichung für die abhängige Variable Y basieren auf der Kenntnis des Zusammenhangs zwischen dieser und der unabhängigen, erklärenden, beeinflussenden Variablen X. Nehmen Sie einmal an, Sie hätten die Kenntnisse über den Zusammenhang von X und Y nicht und Ihnen lägen nur die Daten für das abhängige Merkmal Y (im Beispiel die Daten über die Preisentwicklung) vor und Sie sollen nun für ein vergleichbares Land (das heißt beispielsweise über ein Land mit einem ähnlichen Entwicklungsstand wie die Länder, aus denen die Ihnen verfügbaren Daten stammen) eine Vorhersage der Preisentwicklung machen. Welchen Wert könnten Sie angeben? Vermutlich würden auch Sie den Durchschnitt der bisher festgestellten Preisveränderung beziehungsweise das arithmetische Mittel für die Variable Y nehmen (im Beispiel ist dieser $\bar{y}$ = 2,34 Prozent Preisanstieg, siehe Tabelle 8.2).

Das arithmetische Mittel der Variablen Y ist ohne die Kenntnis des unabhängigen Merkmals X die beste Schätzung, die Ihnen zur Verfügung steht, denn dieser Wert fasst ja die zentrale Tendenz beziehungsweise Lage der Werte dieses Merkmals in einer treffenden Zahl zusammen. Die Frage lautet jetzt: Inwiefern lässt sich diese Schätzung durch die Einbeziehung der Kenntnis der Werte des unabhängigen Merkmals X zur Schätzung der Werte von Y verbessern? Dazu betrachten Statistiker die Differenz zwischen dem aufgrund des arithmetischen Mittels $\bar{y}$ vorhergesagten Wert und dem durch die Regressionsgerade ermittelten Wert $\hat{y}_i$, das heißt, es geht um die Differenz $\hat{y}_i - \bar{y}$. Der Unterschied, mit dem die Schätzungen aufgrund der Regressionsgleichung dichter an den tatsächlichen Werten als das arithmetische Mittel liegen, wird als *erklärte Abweichung* vom Mittelwert bezeichnet.

Wenn Sie das gesamte Ausmaß der durchschnittlichen Verbesserungen zwischen dem geschätzten $\hat{y}_i$ und dem arithmetischen Mittel der Variablen $\bar{y}$ feststellen wollen und dafür die Summe dieser Abweichungen berechnen, werden Sie wiederum feststellen, dass die Summe dieser Abweichungen gleich (oder aufgrund von Rundungsfehlern ungefähr) null ist.

Dieses Problem können Sie umgehen, indem Sie die Abweichungen quadrieren und aufsummieren und davon dann den Mittelwert bilden. Hierzu brauchen Sie nur (wie bei der Berechnung der Varianz) die errechnete Summe der quadrierten Abweichungen durch die Gesamtzahl der Beobachtungen n zu teilen (siehe in der letzten Spalte in Tabelle 8.2). Damit haben Sie die *erklärte Varianz* der verbesserten Vorhersage anhand der mit der Regressionsgeraden geschätzten Werte gegenüber der Schätzung mit dem arithmetischen Mittel berechnet.

Die Formel zur erklärten Varianz im Rahmen der Regressionsanalyse hat die folgende Form:

$$\frac{1}{n}\sum_{i=1}^{n}(\hat{y}_i - \bar{y})^2$$

Dabei bedeutet:

- ✔ n: Gesamtzahl der Untersuchungsfälle beziehungsweise Beobachtungen
- ✔ $\bar{y}$: das arithmetische Mittel $\frac{1}{n}\sum_{i=1}^{n} y_i$ der abhängigen Variablen Y
- ✔ $\hat{y}_i$: der i-te für die abhängige Variable mit der Regressionsgleichung vorhergesagte beziehungsweise geschätzte Wert.

Zur Berechnung der erklärten Varianz verfahren Sie wie folgt:

1. Berechnen Sie die Regressionsgleichung:

   $$\hat{y} = b_0 + b_1 x$$

2. Berechnen Sie die Schätzwerte $\hat{y}_i$ für die abhängige Variable Y der untersuchten Fälle anhand der zuvor in Schritt 1 erstellten Regressionsgleichung für die einzelnen Beobachtungen x_i der unabhängigen Variablen X.
3. Ermitteln Sie die Abweichungen zwischen den aufgrund der Regressionsgeraden geschätzten Werten und dem anhand des arithmetischen Mittels vorhergesagten Werts: $\hat{y}_i - \bar{y}$
4. Quadrieren und summieren Sie die ermittelten Abweichungen auf und dividieren Sie das Ergebnis mit der Gesamtzahl der Beobachtungen n. Sie erhalten die erklärte Varianz, das heißt:

   $$\frac{1}{n}\sum_{i=1}^{n}(\hat{y}_i - \bar{y})^2$$

Mit der erklärten Varianz berechnen Sie also das Ausmaß, um wie viel besser Sie die tatsächlichen Werte des abhängigen Merkmals Y mithilfe der linearen Regressionsgleichung als mit dem arithmetischen Mittel von Y allein vorhersagen beziehungsweise schätzen können. Mit dem arithmetischen Mittel von Y allein wäre so zum Beispiel die erklärte Varianz 0, die nicht erklärte Varianz würde hingegen in diesem Fall der Varianz von Y entsprechen. Können Sie mithilfe der Regressionsgerade hingegen die Werte von Y perfekt vorhersagen, das heißt, es gilt $\hat{y}_i = y_i$ für alle i, entspricht die erklärte Varianz der Varianz von Y und die nicht erklärte

Varianz wäre 0. Wie Sie in den folgenden Abschnitten sehen, kann man ganz allgemein die Varianz von Y immer in die durch die Regressionsgerade erklärte und nicht erklärte Varianz aufteilen und mithilfe dieser Zerlegung ein Kriterium für die Güte der Regression aufstellen.

Den Zusammenhang analysieren: Die Varianzzerlegung

Ein weiteres wichtiges Ergebnis ist, dass die Varianz von Y, also

$$s_Y^2 = \frac{1}{n}\sum_{i=1}^{n}(y_i - \bar{y})^2$$

(zur Varianz erfahren Sie mehr in Kapitel 5), in zwei Teile aufgeteilt werden kann:

1. In einen Teil, der auf die Streuung der unabhängigen Variablen X zurückgeführt (Regression) werden kann; das ist die erklärte Varianz:

   $$\text{erklärte Varianz} = \frac{1}{n}\sum_{i=1}^{n}(\hat{y}_i - \bar{y})^2$$

2. In einen Teil, der nicht auf die unabhängige Variable zurückgeführt werden kann und der als zufällig auftretend betrachtet werden muss; das ist die nicht erklärte Varianz:

   $$\text{nicht erklärte Varianz} = \frac{1}{n}\sum_{i=1}^{n}(y_i - \hat{y}_i)^2$$

Es gilt somit folgender Zusammenhang:

$$s_Y^2 = \frac{1}{n}\sum_{i=1}^{n}(y_i - \bar{y})^2 = \frac{1}{n}\sum_{i=1}^{n}(\hat{y}_i - \bar{y})^2 + \frac{1}{n}\sum_{i=1}^{n}(y_i - \hat{y}_i)^2$$

Ausformuliert bedeutet das, dass sich die Varianz von Y aus nicht erklärter und erklärter Varianz der Regressionsanalyse ergibt. Diesen Zusammenhang können Sie auch dem Beispiel aus den Tabellen 7.5 und 8.2 entnehmen, dort gilt:

0,60 = 0,24 + 0,36 beziehungsweise Varianz von $Y = s_Y^2$ = erklärte + nicht erklärte Varianz.

Das Bestimmtheitsmaß zur Bestimmung der Güte der Regressionsgleichung

Wenn Sie die erklärte Varianz zur Varianz des abhängigen Merkmals Y in Beziehung setzen, erhalten Sie den Anteil der Streuung an der Varianz des abhängigen Merkmals Y, der durch die Regression auf die unabhängige Variable X erklärt wird. Dieses Verhältnis nennt man *Bestimmtheitsmaß* oder auch *Determinationskoeffizient*. Das Bestimmtheitsmaß ist gleichsam ein Gütemaß für die Regressionsanalyse, das heißt, es gibt an, inwiefern die Werte des abhängigen Merkmals Y auf die Werte des unabhängigen Merkmals X zurückgeführt und somit erklärt werden können.

- ✔ **Bestimmtheitsmaß gleich 1 oder nahe 1:** Wenn das Bestimmtheitsmaß den Wert 1 oder einen Wert nahe 1 annimmt, ist die erklärte Streuung gleich oder in etwa gleich der Varianz von Y, das heißt, die gesamte Streuung von Y kann vollständig mithilfe der Regression erklärt werden und somit auf die unabhängige Größe X zurückgeführt werden. Man spricht dann auch von einem guten »Fit« der Regressionsfunktion.

- **Bestimmtheitsmaß nahe null:** Nimmt das Bestimmtheitsmaß Werte nahe null an, ist der Anteil der erklärten Varianz kaum wahrnehmbar und die im Zusammenhang mit der Regressionsgeraden berücksichtigte unabhängige Variable X hat keinen (linearen) Effekt auf die Streuung der Werte der abhängigen Variablen Y.

Die Formel zur Berechnung des Bestimmtheitsmaßes ist:

$$R^2 = \frac{\frac{1}{n}\sum_{i=1}^{n}(\hat{y}_i - \bar{y})^2}{\frac{1}{n}\sum_{i=1}^{n}(y_i - \bar{y})^2}$$

Dabei bedeutet:

- $\frac{1}{n}\sum_{i=1}^{n}(y_i - \bar{y})^2$ Varianz der abhängigen Variablen Y
- $\frac{1}{n}\sum_{i=1}^{n}(\hat{y}_i - \bar{y})^2$ erklärte Varianz durch die Regressionsgeraden

Die Berechnung des Bestimmtheitsmaßes erfolgt demnach in vier Schritten:

1. Berechnen Sie die Varianz des abhängigen Merkmals beziehungsweise der abhängigen Variablen Y.
2. Berechnen Sie die erklärte Varianz.
3. Dividieren Sie die erklärte Varianz durch die Varianz des abhängigen Merkmals Y und Sie erhalten den Wert des Bestimmtheitsmaßes.
4. Multiplizieren Sie das Bestimmtheitsmaß beziehungsweise den Determinationskoeffizienten mit 100, erhalten Sie die Prozentwerte der Streuung der abhängigen Variablen Y, die mit der Regressionsgeraden erklärt werden können.

Nehmen Sie sich noch einmal das Beispiel des Zusammenhangs zwischen der Lohnentwicklung (Variable X) und der Preisentwicklung (Variable Y) aus dem letzten Abschnitt und der Tabelle 8.2 vor. Den Determinationskoeffizienten R^2 berechnen Sie so:

$$R^2 = \frac{\textit{erklärte Varianz}}{\textit{Varianz von } Y} = \frac{\frac{1}{n}\sum_{i=1}^{n}(\hat{y}_i - \bar{y})^2}{\frac{1}{n}\sum_{i=1}^{n}(y_i - \bar{y})^2} = \frac{0{,}242}{0{,}602} = 0{,}402$$

Multiplizieren Sie das Ergebnis mit 100 und Sie erhalten einen vierzigprozentigen Anteil der Preisentwicklung, der auf die Werte der Lohnentwicklung in der Regression zurückgeführt werden kann. Mit anderen Worten: Sie können 40 Prozent der Variation in der Preisentwicklung durch die Variation in der Lohnentwicklung anhand der Regressionsfunktion unseres Modells erklären.

Sie hätten diesen Wert übrigens auch anders ausrechnen können. Zuerst hätten Sie dazu den Korrelationskoeffizienten nach Pearson, r, zwischen den beiden Variablen ausrechnen müssen. Anschließend bräuchten Sie nur noch das Ergebnis daraus, das heißt r, quadrieren. Es gilt also $R^2 = r^2$. Da ja der Korrelationskoeffizient immer Werte zwischen –1 und 1 annimmt, wird auch aus dieser Beziehung noch einmal erkenntlich, dass der Determinationskoeffizient nur Werte zwischen 0 und 1 annehmen kann und genau 1 ist, wenn es einen vollständigen linearen Zusammenhang zwischen den beiden Variablen gibt: Alle Datenpunkte im Scatterplot liegen dann auf einer Geraden.

Zur Erinnerung: Wenn der Korrelationskoeffizient den Wert ±1 oder nahe ±1 aufweist, bedeutet das ja, dass die empirischen Daten alle auf einer Geraden liegen, die den Zusammenhang zwischen den beiden betrachteten Merkmalen beschreibt.

Teil III
Die schließende Statistik

»Okay, lasst uns mal die statistischen Wahrscheinlichkeiten dieser Situation durchgehen: Wir sind vier und er ist einer. Philipp wird wahrscheinlich anfangen zu schreien, Nora wird wahrscheinlich ohnmächtig werden, du wirst mich wahrscheinlich anschreien, warum ich vergessen habe, das Verdeck zu schließen, und es ist nicht ganz unwahrscheinlich, dass ich die Fliege mache, wenn er auf uns zukommt.«

In diesem Teil ...

Während Sie mit den Formeln der deskriptiven Statistik gelernt haben, eine Gesamtheit von statistischen Daten zu analysieren, erfahren Sie in diesem Teil, was Sie brauchen, um eine Teilmenge von statistischen Daten, die landläufig auch als Stichprobe bekannt ist, aus einer Gesamtheit auszuwerten und um daraus auf die Verhältnisse in der Gesamtheit schließen zu können. So werden Sie mit dem Geheimnis vertraut, wie es möglich ist, aus den Daten weniger Fälle auf die Eigenschaften von vielen Fällen in einer weitaus größeren Grundgesamtheit zu schließen.

Nichts ist sicher, aber wahrscheinlich – die Wahrscheinlichkeitsrechnung

In diesem Kapitel …

- Zufallsexperiment und Wahrscheinlichkeiten von Ereignissen
- Addition und Multiplikation von Wahrscheinlichkeiten
- Die Bayes-Regel und bedingte Wahrscheinlichkeiten
- Venn- und Baumdiagramme

Wenn Ihnen nicht alle Daten der Grundgesamtheit zur Verfügung stehen, werden Sie auch anhand repräsentativer Stichproben sehr selten mit der Grundgesamtheit in jeder Hinsicht exakt übereinstimmende Ergebnisse erhalten. Sie können auf die »wahren« Werte in der Grundgesamtheit nur mit bestimmter Wahrscheinlichkeit schließen. Dazu benötigen Sie die *Wahrscheinlichkeitsrechnung*. Nur mit ihr können Sie anhand der Stichprobendaten Schätzungen oder Wahrscheinlichkeiten für die »wahren«, das heißt in der Grundgesamtheit herrschenden Verhältnisse angeben.

Wie wahrscheinlich ist die Wahrscheinlichkeit?

Es gibt viele Situationen und Prozesse in der Natur und im menschlichen Leben, die nicht exakt vorhersehbar sind. Oder wissen Sie am Morgen eines jeden Tages schon immer ganz genau, was Sie an diesem Tag erleben, welchen Menschen Sie begegnen, was Ihnen passieren oder was Sie tun werden? Es gibt aber bestimmte Ereignisse, die eher eintreten als andere. Wenn Sie regelmäßig mittags in der Kantine essen gehen, ist es durchaus möglich, dass Sie das auch an diesem Tag tun werden. Insofern Sie jeden Tag mit dem Auto zur Arbeit fahren, rechnen Sie zwar nicht damit, dass Sie einen Unfall erleiden, können das aber eben nicht ganz auszuschließen.

In diesen Fällen sind Sie vermutlich nicht in der Lage, genaue Angaben für das Eintreten der geschilderten Ereignisse zu machen. Wenn Sie jedoch einen Würfel werfen, wissen Sie zwar nicht, welche Zahl Sie würfeln werden, aber Sie wissen sicher, dass es eine der Zahlen zwischen 1 und 6 sein wird und dass das Verhältnis des Eintretens für jede einzelne dieser Zahlen 1 zu 6 ist. Auch bei einer Teilnahme an der Lotterie 6 aus 49 können Sie die Chancen, sechs Richtige bei einem Versuch zu tippen, genau berechnen. Sie liegen dann so ungefähr bei 1 zu knapp 14 Millionen. Somit müssen Sie schon sehr, sehr, sehr viel Glück haben, dass Sie die richtige Zahlenkombination erwischen.

Grundsätzlich bestimmt das Verhältnis der Anzahl der günstigen Ereignisse zur Anzahl der insgesamt möglichen Ereignisse die Wahrscheinlichkeit eines Ereignisses. Die Wahrscheinlichkeit ist ein Maß für die Chance des Eintretens eines Ereignisses aus mehreren möglichen bekannten Ereignissen. Und dieses Maß ist eine Zahl.

Ereignisse können aus einem oder mehreren Elementen, den sogenannten Elementarereignissen bestehen. Ein Elementarereignis ist jedes einzelne mögliche Ergebnis eines Zufallvorgangs. Im Beispiel mit dem Würfel ist so zum Beispiel jede einzelne der Zahlen 1 bis 6 ein Elementarereignis. Ein Ereignis wird dann aus einem oder mehreren dieser Elementarereignisse zusammengesetzt. Beispielsweise besteht das Ereignis, eine gerade Zahl mit einem Würfel zu würfeln, aus den Elementarereignissen 2, 4 und 6 und das Ereignis, eine ungerade Zahl zu würfeln, beinhaltet die Elemente 1, 3 und 5. Zusammen bilden die beiden Ereignisse wiederum den *Ergebnisraum* oder auch das *sichere Ereignis*, das alle möglichen Elementarereignisse umfasst und dem der griechische Buchstabe Ω (sprich: Omega) zugeordnet ist (mehr dazu finden Sie weiter hinten in diesem Kapitel).

Wahrscheinlichkeit

Die Wahrscheinlichkeit für ein Ereignis wird mit einem Wert zwischen 0 und 1 angegeben. Falls jedes Elementarereignis gleich wahrscheinlich auftritt, wie es beim Würfeln der Fall ist, so berechnet sich die Wahrscheinlichkeit eines Ereignisses A durch:

$P(A)$ = Wahrscheinlichkeit von Ereignis A = Anzahl der günstigen Ereignisse/Anzahl der möglichen Ereignisse beziehungsweise

$$P(A) = \frac{G}{M} \text{ mit } P(A) = 0 \leq P(A) \leq 1$$

Dabei bedeutet:

- G: Anzahl der günstigen Ereignisse
- M: Anzahl der insgesamt möglichen Ereignisse, das heißt die Anzahl der Elemente des Ergebnisraums, die das sichere Ereignis Ω definieren

$P(A) = 0$: Das Ereignis A hat die Wahrscheinlichkeit 0 und hat damit keine Chance einzutreten, es ist absolut unwahrscheinlich. A beziehungsweise die Menge der günstigen Ereignisse ist damit leer, was mathematisch oft mit $\emptyset$ oder $\{\}$ signalisiert wird.

$P(A) = 0{,}33$: Das Ereignis A hat eine Wahrscheinlichkeit von $\frac{1}{3}$ beziehungsweise von 1 zu 3 und hat damit eine eher geringe Chance auf Verwirklichung, das heißt, es ist eher unwahrscheinlich.

$P(A) = 0{,}5$: Das Ereignis A ist ebenso wahrscheinlich wie unwahrscheinlich, hat also eine mittlere Chance der Realisierung, es ist gleich wahrscheinlich, dass es eintritt oder nicht.

$P(A)$ = 0,8: Das Ereignis A hat eine Wahrscheinlichkeit von $\frac{4}{5}$ und hat damit eine hohe Wahrscheinlichkeit der Realisierung, das heißt, es ist sehr wahrscheinlich.

$P(A)$ = 1,0: Das Ereignis wird mit Sicherheit eintreten, A entspricht somit Ω beziehungsweise der Gesamtmenge aller möglichen Ereignisse.

Im Beispiel des Münzwurfs haben Sie insgesamt nur zwei Möglichkeiten (und zwar Kopf oder Zahl), um ein Ereignis zu werfen. Das Ereignis, Kopf zu werfen, ist dabei gleich wahrscheinlich wie das Ereignis, Zahl zu werfen. Die Wahrscheinlichkeit, Zahl Z oder Kopf K zu werfen, beträgt daher:

$$P(Z) = P(K) = \frac{1}{2} = 0{,}5$$

So ein Zufall!

Der Statistiker nennt einen Vorgang *Zufall*, wenn in einer Situation ungewiss ist, welches Ereignis bei mehreren möglichen Ereignissen tatsächlich eintritt. Der Zufall entscheidet darüber, was passiert, ob Sie nun die Wahrscheinlichkeit genau angeben können oder nicht. Die Bezeichnung eines Ereignisses als Zufall bringt also zum Ausdruck, dass man nicht weiß, ob das Ereignis eintritt oder nicht. Alles, was man weiß, ist, dass es mit einer gewissen Wahrscheinlichkeit eintritt.

Prozesse oder Vorgänge mit mehreren bekannten möglichen, sich gegenseitig ausschließenden, aber ungewissen, nicht klar vorher bestimmbaren Ereignissen, Ausgängen, Ergebnissen oder Folgen heißen *Zufallsvorgang*.

Das Werfen eines Würfels ist ein typischer Zufallsvorgang, denn Sie wissen, dass sechs Werte möglich sind und dass einer dieser Werte als Ergebnis erscheinen wird, Sie wissen jedoch nicht welcher dieser Werte es sein wird. Was Sie wissen ist, dass die Wahrscheinlichkeit für jeden möglichen Wert 1/6 beträgt.

Sind die Vorgänge unter den gleichen Rahmenbedingungen wiederholbar? Gibt es dabei mehrere mögliche Ereignisse oder Resultate? Wissen Sie von diesen Ereignissen vorher nicht genau, welche davon eintreten werden? Möchten Sie die Wahrscheinlichkeiten der möglichen Ereignisse feststellen? Dann handelt es sich um ein *Zufallsexperiment*. Das Werfen eines Würfels ist also ein typisches Zufallsexperiment.

Indem Sie den möglichen Ereignissen mithilfe von Zahlen Wahrscheinlichkeiten zuordnen, erhalten Sie genauere Informationen darüber, wie wahrscheinlich diese Ereignisse vorkommen können.

Nehmen Sie folgendes Beispiel: Sie werfen eine Münze. Wenn es nicht gerade eine gezinkte Münze ist, werden Sie nach einer Reihe von Würfen feststellen, dass die Wahrscheinlichkeit, Kopf oder Zahl zu werfen, in etwa gleich groß ist, nämlich 1 zu 2 beziehungsweise $P = ½ = 0{,}5$.

Stellen Sie sich jetzt einmal vor, Sie ziehen eine Stichprobe aus einer Grundgesamtheit, dann können Sie jedenfalls keine genaue Aussage über die betrachteten Eigenschaften aller Fälle in dieser Gesamtheit machen. Haben Sie die Auswahl der Fälle für die Stichprobe aber so gewählt, dass die Zusammensetzung der Stichprobenfälle repräsentativ für die Grundgesamtheit ist, können Sie zumindest Wahrscheinlichkeiten für die Sie interessierenden Eigenschaften in der Grundgesamtheit berechnen. Eine Voraussetzung für die Repräsentativität der Stichprobe ist eine *Zufallsauswahl* der Fälle, das heißt, dass jeder Fall die gleiche Chance hatte, in die Stichprobe aufgenommen zu werden. Wenn Sie solch eine Datenerhebung anhand einer Stichprobe durchführen, handelt es sich auch um ein Zufallsexperiment. Die Wahrscheinlichkeitsrechnung benötigen Sie, um von den Stichprobenergebnissen auf die »wahren« Gegebenheiten in der Grundgesamtheit schließen zu können.

Wahrscheinlichkeiten finden

Wenn Sie die gerade erwähnten Zufallsexperimente (Würfeln, Münzwerfen und Stichprobenerhebung von Daten) vergleichen, ahnen Sie sicher schon, dass es ganz verschiedene Methoden gibt, Wahrscheinlichkeiten zu berechnen. Drei sehr verschiedene und markante Möglichkeiten, Wahrscheinlichkeiten zu berechnen, sind:

- die klassische Methode
- die statistische, empirische Methode
- die subjektive Methode

Die klassische Methode zur Wahrscheinlichkeitsberechnung

Bei dem hier als klassisch bezeichneten Ansatz (der ursprünglich von einem Herrn namens Laplace, der in der Zeit von 1749 bis 1827 in Frankreich lebte, entwickelt wurde) zur Berechnung von Wahrscheinlichkeiten gehen Sie von einem Zufallsexperiment aus, bei dem Sie die Wahrscheinlichkeit, dass ein bestimmtes Ereignis eintritt, anhand des Verhältnisses von der Anzahl der günstigen Ereignisse zu der Anzahl der insgesamt möglichen Ereignisse errechnen. Die Formel von Laplace lautet also:

$$P(A) = \frac{\text{Anzahl der günstigen Ereignisse}}{\text{Anzahl der insgesamt möglichen Ereignisse}}$$

Dabei bedeutet $P(A)$ die Wahrscheinlichkeit für das Ereignis A.

Die Zuordnung von Wahrscheinlichkeiten beruht nach diesem Ansatz auf der theoretischen Annahme gleich wahrscheinlicher Elementarereignisse. Wenn zum Beispiel ein Zufallsexperiment N verschiedene mögliche Ausgänge hat und die Wahrscheinlichkeit für jedes einzelne Ergebnis gleich ist, beträgt die Wahrscheinlichkeit für jedes dieser N elementaren Ereignisse $\frac{1}{N}$. Beim Würfelwerfen gibt es beispielsweise folgende Möglichkeiten beziehungsweise folgenden Ergebnisraum, Zahlen zu werfen:

$\Omega = \{1, 2, 3, 4, 5, 6\}$ – es gibt also insgesamt sechs mögliche Ausgänge. Jede einzelne Zahl dieses Ergebnisraums ist gleich wahrscheinlich. Daraus folgt, dass die Wahrscheinlichkeit für jede einzelne der Zahlen, also den sechs Elementarereignissen

$$P(1) = P(2) = \ldots = P(3) = \frac{1}{6}$$

ist.

Wollen Sie nun die Wahrscheinlichkeit für das Ereignis $A = \{2, 4, 6\}$, das heißt, die Wahrscheinlichkeit für das Ereignis »eine gerade Zahl zu würfeln«, ausrechnen, so können Sie mithilfe der Methode nach Laplace durch einfaches Auszählen der günstigen sowie möglichen Ereignisse durch die bereits weiter vorn erwähnte Formel die Wahrscheinlichkeit bestimmen:

$$P(A) = \frac{G}{M} = 3/6 = ½$$

Typische Anwendungen für diese Wahrscheinlichkeitsberechnung finden Sie in Spielsituationen.

Die statistische Methode

Bei der statistischen, auf Erfahrung beruhenden Methode berechnen Sie die Wahrscheinlichkeiten anhand der relativen Häufigkeitsverteilungen statistischer Merkmale (diese Methode geht auf den Herrn Richard von Mises zurück, ein österreichischer Mathematiker, der in der Zeit von 1883 bis 1953 zuletzt in den USA lebte). Während Sie bei der klassischen Methode zur Bestimmung der Wahrscheinlichkeit aufgrund des Verhältnisses der Anzahl von (theoretisch) günstigen zu insgesamt möglichen Ereignissen die gesuchte Wahrscheinlichkeit schon im Vorhinein wussten, müssen Sie diese bei der statistischen Methode aus den Daten und Fakten erst noch errechnen.

Die Quelle der Daten ist in diesem Zusammenhang ein empirischer Vorgang, zum Beispiel eine Befragung oder eine Messung von Daten anhand einer nach dem Zufallsprinzip ausgewählten repräsentativen Gruppe von Leuten. Aus den erhobenen empirischen Daten berechnen Sie die relativen Häufigkeiten, an denen Sie dann die Wahrscheinlichkeiten für die Ereignisse ablesen können. Die Wahrscheinlichkeiten der Ereignisse sind also nicht theoretisch vorherbestimmt, sondern ergeben sich aufgrund der Erfahrung beziehungsweise sind empirisch fundiert.

Stellen Sie sich vor, Sie würden den gesamten Ergebnisraum in mehrere einander ausschließende Ereignisse A_i aufteilen, sodass jedoch bei einem Zufallsexperiment auf jeden Fall eines der so gebildeten Ereignisse eintreten muss. In diesem Fall sagt man auch, dass der Ergebnisraum Ω vollständig in die disjunkten Ereignisse A_i zerlegt wurde. Die Formel von Richard von Mises zur (approximativen, das heißt annäherungsweisen) Bestimmung der statistischen Wahrscheinlichkeit lautet dann folgendermaßen:

$$P(A_i) = \frac{n_i}{\sum_i n_i} = h_i \text{ und } \sum_i P(A_i) = 1$$

Dabei bedeutet:

- ✔ $P(A_i)$: die statistische Wahrscheinlichkeit für das i-te Ereignis
- ✔ n_i: absolute Häufigkeit des i-ten Ereignisses im Datensatz, also die Anzahl der Beobachtungen, die unter das i-te Ereignis fallen
- ✔ h_i: die relative Häufigkeit des i-ten Ereignisses im Datensatz. Sie entspricht der Wahrscheinlichkeit für das Ereignis, dass genau dieses Ereignis eintritt.
- ✔ $\sum_i P(A_i) = 1$: Darin kommt noch einmal zum Ausdruck, dass die Wahrscheinlichkeit für den gesamten Ergebnisraum, also für alle möglichen Ereignisse von A, immer 1 ist, das heißt, die Wahrscheinlichkeit für die Summe aller Ereignisse beziehungsweise Möglichkeiten ist immer 100 Prozent.

Dieselbe Methode können Sie auch für völlig beliebige Ereignisse anwenden: Sie nehmen einfach die relative Häufigkeiten eines Ereignisses als Annäherungen an dessen theoretische Wahrscheinlichkeit. Berechnen Sie auf diese Art jedoch mehrere beliebige Ereignisse, so ist nicht mehr garantiert, dass die Summe der Wahrscheinlichkeiten dem Wert 1 entspricht.

Kommen wir zurück zu unserem Beispielklassiker, der Körpergrößenanalyse von Personen. Die Ergebnisse einer empirischen Erhebung finden Sie in Tabelle 9.1. Darin sind die Größen X in Zentimeter nach Größenklassen zusammengefasst. Gezeigt werden dazu die absoluten, die relativen Häufigkeiten und die kumulierten relativen Häufigkeiten pro Klasse.

Die letzte Spalte in Tabelle 9.1 zeigt die Informationen über die kumulierten relativen Häufigkeiten. So können Sie beispielweise daraus direkt entnehmen, dass die Wahrscheinlichkeit dafür, dass jemand in der Stichprobe weniger als 167 cm misst $P(X \leq 167) = 0{,}50$ beziehungsweise 50 Prozent beträgt. Von jeder zweiten Person können Sie aufgrund der Stichprobenergebnisse erwarten, dass sie weniger als 167 cm misst. Die Wahrscheinlichkeit, eine Person zu finden, die zwischen 176 und 185 cm groß ist, finden Sie in der vorletzten Klasse und Spalte der Tabelle. Sie beträgt genau 10 Prozent, das heißt $P(176 \leq X \leq 185) = 0{,}10$. Die Wahrscheinlichkeit mehr als 175 cm zu messen, ist $P(X \geq 176) = 0{,}3$. Dieses Ergebnis erhalten Sie durch Addition der relativen Häufigkeiten in den beiden letzten Klassen.

Klasse	Größe der Personen in cm		absolute Häufigkeit	relative Häufigkeit	kumulierte relative Häufigkeit
i	von	bis unter	n_i	$h_i = n_i/n$	
1	149	158	5	0,25	0,25
2	158	167	5	0,25	0,5
3	167	176	4	0,2	0,7
4	176	185	2	0,1	0,8
5	185	194	4	0,2	1
Σ	–	–	20	1	–

Tabelle 9.1: Wahrscheinlichkeitsbestimmung anhand empirischer Daten

Die subjektive Methode

Bei der subjektiven Methode ordnen Sie bestimmten Ereignissen ihre Wahrscheinlichkeit einfach nach Ihrer subjektiven Einschätzung zu. Auf dieses Verfahren der Wahrscheinlichkeitszuordnung werden Sie immer dann zurückgreifen, wenn eine andere Bestimmung nicht möglich ist, Sie zum Beispiel keine Daten und Fakten in Form einer Häufigkeitstabelle zur Hand haben oder die Wahrscheinlichkeiten auch nicht theoretisch, wie in der klassischen Wahrscheinlichkeitszuordnung, feststellen können.

Kriterium für die Zuordnung von Wahrscheinlichkeiten ist dabei Ihr subjektives Urteil, Ihr Glauben oder Ihre Überzeugung aufgrund Ihrer subjektiven Erfahrungen und Ihrer bisherigen Kenntnisse. Wenn Sie zum Beispiel jemanden in einem Bewerbungsgespräch hinsichtlich der Wahrscheinlichkeit seines späteren beruflichen Erfolgs einschätzen müssen und Sie keine Erfahrungswerte oder Statistiken in Form von einer Häufigkeitsverteilung dafür haben, können Sie sich vielleicht nur auf Ihre eigene Intuition und individuellen Erfahrungen verlassen.

Aber auch wenn Ihnen Statistiken vorliegen, kann es sein, dass Sie in der konkreten Situation die subjektive Methode anwenden. Wird beispielsweise im Wetterbericht die Regenwahrscheinlichkeit als sehr gering bezeichnet, sagen wir $P(R) = 0{,}1$, Sie sehen aber aus dem Fenster und entdecken eine dicke dunkle Wolke am Himmel, werden Sie aufgrund Ihrer subjektiven Einschätzung angesichts der Wolke doch wohl lieber zum Regenschirm greifen, wenn Sie das Haus verlassen wollen.

Wahrscheinlichkeitsregeln im Einsatz

Neben der Bestimmung der Wahrscheinlichkeit für einzelne Ereignisse könnten Sie auch an der Bestimmung der Wahrscheinlichkeit für mehrere verschiedene Ereignisse interessiert sein, oder, wie bei der Komplementärwahrscheinlichkeit, an der Wahrscheinlichkeit dafür, dass ein bestimmtes Ereignis nicht eintritt.

Komplementärwahrscheinlichkeit: Pro und Kontra

Die Wahrscheinlichkeit für ein Ereignis A haben wir bisher mit $P(A)$ bezeichnet. Kehren Sie die Fragestellung um und fragen nach der Wahrscheinlichkeit, dass dieses Ereignis nicht eintreten wird, fragen Sie nach der *Gegenwahrscheinlichkeit* von A. Diese wird von Statistikern mit $P(\bar{A})$ bezeichnet. $\bar{A}$ kennzeichnet dabei das Komplementärereignis von A, das heißt alle Ausgänge in unserem Ergebnisraum, die nicht bereits dem Ereignis A zugeordnet wurden. Für die Berechnung der Gegenwahrscheinlichkeit von A gilt:

$$P(\bar{A}) = 1 - P(A)$$

Wenn beispielsweise die Wahrscheinlichkeit, bei einem Würfelwurf eine 3 zu würfeln, $P(W = 3) = \frac{1}{6}$ ist, ist die Gegenwahrscheinlichkeit $P(W \neq 3)$, das heißt die Wahrscheinlichkeit, dass Sie keine 3 würfeln:

$$P(\bar{W} = 3) = P(W \neq 3) = 1 - P(W = 3) = 1 - \frac{1}{6} = \frac{5}{6}$$

Umgekehrt gilt für die gesuchte Wahrscheinlichkeit, eine 3 zu würfeln:

$$P(W=3) = 1 - P(\bar{W}=3) = 1 - P(W \neq 3) = 1 - \frac{5}{6} = \frac{1}{6}$$

Die Regel für die Berechnung von Gegenwahrscheinlichkeiten ist ein Spezialfall der im nächsten Abschnitt vorgestellten Additionsregeln für Wahrscheinlichkeiten.

Additionsregeln der Wahrscheinlichkeit und das Venn-Diagramm

Um es gleich zu sagen: Die Additionsregel benötigen Sie immer, wenn Sie die Wahrscheinlichkeit dafür bestimmen möchten, dass das eine »oder« das andere »oder« mehrere andere Ereignisse eintreten. Dabei meint »oder« in diesem Zusammenhang, es kann das eine oder das andere oder aber es können auch beide Ereignisse zusammen eintreten. Es handelt sich sozusagen um ein umfassendes »Oder«. Sie müssen dabei unterscheiden, ob es sich um gegenseitig ausschließende Ereignisse, sogenannte disjunkte Ereignisse, oder um sich nicht ausschließende Ereignisse handelt. Sich ausschließende Ereignisse haben keine gemeinsamen Werte oder eine Schnittmenge, sie überlappen sich nicht. Beispielsweise schließen sich beim Würfelwurf die geraden Augen und die ungeraden Augen aus. So können Sie entweder nur eine gerade Zahl oder eben eine ungerade Zahl bei einem Würfelwurf werfen. Wenn Sie dagegen die Augenzahlen größer oder gleich 3 und die geraden Zahlen betrachten, gibt es eine Schnittmenge und zwar die Augenzahl 4 und 6, denn die sind größer gleich 3 und gleichzeitig gerade Zahlen.

Additionsregel für sich gegenseitig ausschließende Ereignisse

Möchten Sie die Wahrscheinlichkeit dafür wissen, dass die sich gegenseitig ausschließenden Ereignisse A oder B eintreten, können Sie die Additionsregel zur Berechnung von Wahrscheinlichkeiten für sich gegenseitig ausschließende Ereignisse verwenden:

$$P(A \cup B) = P(A) + P(B)$$

Dabei bedeutet:

- ✔ $P(A)$: die Einzelwahrscheinlichkeit für das Ereignis A
- ✔ $P(B)$: die Einzelwahrscheinlichkeit für das Ereignis B
- ✔ $P(A \cup B)$: die Wahrscheinlichkeit für das Eintreten des Ereignisses A oder B
- ✔ $\cup$ steht für den mengentheoretischen Ausdruck »oder« im Sinne der Wahrscheinlichkeit, dass die Ereignisse A oder B oder aber A und B zusammen eintreten. Beachten Sie, dass bei sich gegenseitig ausschließenden Ereignissen der letzte Fall unmöglich ist, also mit der Wahrscheinlichkeit 0 eintritt. Bei dem Ereignis »$A \cup B$« spricht der Statistiker statt von »A oder B« auch von der Vereinigung der Ereignisse A und B.

Die Rechenregel für die Komplementärwahrscheinlichkeiten ergibt sich zum Beispiel unmittelbar aus dieser Formel. Wenn Sie nämlich ein Ereignis A haben und mit $\bar{A}$ dessen Komplementärereignis bezeichnen, so sind diese sich gegenseitig ausschließend, da beide ja nicht gleichzeitig eintreten können. Da aber eines der Ereignisse A oder $\bar{A}$ mit Sicherheit, also mit Wahrscheinlichkeit 1, eintreten muss, gilt $A \cup \bar{A} = \Omega$ und somit mit der Additionsregel für sich gegenseitig ausschließende Ereignisse:

$$P(\Omega) = P(A \cup \bar{A}) = P(A) + P(\bar{A}) = 1$$

Oder einfach umgestellt:

$$P(\bar{A}) = 1 - P(A)$$

Ein konkreteres Beispiel für den Additionssatz für sich gegenseitig ausschließende Ereignisse ergibt sich, wenn Sie wissen möchten, wie wahrscheinlich es ist, dass die in Tabelle 9.1 erfassten Personen eine Körpergröße zwischen 149 und 158 cm oder eine Größe zwischen 167 und 176 cm aufweisen. Gehen Sie dabei wie folgt vor: Definieren Sie zuerst das Ereignis A als das Ereignis, dass die Größe zwischen 149 und 158 cm liegt, und kürzen Sie mit B dasjenige Ereignis ab, dass die Größe zwischen 167 und 176 cm liegt. Da es keinen Menschen gibt, dessen Körpergröße zwischen 149 und 158 cm und zugleich zwischen 167 und 176 cm liegt, schließen die Ereignisse A und B einander aus und Sie berechnen:

$$P(A \cup B) = P(A) + P(B) = 0{,}25 + 0{,}20 = 0{,}45$$

Mit einer Wahrscheinlichkeit von $P(A \cup B) = 0{,}45$ wird eine zufällig ausgewählte Person aus dieser Gruppe eine Größe zwischen 149 und 158 oder zwischen 167 und 176 cm aufweisen.

Mithilfe eines Venn-Diagramms (von John Venn, 1834–1923), das Sie in Abbildung 9.1 sehen, können Sie die Zusammenhänge anschaulich verdeutlichen, denn der gesamte Ereignisraum wird hier als Rechteck und die interessierenden Teilereignisse als Kreise dargestellt. Dass sich die Ereignisse gegenseitig ausschließen, erkennen Sie im Venn-Diagramm daran, dass sich die beiden Kreise, die die betrachteten Ereignisse A und B symbolisieren, nicht überlappen und nebeneinander aufgeführt sind.

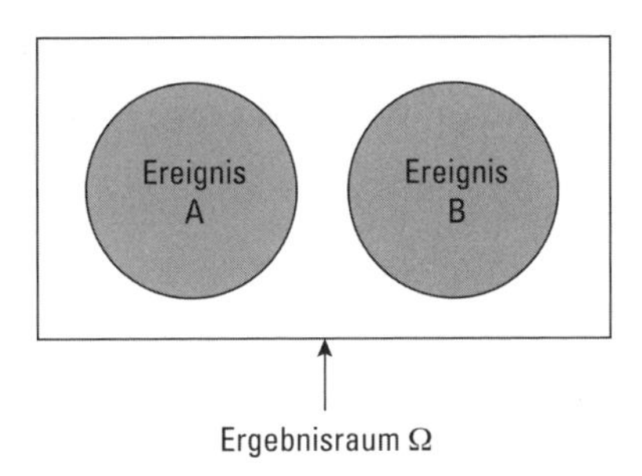

Abbildung 9.1: Das Venn-Diagramm für zwei einander ausschließende Ereignisse

Die Additionsregeln zur Berechnung von Wahrscheinlichkeiten lassen sich auf eine größere Zahl von Ereignissen verallgemeinern.

Bei sich gegenseitig ausschließende Ereignissen können Sie die Wahrscheinlichkeiten der einzelnen Ereignisse addieren, das heißt:

$$P(A \cup B \cup C \cup \ldots) = P(A) + P(B) + P(C) + \ldots$$

Abbildung 9.2 zeigt das zugehörige Venn-Diagramm dreier sich gegenseitig ausschließender Ereignisse. Die Wahrscheinlichkeit, dass mindestens eines dieser Ereignisse eintritt, also das

Eintreten von A oder B oder C, ist dann einfach die Summe der Einzelwahrscheinlichkeiten, die man sich über den Ereignissen des Venn-Diagramms vorstellen könnte.

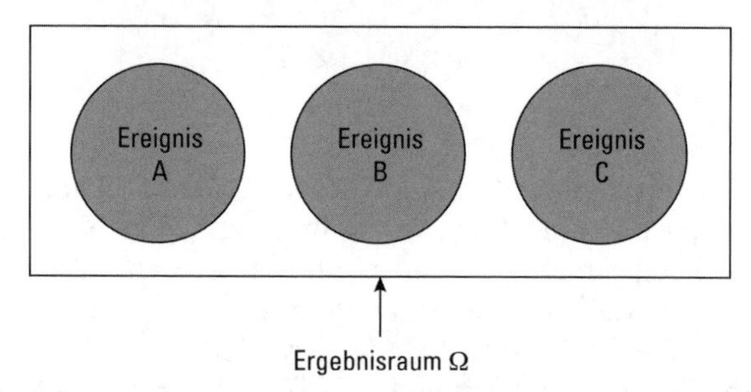

Abbildung 9.2: Das Venn-Diagramm für drei sich gegenseitig ausschließende Ereignisse A, B und C

Additionsregel für sich gegenseitig nicht ausschließende Ereignisse

Wenn Ereignisse sich nicht ausschließen, sondern gemeinsame Werte aufweisen und sich überlappen, können Sie zur Berechnung der Wahrscheinlichkeiten auf die Additionsregel für sich nicht gegenseitig ausschließende Ereignisse zurückgreifen:

$$P(A \cup B) = P(A) + P(B) - P(A \cap B)$$

Dabei bedeutet:

- ✔ $P(A)$: die Einzelwahrscheinlichkeit für das Ereignis A
- ✔ $P(B)$: die Einzelwahrscheinlichkeit für das Ereignis B
- ✔ $P(A \cup B)$: die Wahrscheinlichkeit für das Eintreten des Ereignisses A oder B
- ✔ $P(A \cap B)$: die Wahrscheinlichkeit für das gemeinsame Eintreten des Ereignisses A und B
- ✔ $\cap$ steht für den mengentheoretischen Ausdruck »und«.

Nehmen Sie folgendes Beispiel: 100 Arbeitnehmer waren im letzten Jahr in Ihrem Betrieb tätig. Neun davon waren ehrenamtlich in einem betrieblichen Kindergarten engagiert (E) und zwölf davon produzierten überdurchschnittlich gute Qualität (Q). Für vier der Mitarbeiter traf beides zu: Sie produzierten hohe Qualität und waren im Kindergarten engagiert.

Nun möchten Sie beide Arten des besonderen Engagements mit einer Bonuszahlung belohnen und fragen sich daher, wie groß die Wahrscheinlichkeit ist, Mitarbeiter vorzufinden, die ein in dieser Hinsicht vorbildliches herausragendes Verhalten aufweisen und sich daher für einen Bonus qualifizieren. Sie suchen somit die Wahrscheinlichkeit dafür, dass ein Mitarbeiter sowohl herausragende Qualität (Q) produziert als auch besonders sozial engagiert ist (E).

Errechnen Sie die Wahrscheinlichkeit mithilfe der Additionsregel bei sich nicht gegenseitig ausschließenden Ereignissen in den folgenden Schritten:

1. Bestimmen Sie die Einzelwahrscheinlichkeiten für die Ereignisse E und Q:

   $$P(E) = \frac{9}{100} = 0{,}09$$

   $$P(Q) = \frac{12}{100} = 0{,}12$$

2. Ermitteln Sie, wie wahrscheinlich es ist, dass die beiden Ereignisse E und Q gemeinsam auftreten:

   $$P(E \cap Q) = \frac{4}{100} = 0{,}04$$

3. Berechnen Sie die Wahrscheinlichkeit, dass ein Mitarbeiter sozial engagiert ist oder hohe Qualität produziert, also das eine oder andere oder beides:

   $$P(E \cup Q) = P(E) + P(Q) - P(E \cap Q) = 0{,}09 + 0{,}12 - 0{,}04 = 0{,}17$$

Die Wahrscheinlichkeit, dass sich ein Mitarbeiter für einen Bonus qualifiziert, beträgt somit $P(E \cap Q) = 0{,}17$. Sie ist leider nicht sehr hoch.

Das zu diesem Problem passende Venn-Diagramm sehen Sie in Abbildung 9.3.

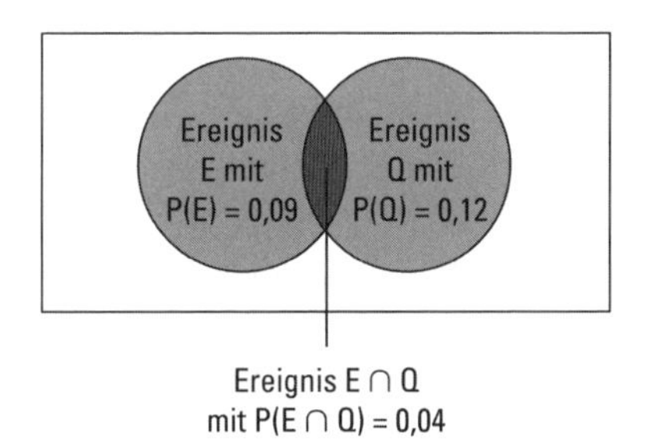

Abbildung 9.3: Das Venn-Diagramm stellt das Engagement der Mitarbeiter anschaulich dar.

Wenn Sie wissen möchten, wie wahrscheinlich es ist, dass ein Mitarbeiter weder engagiert ist noch besondere Qualität liefert oder beides »nicht« aufweist, berechnen Sie einfach nur die komplementäre beziehungsweise die Gegenwahrscheinlichkeit zur Wahrscheinlichkeit für sozial engagierte oder herausragend leistende Mitarbeiter:

$$P\left(\overline{E \cup Q}\right) = 1 - P(E \cup Q) = 1 - 0{,}17 = 0{,}83$$

Auch bei sich nicht gegenseitig ausschließenden beziehungsweise bei sich überlappenden Ereignissen lässt sich die Additionsregel auf mehr als zwei Ereignisse verallgemeinern. Sie gehen dann folgendermaßen vor:

1. Addieren Sie die Wahrscheinlichkeiten der einzelnen Ereignisse.
2. Ziehen Sie die Wahrscheinlichkeiten der gegenseitigen Überlappungen davon ab.

3. Addieren Sie die Schnittmenge der Überlappungen wieder dazu, weil Sie diese durch Abzug der gegenseitigen Überlappungen zu viel abgezogen haben.

Für die sich gegenseitig überlappenden Ereignisse A, B und C rechnen Sie also:

$$P(A \cup B \cup C) = P(A) + P(B) + P(C) - P(A \cap B) - P(A \cap C) - P(B \cap C) + P(A \cap B \cap C)$$

Im Venn-Diagramm in Abbildung 9.4 ist die Überlappung anschaulich dargestellt.

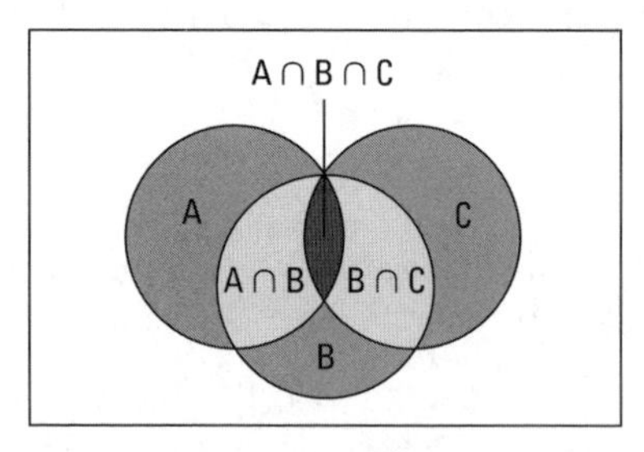

Abbildung 9.4: Ein Venn-Diagramm für mehr als zwei sich gegenseitig überlappende Ereignisse

Multiplikationsregeln der Wahrscheinlichkeit

Sie haben bisher die Additionsregel zur Berechnung der Wahrscheinlichkeiten für das Eintreten des einen »oder« des anderen Ereignisses kennengelernt. Verraten habe ich Ihnen noch gar nicht, wie Sie die Wahrscheinlichkeit dafür berechnen können, dass das eine »und« das andere Ereignisses eintritt. Möchten Sie wissen, wie groß die Wahrscheinlichkeit $P(A \cap B)$ für das gemeinsame Auftreten von zwei Ereignissen A und B ist, benötigen Sie die Multiplikationsregel zur Bestimmung der Wahrscheinlichkeit.

Multiplikationsregel bei unabhängigen Ereignissen

Zunächst möchte ich die Berechnung der Wahrscheinlichkeit des gleichzeitigen Auftretens zweier voneinander unabhängiger Ereignisse behandeln. Zwei Ereignisse sind *unabhängig voneinander*, wenn das Auftreten des einen Ereignisses keinen Effekt auf die Wahrscheinlichkeit des Auftretens des anderen Ereignisses hat. Wenn Sie beispielsweise zwei Würfel gleichzeitig werfen, hat das Ergebnis des einen Würfels keinen Einfluss auf das Ergebnis des anderen Würfels und umgekehrt. Das Eintreten der jeweiligen Augenzahl der beiden Würfel ist voneinander unabhängig. Hier nun die Formel:

$$P(A \cap B) = P(A)P(B)$$

Dabei bedeutet:

- ✔ $P(A)$: die Einzelwahrscheinlichkeit für das Ereignis A
- ✔ $P(B)$: die Einzelwahrscheinlichkeit für das Ereignis B
- ✔ $P(A \cap B)$: die Wahrscheinlichkeit für das gemeinsame Eintreten des Ereignisses A und B

Die Wahrscheinlichkeit dafür, dass die Ereignisse A und B gemeinsam auftreten und dabei das Auftreten des einen Ereignisses das Auftreten des anderen Ereignisses nicht beeinflusst, ist das Produkt der Einzelwahrscheinlichkeiten des Eintretens jedes der beteiligten Ereignisse.

Schwirrt Ihnen der Kopf? Verständlicher wird es mithilfe des folgenden Beispiels: Das Gasförderunternehmen Günthers Gas GmbH führt regelmäßig Probebohrungen nach Gasvorkommen durch. Die nächsten Probebohrungen sollen in Norwegen und Russland durchgeführt werden. Erfahrungsgemäß ist die Wahrscheinlichkeit, in Russland bei Bohrungen fündig zu werden, $P(R) = 0{,}60$ und in Norwegen $P(N) = 0{,}40$. Sie können davon ausgehen, dass der Erfolg der Bohrungen zwischen den beiden Ländern unabhängig ist.

Wenn die Gasfirma nun zwei Probebohrungen (in jedem Land jeweils eine) zur gleichen Zeit durchführt, wie groß ist dann die Wahrscheinlichkeit, dass sie in beiden Fällen erfolgreich sein wird, das heißt, dass das Ereignis $R \cap N$ eintritt? Mit den folgenden Arbeitsschritten berechnen Sie die gesuchte Wahrscheinlichkeit:

1. Bestimmen Sie die Einzelwahrscheinlichkeiten:

   $P(R) = 0{,}60$ und $P(N) = 0{,}40$

2. Berechnen Sie die gesuchte Wahrscheinlichkeit mithilfe der Multiplikationsregel:

   $$P(R \cap N) = P(R)P(N) = 0{,}60 \cdot 0{,}40 = 0{,}24$$

In knapp einem Viertel aller Bohrungen wird die Firma gleichzeitig erfolgreich in beiden Ländern sein und diese relative Häufigkeit entspricht auch der gesuchten Wahrscheinlichkeit.

Multiplikationsregel für voneinander abhängige Ereignisse

Zwei Ereignisse sind *voneinander abhängig,* wenn das Auftreten (oder Nichtauftreten) des einen Ereignisses einen Effekt auf die Wahrscheinlichkeit des Auftretens des anderen Ereignisses hat. Die Wahrscheinlichkeit für das gemeinsame Auftreten solcher voneinander abhängiger Ereignisse können Sie mit dieser Formel berechnen:

$$P(A \cap B) = P(A)P(B|A)$$

Dabei bedeutet:

- ✔ $P(A \cap B)$: die Wahrscheinlichkeit für das gemeinsame Eintreten des Ereignisses A und B
- ✔ $P(A)$: die Einzelwahrscheinlichkeit für das Ereignis A
- ✔ $P(B \mid A)$: die Wahrscheinlichkeit des Auftretens des Ereignisses B unter der Bedingung, dass das Ereignis A bereits aufgetreten ist

Stellen Sie sich vor, Sie hätten in Ihrem Unternehmen zwei Stellen ausgeschrieben. Zehn Kandidaten haben sich beworben, von denen zwei weiblich und acht männlich sind. Wie groß ist die Wahrscheinlichkeit, dass die ersten beiden ausgewählten Arbeitnehmer weiblich sind, wenn jeder Bewerber die gleiche Chance hat, ausgewählt zu werden? Sie suchen also die Wahrscheinlichkeit für $P(W1 \cap W2)$, das heißt die Wahrscheinlichkeit für das gemeinsame Eintreten der Ereignisse, dass eine Frau sowohl im ersten Auswahlprozess ($W1$) als auch im zweiten Auswahlprozess ($W2$) eingestellt wird. Zur Berechnung gehen Sie folgendermaßen vor:

1. Bestimmen Sie die Wahrscheinlichkeit für die Einstellung der ersten Kandidatin. Da es unter den zehn Kandidaten zwei weibliche gibt, ist dies:

   $$P(W1) = \frac{2}{10} = 0{,}20$$

2. Berechnen Sie die bedingte Wahrscheinlichkeit, dass auch für die zweite Stelle eine Frau eingestellt wird, unter der Bedingung, dass die erste Stelle bereits von einer Frau besetzt wurde. Sie müssen also bei Wahl der zweiten Kandidatin berücksichtigen, dass Sie bereits für die erste Stelle aus den zehn Bewerbern eine Frau ausgewählt haben. Es bleiben also nur eine Frau und nach wie vor acht Männer für die zweite Wahl übrig. Die Bestimmung der zweiten Wahrscheinlichkeit ist somit abhängig von dem Ergebnis Ihrer ersten Auswahl. Die Wahrscheinlichkeit, dass auch die zweite Wahl auf eine Frau fällt, beträgt unter der Voraussetzung, dass alle Kandidaten die gleiche Chance haben, ausgewählt zu werden, demnach:

   $$P(W2 \mid W1) = \frac{1}{9} = 0{,}11$$

   Die Wahrscheinlichkeit für das Eintreten von $W2$, dass die zweite Stellenbesetzung mit einer Frau erfolgt, unter der Bedingung, dass $W1$ bereits eingetreten ist (die erste Stelle bereits mit einer Frau besetzt wurde), beträgt somit $P(W2 \mid W1) = 0{,}11$.

3. Die Wahrscheinlichkeit, dass beide Bewerberinnen eingestellt werden, lässt sich wiederum mithilfe der Multiplikationsregel berechnen, und zwar als Produkt der Wahrscheinlichkeit, dass die erste Wahl auf eine Frau fällt, und der bedingten Wahrscheinlichkeit, dass auch die zweite Wahl eine Frau ist, vorausgesetzt, dass die erste Wahl bereits auf eine Frau gefallen ist.

   $$P(W1 \cap W2) = P(W1)P(W2 \mid W1) = 0{,}20 \cdot 0{,}11 = 0{,}022$$

Die Wahrscheinlichkeit, dass zwei Frauen unter diesen Bedingungen die Stellen angeboten bekommen, ist somit etwas höher als 2 Prozent.

Berechnung der bedingten Wahrscheinlichkeit

Die *bedingte Wahrscheinlichkeit* wird für die Ereignisse B (das bedingte Ereignis) und A (das bedingende Ereignis) mit $P(B \mid A)$ gekennzeichnet, das heißt, es geht um die Wahrscheinlichkeit für das Ereignis B unter der Bedingung, dass das Ereignis A stattgefunden hat. Wenn nun zur Berechnung der Schnittmenge von voneinander abhängigen, sich bedingenden Ereignissen gilt, dass

$$P(A \cap B) = P(A)P(B \mid A)$$

dann können Sie durch Auflösung nach $P(B \mid A)$ diese Gleichung umstellen und erhalten die Formel für die bedingte Wahrscheinlichkeit:

$$P(B \mid A) = \frac{P(A \cap B)}{P(A)}$$

Die bedingte Wahrscheinlichkeit ist damit der Quotient aus der Wahrscheinlichkeit für das gemeinsame Auftreten der Ereignisse A und B und der Wahrscheinlichkeit für das Ereignis A, das ja als Bedingung für das Ereignis B gilt.

Nehmen Sie an, dass 33 von 50 Arbeitnehmern der Schlittschuhproduktionsfirma Schlittermann & Söhne heute eine einwandfreie Qualität ablieferten und pünktlich mit der Arbeit begonnen haben. Vier Mitarbeiter sind dagegen zu spät gekommen und haben darüber hinaus auch noch fehlerhafte Schlittschuhe abgeliefert.

Wie groß ist die Wahrscheinlichkeit, dass ein zufällig ausgewählter Arbeitnehmer, der sich an dem Morgen verspätet hat, fehlerhaft produziert? Die vollständigen Daten zu den beiden Merkmalen »verspätet« und »fehlerhafte Produktion« finden Sie in Tabelle 9.2.

Qualität/Pünktlichkeit	verspätet (V)	nicht verspätet (NV)	Σ
fehlerhaft (F)	4	8	12
einwandfrei (E)	5	33	38
Σ	9	41	50

Tabelle 9.2: Qualität und Pünktlichkeit

Sie suchen also:

$$P(F|V) = \frac{P(V \cap F)}{P(V)}$$

1. Berechnen Sie die Wahrscheinlichkeit dafür, dass ein zufällig ausgewählter Arbeitnehmer verspätet ist.

   In Tabelle 9.2 ist ersichtlich, dass neun Personen verspätet waren. Insgesamt wurden 50 Personen beobachtet. Die Wahrscheinlichkeit $P(V)$, dass jemand verspätet war, ergibt sich also als Anzahl der günstigen Fälle durch die Anzahl der möglichen Fälle zu:

$$P(V) = \frac{9}{50} = 0{,}18$$

2. Berechnen Sie die Wahrscheinlichkeit, dass ein zufällig ausgewählter Arbeitnehmer verspätet ist und zugleich fehlerhafte Qualität abliefert.

   Die Anzahl der günstigen Fälle für das Ereignis $V \cap F$, dessen Wahrscheinlichkeit Sie in diesem Schritt suchen, entnehmen Sie der Zelle (1,1), also der ersten Zelle links oben. Die Anzahl der möglichen Fälle finden Sie rechts unten in Tabelle 9.2.

$$P(V \cap F) = \frac{4}{50} = 0{,}08$$

3. Berechnen Sie nun, wie wahrscheinlich es ist, dass ein zufällig ausgewählter Arbeitnehmer, der an dem Morgen verspätet war, fehlerhafte Qualität abliefert:

$$P(F|V) = \frac{P(V \cap F)}{P(V)} = \frac{0{,}08}{0{,}18} = 0{,}44$$

Wenn Sie also wissen, dass ein Arbeitnehmer verspätet ist, schätzen Sie die Wahrscheinlichkeit dafür, dass er auch eine fehlerhafte Leistung erbringen wird, auf 0,44.

Ohne dieses Wissen hätten Sie die Wahrscheinlichkeit, dass ein Arbeitnehmer fehlerhafte Leistung erbringt, wie folgt eingeschätzt:

$$P(F) = \frac{12}{50} = 0{,}24$$

Und was lernen Sie daraus? Wer verspätet zur Arbeit erscheint, liefert tendenziell eher schlechte Qualität ab. Und: Fragen Sie beim Kauf von Schlittschuhen immer nach, ob der entsprechende Produzent am Tag der Produktion auch gut ausgeschlafen war.

Die Bayes-Regel zur Berechnung bedingter Wahrscheinlichkeiten

Bei der Regel von Bayes handelt es sich um eine allgemeine Methode für die Revision von gegebenen Wahrscheinlichkeiten im Lichte neuer Informationen (zum Beispiel durch das Eintreten anderer Ereignisse) mit dem Resultat von neuen erfahrungsgestützten Wahrscheinlichkeiten. Das klingt ziemlich kompliziert, aber lassen Sie uns die Sache mal näher anschauen.

Die Bayes-Regel verknüpft gewissermaßen zwei bedingte Wahrscheinlichkeiten:

$$P(A \mid B) = \frac{P(A \cap B)}{P(B)} \text{ und } P(B \mid A) = \frac{P(A \cap B)}{P(A)}$$

Diese Formeln leiten sich aus der Formel für das gemeinsame Auftreten abhängiger Ereignisse $P(A \cap B)$ her, die Sie weiter vorn in diesem Kapitel kennengelernt haben. Je nachdem, ob A oder B das bedingende oder das bedingte Ereignis darstellt, lässt sich die Formel als $P(A \cap B) = P(A)P(B \mid A)$ oder als $P(A \cap B) = P(B)P(A \mid B)$ formulieren. Wenn Sie diese Formeln nach $P(B \mid A)$ und nach $P(A \mid B)$ umstellen, ergeben sich die soeben vorgestellten Formeln für die beiden bedingten Wahrscheinlichkeiten.

Als Beispiel nehmen Sie einmal an, Sie sind an der Wahrscheinlichkeit interessiert, dass jemand, der hustet (Ereignis A), eine Erkältung hat (Ereignis B). Wahrscheinlichkeitstheoretisch lässt sich das als bedingte Wahrscheinlichkeit darstellen:

$$P(B \mid A) = \frac{P(A \cap B)}{P(A)}$$

Die Wahrscheinlichkeit, dass jemand erkältet ist, unter der Bedingung, dass er gehustet hat, $P(B|A)$, können Sie also aus der Division der Wahrscheinlichkeit, dass jemand hustet und erkältet ist, $P(A \cap B)$, und der Wahrscheinlichkeit, dass diese Person hustet, $P(A)$, berechnen.

Sie können jedoch auch umgekehrt fragen, wie groß die Wahrscheinlichkeit ist, dass jemand hustet, wenn er erkältet ist, also nach der Wahrscheinlichkeit $P(A \mid B)$. Jetzt sieht die Gleichung folgendermaßen aus:

$$P(A \mid B) = \frac{P(A \cap B)}{P(B)}$$

Sie können also für zwei Ereignisse A und B zwei verschiedene bedingte Wahrscheinlichkeiten aufstellen. In der Praxis ist meistens die Berechnung einer der beiden bedingten Wahrscheinlichkeiten zum Beispiel $P(B \mid A)$ einfach oder diese Wahrscheinlichkeit ist sogar bekannt, wohingegen man jedoch oft an der Wahrscheinlichkeit $P(A \mid B)$ interessiert ist, die man nicht kennt. Die Regel von Bayes stellt nun beide bedingten Wahrscheinlichkeiten zueinander in Beziehung und ermöglicht dadurch die Berechnung der gesuchten bedingten Wahrscheinlichkeit. Die Regel von Bayes lautet einfach:

$$P(A \mid B) = \frac{P(B \mid A)P(A)}{P(B)}$$

Vergleichen Sie einmal die bedingte Wahrscheinlichkeit

$$P(A \mid B) = \frac{P(A \cap B)}{P(B)}$$

mit der Regel von Bayes, so sehen Sie, dass der Zähler, $P(A \cap B)$, durch $P(A)P(B \mid A)$ ersetzt wurde. Aber: $P(A)P(B \mid A)$ ist ja tatsächlich nichts anderes als $P(A \cap B)$. Denn stellen Sie die Formel der bedingten Wahrscheinlichkeiten

$$P(B \mid A) = \frac{P(A \cap B)}{P(A)}$$

wieder nach der Formel zur Berechnung für das gemeinsame Auftreten zweier Ereignisse um, so erhalten Sie ja $P(A \cap B) = P(A)P(B \mid A)$ (siehe dazu auch die Multiplikationsregel für voneinander abhängige Ereignisse weiter vorn in diesem Kapitel).

Ich sprach am Anfang dieses Abschnitts von einer »Revision von gegebenen Wahrscheinlichkeiten im Lichte neuer Informationen«. Stellen Sie sich ein (oftmals an sich nicht beobachtbares eingetretenes) Ereignis A vor, das ein Ereignis B nach sich ziehen kann und mit einer bestimmten Wahrscheinlichkeit $P(A)$ auftritt. Das Ereignis B tritt dann mit der Wahrscheinlichkeit $P(B \mid A)$ auf. Mithilfe der Regel von Bayes versuchen wir in diesem Fall einen Rückschluss auf die Wahrscheinlichkeit des Ereignisses A zu finden, über dessen Wahrscheinlichkeit des Eintretens wir ohne die zusätzliche Information, dass das Ereignis B bereits eingetreten ist, sonst nur sehr grobe Aussagen treffen könnten. Wir können also $P(A \mid B)$ berechnen. Der Satz von Bayes, wie die Regel von Bayes auch genannt wird, lässt sich in diesem Fall als eine Umkehrung von Schlussfolgerungen ansehen. Statt $P(B \mid A)$ errechnen Sie $P(A \mid B)$.

Übrigens, wie zusätzliche Informationen eine Revision von ansonsten nur sehr groben Wahrscheinlichkeiten ermöglichen, sahen Sie bereits am Beispiel des letzten Abschnitts: Ohne die Information, dass jemand verspätet ist, gibt es eine mindere Qualität lediglich mit einer Wahrscheinlichkeit von $P(F) = 0{,}24$. Nutzen Sie hingegen die Information, dass jemand verspätet zur Arbeit erschien, so verdoppelt sich diese Wahrscheinlichkeit im Beispiel fast auf $P(F \mid V) = 0{,}44$. Sie haben die ursprünglich sehr grobe Wahrscheinlichkeit also aufgrund der neuen Information angepasst.

Wenden Sie nun auf dieses Beispiel die Bayes-Regel an. Angenommen, ein Kunde hat sich bei einem Abteilungsleiter der Firma über ein minderwertiges Produkt der Firma beschwert. Um zukünftigen Beschwerden entgegenzuwirken, fragt der Abteilungsleiter sich nun, ob die Verspätung seiner Mitarbeiter daran schuld ist oder er eher eine Neukalibrierung der Maschinen in Auftrag geben sollte. Der Abteilungsleiter hat bereits berechnet, dass ein verspäteter Mitarbeiter mit einer Wahrscheinlichkeit von $P(F \mid V) = 0{,}44$ auch eine fehlerhafte Leistung erbringen wird. Außerdem weiß er, dass ein einzelner Mitarbeiter mit der Wahrscheinlichkeit von $P(V) = 9/50 = 0{,}18$ zu spät kommt und die Wahrscheinlichkeit, ein fehlerhaftes Produkt herzustellen, $P(F) = 0{,}24$ beträgt. Mithilfe der Bayes-Regel berechnet er daraus nun.

$$P(V|F) = \frac{P(F \mid V)P(V)}{P(F)} = \frac{0{,}44 \cdot 0{,}18}{0{,}24} = \frac{0{,}0792}{0{,}24} = 0{,}33$$

Das heißt, das defekte Produkt wurde mit einer Wahrscheinlichkeit von 33 Prozent von einem Mitarbeiter hergestellt, der sich verspätet hat. Berechnen Sie die Gegenwahrscheinlichkeit, also die Wahrscheinlichkeit, dass ein minderwertiges Produkt nicht von einem sich verspäteten Mitarbeiter hergestellt wurde, so erhalten Sie $(P(\bar{V} \mid F) = 1 - P(V \mid F) = 0{,}67$. Demzufolge wurde das fehlerhafte Produkt mit 67-prozentiger Wahrscheinlichkeit von jemandem hergestellt, der sich nicht verspätet hat. Nach Vergleich der beiden Zahlen sollte der Abteilungsleiter also zuerst eher eine Neukalibrierung der Maschinen in Auftrag geben, als ein strengeres Einhalten der Arbeitszeit durchsetzen.

Auch wenn bei der Anwendung von der Regel von Bayes, also

$$P(A \mid B) = \frac{P(B \mid A)P(A)}{P(B)},$$

oftmals die Wahrscheinlichkeiten $P(B \mid A)$ sowie $P(A)$ vorgegeben oder zumindest einfach zu berechnen sind, so müssen Sie häufig die Wahrscheinlichkeit im Nenner, $P(B)$, noch berechnen. Dies kann mithilfe des Satzes von der totalen Wahrscheinlichkeit erfolgen, über den Sie im nächsten Abschnitt mehr erfahren.

Die totale Wahrscheinlichkeit

Greifen wir zur Erläuterung des Satzes von der totalen Wahrscheinlichkeit das Beispiel vom Husten und der Erkältung noch einmal auf. Stellen Sie sich vor, es wären sowohl die bedingten Wahrscheinlichkeiten $P(B \mid A)$, also die bedingte Wahrscheinlichkeit, dass jemand erkältet ist, wenn er gehustet hat, sowie $P(B \mid \bar{A})$, also die Wahrscheinlichkeit, dass jemand erkältet ist, wenn er nicht gehustet hat, als auch die Wahrscheinlichkeit $P(A)$ zu husten und somit auch nicht zu husten $P(\bar{A})$ bekannt. Die Informationen über die Wahrscheinlichkeiten können wir uns zunutze machen, um die Wahrscheinlichkeit einer Erkältung, $P(B)$, mithilfe *der Formel für die totale Wahrscheinlichkeit* zu berechnen. Sie lautet:

$$P(B) = P(A)P(B \mid A) + P(\bar{A})P(B \mid \bar{A})$$

Oftmals befindet man sich jedoch in der Situation, in der es nicht nur ein einziges Ereignis A gibt, sondern mehrere solcher sich gegenseitig ausschließender Ereignisse. Sie können sich sicher vorstellen, dass es auch eher eine Reihe von einander ausschließenden Symptomen gibt, die eine Erkältung vollständig beschreibt, zum Beispiel durch Husten, Niesen, Fieber, Schnupfen und so weiter. Nennen wir sie A_1, A_2, A_3, …, A_n. Zugegeben, die Ereignisse der Symptome für eine Erkältung schließen sich in Wirklichkeit nie ganz gegenseitig aus, sie treten vielmehr oft in Verbindung miteinander auf, aber nehmen wir jetzt einmal vereinfachend an, dass sie ganz unabhängig voneinander auftreten, es sich also um voneinander disjunkte, das heißt getrennt eintretende, Ereignisse handelt. Die Wahrscheinlichkeit für die Erkältung ergibt sich dann nach der *Formel für die totale Wahrscheinlichkeit* aus:

$$P(B) = \sum_{i=1}^{n} P(A_i)P(B \mid A_i)$$

Mit der Formel für die totale Wahrscheinlichkeit können Sie also die Wahrscheinlichkeit der Erkältung berechnen. Besonders wichtig ist dabei zu beachten, dass die Formel nur dann gilt, wenn die Ereignisse $A_1, A_2, \ldots, A_n$ disjunkt sind.

Der Satz der totalen Wahrscheinlichkeit lässt sich anhand eines Venn-Diagramms veranschaulichen. Nehmen Sie dazu an, Sie haben einen Ergebnisraum, der von drei Teilereignissen des Ereignisses A vollständig ausgefüllt ist und in dem zugleich ein Ereignis B liegt, dessen Wahrscheinlichkeit Sie berechnen wollen (wie Abbildung 9.5).

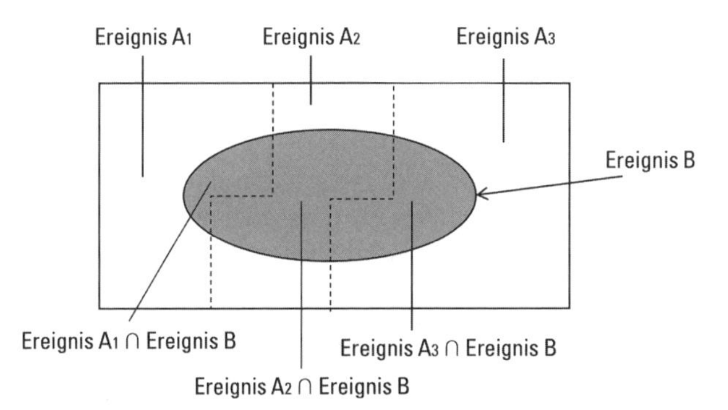

Abbildung 9.5: Einteilung des Ereignisraums für die Ereignisse A_1, A_2, A_3 und das Ereignis B

Da die Ereignisse A_1, A_2 und A_3 den Ergebnisraum vollständig zerlegen, können Sie das Ereignis B auch als die Vereinigung der wiederum sich einander ausschließende Ereignisse $B \cap A$, $B \cap A_2$ und $B \cap A_3$ ausdrücken. Mithilfe des Additionssatzes für sich gegenseitig ausschließende Ereignisse erhalten Sie dann:

$$P(B) = P((B \cap A_1) \cup (B \cap A_2) \cup (B \cap A_3)) = P(B \cap A_1) + P(B \cap A_2) + P(B \cap A_3)$$

Jeden dieser drei Summanden $P(B \cap A_i)$, $i = 1, 2, 3$, können Sie jedoch abermals mit der Formel für die bedingte Wahrscheinlichkeit berechnen, das heißt, es gilt $P(B \cap A_i) = P(A_i)P(B \mid A_i)$. Setzen wir nun alles zusammen, folgt unmittelbar die Formel für die totale Wahrscheinlichkeit für $n = 3$:

$$P(B) = \sum_{i=1}^{n} P(A_i)P(B \mid A_i) = P(A_1)P(B \mid A_1) + P(A_2)P(B \mid A_2) + P(A_3)P(B \mid A_3)$$

Berechnung bedingter Wahrscheinlichkeiten nach Bayes

Lassen Sie uns nun auch die Regel von Bayes auf mehr als zwei Ereignisse verallgemeinern. Sie sahen, dass Sie die Wahrscheinlichkeit für das Auftreten jedes einzelnen der n Symptome A_i, $i = 1, \ldots, n$ und der Erkältung mit der umgestellten Formel für die bedingte Wahrscheinlichkeit berechnen können:

$$P(A_i \cap B) = P(A_i)P(B \mid A_i)$$

Wenn die einzelnen Ereignisse $A_1, \ldots, A_n$ einander ausschließen und den Ergebnisraum vollständig zerlegen, können Sie mithilfe dieser Beziehung die Wahrscheinlichkeit des A_i-ten Ereignisses unter der Bedingung, dass das Ereignis B bereits eingetreten ist, nach der Regel von Bayes zusammen mit dem Satz der totalen Wahrscheinlichkeit berechnen. Es gilt nämlich:

$$\begin{aligned} \mathrm{P}(\mathrm{A}_i|\mathrm{B}) &= \frac{P(A_i \cap B)}{P(B)} = \frac{P(A_i)P(B|A_i)}{P(A_1)P(B|A_1)+P(A_2)P(B|A_2)+\ldots+P(A_n)P(B|A_n)} \\ &= \frac{P(A_i)P(B|A_i)}{\sum_{i=1}^{n} P(A_i)P(B|A_i)} \end{aligned}$$

So berechnen Sie beispielsweise die Wahrscheinlichkeit, dass Sie niesen müssen unter der Bedingung, dass Sie sich erkältet haben, als Wahrscheinlichkeit, dass Sie niesen und erkältet sind im Verhältnis zur totalen Wahrscheinlichkeit (die im Nenner der Formel steht), dass Sie überhaupt ein Erkältungssymptom aufweisen, denn die totale Wahrscheinlichkeit ist ja in unserem Beispiel die Wahrscheinlichkeit für das Auftreten aller Symptome für eine Erkältung (Niesen, Schnupfen, Husten, Fieber, Mattigkeit und so weiter).

Die einzelnen Arbeitsschritte dieser Regel nach Bayes möchte ich Ihnen jetzt an einem weiteren Beispiel mit disjunkten Ereignissen verdeutlichen. Gegeben ist folgende Situation: Innenausstatter Müller beschäftigt drei Tapezierer Anton (A), Bert (B) und Christian (C). Anton hat 25 Prozent der Tapeten angebracht, Bert 35 Prozent und Christian 40 Prozent. Anton tapezierte 5 Prozent fehlerhaft, Bert 8 Prozent und Christian 10 Prozent. Falls eine Wohnung nun zufällig ausgewählt wird, wie groß ist die Wahrscheinlichkeit, dass sie von Christian tapeziert wurde und die Arbeit fehlerhaft durchgeführt wurde (F)?

1. Stellen Sie die Einzelwahrscheinlichkeiten auf, von welchem der Tapezierer die Wohnung tapeziert wurde:

   $P(A) = 0{,}25$

   $P(B) = 0{,}35$

   $P(C) = 0{,}40$

2. Listen Sie für jeden Tapezierer auf, mit welcher bedingten Wahrscheinlichkeit das Ergebnis fehlerhaft ist.

   $P(F \mid A) = 0{,}05$

   $P(F \mid B) = 0{,}08$

   $P(F \mid C) = 0{,}10$

3. Berechnen Sie mithilfe der Formel von Bayes, mit welcher Wahrscheinlichkeit die Wohnung von Christian tapeziert wurde unter der Voraussetzung, dass die Arbeit fehlerhaft durchgeführt wurde (F).

$$P(C \mid F) = \frac{P(C)P(F \mid C)}{P(A)P(F \mid A) + P(B)P(F \mid B) + P(C)P(F \mid C)}$$

$$= \frac{0{,}40 \cdot 0{,}10}{0{,}25 \cdot 0{,}05 + 0{,}35 \cdot 0{,}08 + 0{,}40 \cdot 0{,}10} = \frac{0{,}04}{0{,}0805} \approx 0{,}5$$

Die Wahrscheinlichkeit des Nenners von 0,0805 ist die totale Wahrscheinlichkeit für das Eintreten einer fehlerhaften Tapezierung bezogen auf alle Tapezierer. Der Quotient beziehungsweise die Regel von Bayes drückt also das Verhältnis der Wahrscheinlichkeit für eine fehlerhafte Leistung eines Tapezierers zu der Gesamtwahrscheinlichkeit (die gerne auch als totale Wahrscheinlichkeit bezeichnet wird) aller fehlerhaften Tapezierungen sämtlicher Tapezierer aus.

Das Ergebnis ist, dass 50 Prozent der fehlerhaft angebrachten Tapeten von Christian tapeziert wurden, das heißt $P(C \mid F) = 0{,}50$. Für die anderen beiden Kandidaten ergeben sich die (gerundeten) Wahrscheinlichkeiten $P(A \mid F) = 0{,}15$ und $P(B \mid F) = 0{,}35$. Mithilfe des Satzes von Bayes haben Sie also herausgefunden, dass bei einer fehlerhaft angebrachten Tapete Sie also zuerst Christian rügen sollten, da diese Tapete am wahrscheinlichsten von ihm angebracht wurde.

Das Baumdiagramm

Mithilfe eines Baumdiagramms können Sie sich einen Überblick über die einzelnen Wahrscheinlichkeiten verschaffen. Ein Baumdiagramm ist insbesondere bei der Darstellung von bedingten Wahrscheinlichkeiten und Ereignisfolgen sinnvoll einsetzbar.

Ein Baumdiagramm für das eben aufgeführte Tapeziererbeispiel sehen Sie in Abbildung 9.6.

Die erste Verästelung zeigt die Wahrscheinlichkeiten dafür, von welchem Tapezierer eine Wohnung tapeziert worden ist. Die zweite Verästelung enthält die bedingten Wahrscheinlichkeiten für die Qualität der Arbeitsergebnisse der einzelnen Tapezierer und die letzte Spalte enthält die zusammengesetzten Wahrscheinlichkeiten für alle möglichen Ereignisse des Ereignisraums. Die sich daraus ergebende Verteilung der Wahrscheinlichkeiten wird auch *Wahrscheinlichkeitsverteilung* genannt. Beachten Sie bitte, dass die Summe sämtlicher Einzelwahrscheinlichkeiten an jeder »Verästelung« immer eine Gesamtwahrscheinlichkeit von 1 ergibt.

Aus dem Diagramm können Sie auch die totale Wahrscheinlichkeit für alle fehlerhaften Ereignisse der beteiligten Tapezierer entnehmen. Sie ergibt sich aus folgender Addition (die Wahrscheinlichkeiten dazu sind in dem Baumdiagramm fett hervorgehoben):

$$P(F) = 0{,}0125 + 0{,}028 + 0{,}04 = 0{,}0805$$

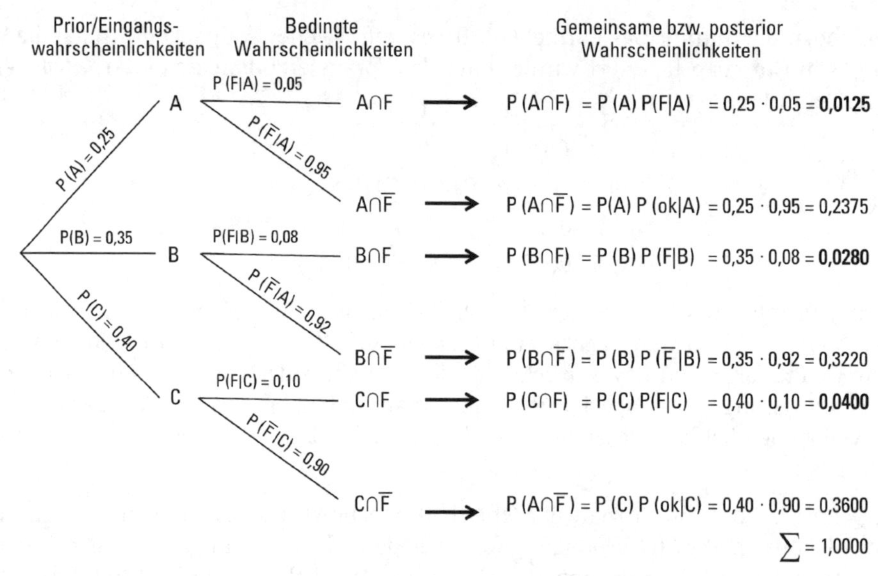

Abbildung 9.6: Ein Baumdiagramm veranschaulicht die Wahrscheinlichkeiten für alle (guten und schlechten) Taten.

Wenn Sie nun noch wissen wollen, wie wahrscheinlich es ist, dass die Tapete fehlerfrei angebracht ist, berechnen Sie einfach die Gegenwahrscheinlichkeit zur totalen Wahrscheinlichkeit für die fehlerhaften Arbeiten:

$$P(\overline{F}) = 1 - \mathrm{P(F)} = 1 - 0{,}0805 = 0{,}9195$$

Dieses Ergebnis entspricht der totalen Wahrscheinlichkeit für die fehlerfreie Arbeit ($\overline{F}$):

$$P(\overline{F}) = 0{,}2375 + 0{,}322 + 0{,}36 = 0{,}9195$$

das heißt:

$$P(\overline{F} \cup F) = P(\overline{F}) + P(F) = 0{,}9195 + 0{,}0805 = 1{,}0$$

Das letzte Resultat überrascht nicht, da die Ereignisse F und $\overline{F}$ den Ereignisraum vollständig aufspannen.

Kombinatorik

Bei der Berechnung von Wahrscheinlichkeiten mithilfe der klassischen Wahrscheinlichkeitsrechnung nach Laplace haben Sie die Anzahl der günstigen Ereignisse in Beziehung zur Anzahl der insgesamt möglichen Ereignisse gesetzt (siehe dazu weiter vorn in diesem Kapitel). Hierzu ist es natürlich nötig, die Anzahl der betreffenden Ereignisse zu kennen beziehungsweise noch zu bestimmen. Nicht immer ist die Menge der betreffenden Möglichkeiten aber so überschaubar klein und übersichtlich, dass Sie sie zum Beispiel anhand eines Baumdiagramms vollständig aufführen und daraus auf einen Blick entnehmen können.

Die Kombinatorik bietet Ihnen die Möglichkeit, die Anzahl der Kombinationen von Ereignissen auch im Fall komplexerer Situationen anhand einfacher mathematischer Formeln zu bestimmen. Es gibt drei wesentliche Methoden, aus einer Menge von Elementen beziehungsweise von möglichen Ereignissen die Anzahl der möglichen Zusammenstellungen zu bestimmen, und zwar:

- ✔ Permutation
- ✔ Variation
- ✔ Kombination

Beginnend mit der Permutation stelle ich Ihnen die drei Methoden im nächsten Abschnitt vor.

Permutation

Unter *Permutation* verstehen Statistiker schlicht die Anzahl der Möglichkeiten, Elemente in unterschiedlicher Folge miteinander zu kombinieren. Wählen Sie alle Elemente nacheinander aus, ergibt sich die Anzahl der Kombinationen durch folgende Formel:

$$N! = N(N-1)(N-2)(N-3) \cdot \ldots \cdot (3)(2)(1)$$

N! (sprich N-Fakultät) bedeutet formal das Produkt der natürlichen Zahlen, angefangen mit der Gesamtzahl N der Elemente jeweils verringert um eine ganze Zahl bis zur Zahl 1. Wenn Sie beispielsweise fünf Stellen mit fünf Bewerbern besetzen möchten, ergibt sich die Anzahl der Möglichkeiten aus $5! = 5 \cdot 4 \cdot 3 \cdot 2 \cdot 1 = 120$, das heißt, Sie haben 120 Möglichkeiten, die fünf Stellen mit den fünf Bewerbern zu besetzen. Das Verfahren ist plausibel, denn haben Sie die erste Stelle besetzt, bleiben nur noch vier Stellen zur weiteren Besetzung übrig und so weiter.

Wenn es bestimmte Gruppen (N_i) unter den N Bewerbern gibt, und sollen zum Beispiel die Bewerber nach Geschlecht sortiert behandelt und auf die Stellen verteilt werden, können Sie die Anzahl der Anordnungen mit der Permutationsformel für gruppierte Daten bestimmen:

$$\frac{N!}{N_1!N_2! \cdot \ldots \cdot N_m!}$$

Wenn Sie beispielsweise nach Geschlecht kombiniert die fünf Stellen besetzen wollen und Sie haben drei Männer und zwei Frauen als Bewerber, ergibt sich die Zahl der Anordnungen aus:

$$\frac{5!}{3_M!2_W!} = \frac{5 \cdot 4 \cdot 3 \cdot 2 \cdot 1}{(3 \cdot 2 \cdot 1)(2 \cdot 1)} = \frac{120}{12} = 10$$

Sie haben somit zehn Möglichkeiten, die drei Männer und zwei Frauen auf die fünf vorhandenen Stellen zu verteilen.

Variation und Kombination

Während Sie bei der Permutation sämtliche Elemente N einer Menge miteinander (nach Gruppen oder ungruppiert) kombinieren und feststellen möchten, wie viele Kombinationsmöglichkeiten es gibt, wählen Sie bei der *Variation* und *Kombination* eine Anzahl n aus der Gesamtzahl N aus und möchten wissen, wie groß die Zahl der Kombinationen für die ausgewählten Elemente n sind.

Wenn Sie mittels Zufallsauswahl n verschiedene Ereignisse beziehungsweise Elemente (das heißt eine Stichprobe) aus insgesamt N möglichen Ereignissen/Elementen (das heißt aus einer Grundgesamtheit) auswählen, können Sie die Anzahl der Kombinationsmöglichkeiten für die ausgewählten n Elemente nach zwei verschiedenen Situationen berechnen.

Sie können eine Auswahl von n Elementen ziehen und jedes Element jeweils, bevor Sie das nächste Element ziehen,

- ✔ wieder zurücklegen oder
- ✔ auch eben nicht zurücklegen.

Je nachdem, ob Sie zurücklegen oder nicht, verändern sich auch die Chancen und damit die Wahrscheinlichkeiten der nachfolgend gezogenen Elemente.

Für die Berechnung der Wahrscheinlichkeiten kann zusätzlich die Anordnung oder Reihenfolge der gezogenen Elemente von Bedeutung sein oder eben nicht. Ist die Reihenfolge wichtig, ergeben sich allgemein mehr Möglichkeiten, als wenn sie nicht wichtig ist.

Wenn die Reihenfolge oder Anordnung der n Elemente eine Rolle spielt, sprechen Statistiker von einer *Variation*, andernfalls von einer *Kombination*.

Die möglichen Situationen finden Sie in Tabelle 9.3.

Ziehen von Elementen	mit Zurücklegen	ohne Zurücklegen	Bezeichnung
Anordnung bedeutsam	1.	2.	Variation
Anordnung nicht bedeutsam	3.	4.	Kombination

Tabelle 9.3: Verfahren zur Bestimmung der Anzahl der Möglichkeiten

Variation mit Zurücklegen

Fall 1: Sie möchten die Zahl der Kombinationsmöglichkeiten für n Elemente aus insgesamt N Elementen bestimmen, wobei die Anordnung der n Elemente wichtig ist (das heißt, es liegt die Variation vor) und sie nach der Auswahl zurückgelegt werden.

Die Formel für Variationen mit Zurücklegen ist:

$$N^n$$

wobei:

- ✔ N: Anzahl der insgesamt betrachteten Elemente
- ✔ n: Anzahl der ausgewählten Elemente, für die die Anzahl der Kombinationen gesucht ist

Wenn Sie nun beispielsweise drei Elemente (n) aus insgesamt fünf Elementen (N) auswählen wollen und wissen möchten, wie viele Möglichkeiten Sie haben, diese drei Elemente unter der Bedingung anzuordnen, dass die Elemente nach jeder Wahl zurückgelegt werden und die Anordnung eine Rolle spielt, dann rechnen Sie:

$$5^3 = 125$$

Das heißt, Sie können die drei zufällig (aus fünf) ausgewählten Elemente auf 125 verschiedene Weisen anordnen, wenn die Anordnung bedeutsam ist und die einmal ausgewählten Elemente vor jeder Wahl wieder zurückgelegt werden.

Variation ohne Zurücklegen

Fall 2: Sie möchten die Zahl der Kombinationsmöglichkeiten für n Elemente aus insgesamt N Elementen bestimmen, wobei die Anordnung der n Elemente wichtig ist (das heißt, es liegt die Variation vor) und sie nach der Auswahl aber nicht zurückgelegt werden (sie können schließlich eine einmal vergebene Stelle nicht noch einmal besetzen).

Die Formel für Variationen ohne Zurücklegen ist:

$$\frac{N!}{(N-n)!}$$

wobei:

- ✔ N: Anzahl der insgesamt betrachteten Elemente
- ✔ n: Anzahl der ausgewählten Elemente, für die die Anzahl der Kombinationen gesucht ist
- ✔ $N!$: N-Fakultät, das heißt, Sie rechnen $N(N-1)(N-2) \cdot \ldots \cdot 1$

Nehmen Sie einmal an, dass Sie in Ihrer Abteilung von fünf unterschiedlich qualifizierten Personen (A, B, C, D, E) zwei Personen für zwei Aufgaben auswählen müssen und es dabei einen Unterschied macht, wer mit wem in welcher Konstellation beziehungsweise mit welcher Qualifikation zusammenarbeitet. Es macht dabei auch einen Unterschied, ob A und B oder B und A kombiniert wird. Die Frage ist, wie viele Kombinationen oder Zusammenstellungen von Personen Sie in dieser Situation insgesamt bilden können. Unter Nutzung der Formel für die Variation ohne Zurücklegen und Beachtung der Anordnung rechnen Sie:

$$\frac{N!}{(N-n)!} = \frac{5!}{(5-2)!} = \frac{5 \cdot 4 \cdot 3 \cdot 2 \cdot 1}{3 \cdot 2 \cdot 1} = \frac{120}{6} = 20$$

Die zwanzig Kombinationsmöglichkeiten, bei denen die Anordnung beziehungsweise Zuordnung zu den beiden Stellen eine Rolle spielt, sind in Tabelle 9.4 dargestellt.

AB	AC	AD	AE
BA	BC	BD	BE
CA	CB	CD	CE
DA	DB	DC	DE
EA	EB	EC	ED

Tabelle 9.4: Variationskombinationen für zwei aus fünf Elementen ohne Zurücklegen

Kombination mit Zurücklegen

Fall 3: Sie möchten die Zahl der Kombinationsmöglichkeiten für n Elemente aus insgesamt N Elementen bestimmen, wobei die Anordnung der n Elemente unwichtig ist (das heißt, es liegt die Kombination vor) und sie nach der Auswahl zurückgelegt werden.

Die Formel für Kombinationen mit Zurücklegen ist:

$$\frac{(N+n-1)!}{n!(N-1)!}$$

wobei:

- N: Anzahl der insgesamt betrachteten Elemente
- n: Anzahl der ausgewählten Elemente, für die die Anzahl der Kombinationen gesucht ist
- $n!$: n-Fakultät, das heißt, Sie rechnen $n(n-1)(n-2)\ldots$

Sie möchten beispielsweise drei Elemente aus insgesamt fünf Elementen auswählen und diese drei Elemente miteinander kombinieren. Es interessiert Sie nun, wie viele Kombinationsmöglichkeiten Sie dafür haben. Gehen Sie dabei außerdem davon aus, dass die Reihenfolge oder Anordnung keine Rolle spielt und dass Sie nach der Wahl eines Elements dieses wieder zu den anderen N Elementen zurücklegen. Im Beispiel ergibt sich die gesuchte Anzahl nach der Formel für Kombinationen mit Zurücklegen:

$$\frac{(5+3-1)!}{3!(5-1)!} = \frac{7!}{3!4!} = \frac{5040}{6 \cdot 24} = \frac{5040}{144} = 35$$

Sie haben somit 35 Möglichkeiten, drei Elemente aus insgesamt fünf Elementen zufällig auszuwählen und diese drei miteinander zu kombinieren, wobei die jeweils ausgewählten Elemente nach jeder Wahl zu den anderen N Elementen zurückgelegt werden.

Kombination ohne Zurücklegen

Fall 4: Sie möchten die Zahl der Kombinationsmöglichkeiten für n Elemente aus insgesamt N Elementen bestimmen, wobei die Anordnung der n Elemente unwichtig ist (das heißt, es liegt die Kombination vor) und sie nach der Auswahl nicht zurückgelegt werden.

Die Formel für Kombinationen ohne Zurücklegen ist:

$$\frac{N!}{n!(N-n)!}$$

wobei:

✔ N: Anzahl der insgesamt betrachteten Elemente

✔ n: Anzahl der ausgewählten Elemente, für die die Anzahl der Kombinationen gesucht ist

✔ $n!$: n-Fakultät, das heißt, Sie rechnen $n(n-1)(n-2) \cdot \ldots \cdot 1$; $N!$ gilt entsprechend

In dem praktischen Beispiel der Auswahl von zwei Personen für zwei Aufgaben aus insgesamt fünf unterschiedlich qualifizierten Personen ergibt sich für den Fall, dass die Anordnung der Stellenbesetzungen keine Rolle spielt, es somit egal ist, wer mit wem zusammenarbeitet, folgende Zahl von Stellenbesetzungsmöglichkeiten:

$$\frac{N!}{n!(N-n)!} = \frac{5!}{2!(5-2)!} = \frac{120}{2 \cdot 6} = \frac{120}{12} = 10$$

Welche genau das sind, können Sie Tabelle 9.5 entnehmen.

AB	*AC*	*AD*	*AE*
BC	*BD*	*BE*	
CD	*CE*		
DE			

Tabelle 9.5: Kombinationsmöglichkeiten für zwei aus fünf Elementen ohne Zurücklegen

Auf die Verteilung kommt es an – Wahrscheinlichkeitsverteilungen

In diesem Kapitel ...

- Die Zufallsvariable als Ausgangspunkt zur Wahrscheinlichkeitsverteilung
- Diskretes und Kontinuierliches über Wahrscheinlichkeitsverteilungen
- Der Erwartungswert und die Varianz einer diskreten Zufallsvariablen

Weil die Kenntnis von Zufallsvariablen dem Verständnis von Wahrscheinlichkeitsverteilungen zugrunde liegt, gehe ich in diesem Kapitel zunächst auf das Konzept der Zufallsvariablen ein und behandle dann das Thema Wahrscheinlichkeitsverteilungen.

Die Zufallsvariable und das Zufallsexperiment

Eine Zufallsvariable ordnet den möglichen Ausgängen eines Zufallsexperiments eine eindeutige Zahl zu. Zufallsvariablen sind daher von besonderer Bedeutung in der Statistik, weil Sie oftmals gar nicht an den konkreten Ausgängen eines Zufallsexperiments interessiert sind, sondern lediglich an Funktionen über dessen Ausgänge. Wenn Sie zum Beispiel ein Würfelspiel mit zwei Würfeln gewinnen, sobald die Summe der Augenzahlen 9 ergibt, sind Sie gar nicht so sehr daran interessiert, welche der vier Kombinationen (3, 6), (4, 5), (5, 4) oder (6, 3) der Augenzahlen der beiden Würfel konkret gewürfelt wird, sondern Sie interessieren sich nur dafür, dass deren Summe 9 ergibt. Mit anderen Worten interessieren Sie sich für ein Ergebnis der Zufallsvariablen »Summe der Augenzahlen beim Würfeln von zwei Würfeln«, die jedem der insgesamt $6^2 = 36$ möglichen Elementarereignisse, sprich den Ergebnissen des Zufallsexperiments »zweimaliger Würfelwurf«, die Summe der jeweiligen Augenzahlen zuordnet. Mit einer Zufallsvariablen lässt sich das Ergebnis eines Zufallsexperiments also in einer Zahl ausdrücken. Da die Ergebnisse des Zufallsexperiments zufällig sind, werden auch die daraus resultierenden Ausprägungen der Zufallsvariablen zufällig sein. Anders gesagt: Es lassen sich den Ausprägungen der Zufallsvariablen Wahrscheinlichkeiten zuordnen. Diese können Sie natürlich wieder durch entsprechende relative Häufigkeiten annähern.

Eine Zufallsvariable ordnet basierend auf einem Zufallsprozess, auch *Zufallsexperiment* genannt, jedem möglichen Ereignis des Zufallsexperiments eine Zahl zu. Zufallsvariablen werden von Statistikern oft mit Großbuchstaben aus dem Alphabet gekennzeichnet, zum Beispiel als X, Y oder Z. Die konkreten Ausprägungen, die eine Zufallsvariable annehmen kann, werden hingegen oftmals mit Kleinbuchstaben aus dem Alphabet gekennzeichnet.

Sie können zwei Typen von Zufallsvariablen unterscheiden:

- **Die diskrete Zufallsvariable** kann eine endliche Anzahl oder eine unendliche Reihenfolge von abzählbar vielen Werten annehmen, wie zum Beispiel 0, 1, 2 und so weiter.
- **Die kontinuierliche oder stetige Zufallsvariable** kann jeden beliebigen numerischen Wert in einem Intervall oder in einer Reihe von Intervallen annehmen und kann überabzählbar viele Werte annehmen. Überabzählbar bedeutet, dass es so viele mögliche Ausprägungen sind, dass man sie nicht mehr durchnummerieren könnte.

Während diskrete Zufallsvariablen nur bestimmte einzelne Werte annehmen können, kann das Ergebnis einer kontinuierlichen Zufallsvariablen jeder beliebige Zahlenwert innerhalb eines Intervalls sein. Diese Unterscheidung ist wichtig, weil sich daraus verschiedene Berechnungsweisen für die Wahrscheinlichkeiten der Werte von Zufallsvariablen und damit für Wahrscheinlichkeitsverteilungen ergeben. Tabelle 10.1 zeigt ein paar Beispiele für diskrete und kontinuierliche Zufallsvariablen.

Zufallsexperiment	Zufallsvariable	Wertebereich
diskrete Zufallsvariable		
einen Würfel werfen	die geworfene Zahl	1, 2, 3, 4, 5, 6
Verkehrszählung an einer Kreuzung	Anzahl der passierenden Autos innerhalb einer Minute	1, 2, 3, …
kontinuierliche Zufallsvariable		
eine Kundenberatung durchführen	die Zeit zwischen dem Eintreffen von Kunden in der Kundenberatung	alle nicht negativen reellen Zahlen
die Verspätung von Zügen der Bahn	Prozentsatz P der Züge, die an einem Tag verspätet sind	$0 \leq P \leq 100$
		alle Zahlen zwischen 0 und 100

Tabelle 10.1: Beispiele diskreter und kontinuierlicher Zufallsvariablen

Alles eine Frage der Funktion: Die Wahrscheinlichkeitsverteilung einer diskreten Zufallsvariablen

Wenn Sie die Wahrscheinlichkeit für das Auftreten der Ereignisse ermitteln wollen, benötigen Sie eine Funktion und die daraus resultierende Verteilung.

Haben Sie eine diskrete Zufallsvariable, ordnen Sie mithilfe der Wahrscheinlichkeitsfunktion die Wahrscheinlichkeiten den möglichen Ausprägungen dieser Zufallsvariablen zu. Falls Ihnen die Wahrscheinlichkeiten unbekannt sind, bestimmen Sie diese mithilfe der relativen Häufigkeiten aus einem Datensatz. Die Wahrscheinlichkeitsverteilung ergibt sich dann aus allen so bestimmten Wahrscheinlichkeiten.

Bei der Wahrscheinlichkeitsverteilung werden alle möglichen Ereignisse einer Zufallsvariablen mit den Wahrscheinlichkeiten ihres Eintretens dargestellt. Die Wahrscheinlichkeitsfunktion ordnet dabei jedem Wert der Zufallsvariablen eine Wahrscheinlichkeit zu.

In Formelsprache formuliert sieht das so aus: Bei einer diskreten Zufallsvariablen X ist die Wahrscheinlichkeit, dass X den Wert a annimmt, identisch mit der Wahrscheinlichkeitsfunktion für X an der Stelle a. Üblicherweise wird mithilfe eines kleinen f die Wahrscheinlichkeitsfunktion mathematisch ausgedrückt. Es gilt somit $f(a) = P(X = a)$. Dabei steht $f(a)$ für die Wahrscheinlichkeitsfunktion der Zufallsvariablen X, die an der Stelle a ausgerechnet wurde.

Die Gleichverteilung einer diskreten Zufallsvariablen

Beim Zufallsexperiment »Würfelwurf« handelt es sich um eine diskrete Zufallsvariable mit den Ausprägungen, die die »Augenzahl« eines Würfelwurfs wiedergibt. Die Wahrscheinlichkeit, dass eine bestimmte Augenzahl gewürfelt wird, ist für alle Zahlen von 1 bis 6 gleich. Jede Seite des Würfels hat die gleiche Wahrscheinlichkeit, oben zu landen. Das heißt in der Ausdrucksweise der Statistiker: Jedes mögliche Ergebnis hat die gleiche Wahrscheinlichkeit einzutreten, die Zufallsvariable ist diskret gleichverteilt. Die Wahrscheinlichkeitsfunktion lautet also in diesem Fall:

$$f(x) = \frac{1}{N}$$

Dabei gilt:

- ✔ N: entspricht der Gesamtzahl der möglichen Ereignisse, nach Adam Riese ist das bei einem Würfel mit sechs Seiten die 6.
- ✔ x: ist der Platzhalter für eine der tatsächlich möglichen Realisationen der Zufallsvariablen. Beim Würfelwurf kann x also eine der Zahlen 1, 2, 3, 4, 5, 6 sein.

Tabelle 10.2 zeigt das Ergebnis für einen sechsseitigen Würfel. Jede Augenzahl hat eine Wahrscheinlichkeit von 1/6, geworfen zu werden.

Da alle anderen Fälle, wie zum Beispiel das unmögliche Ereignis, bei einem Würfel die Zahl 17,3 zu würfeln, uninteressant für die Beschreibung der Verteilung der Zufallsvariablen sind, werden diese beim Erstellen der Wahrscheinlichkeitsverteilung nicht betrachtet. Sie haben die Wahrscheinlichkeit 0.

x_i	1	2	3	4	5	6
$f(x_i) = 1/N$	1/6	1/6	1/6	1/6	1/6	1/6

Tabelle 10.2: Wahrscheinlichkeitsverteilung für die Zufallsvariable »Würfelwurf«

Weil jedes Ereignis mit der gleichen Wahrscheinlichkeit eintrifft, wird diese Verteilung auch *Gleichverteilung* genannt. Sie können sie auch als Stabdiagramm grafisch darstellen und erhalten das in Abbildung 10.1 gezeigte Bild.

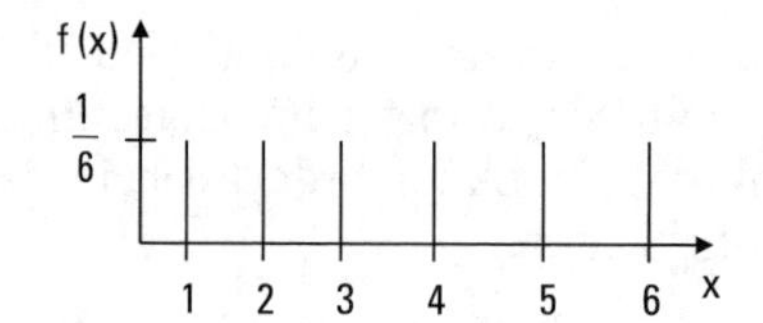

Abbildung 10.1: Stabdiagramm der Wahrscheinlichkeitsverteilung der diskreten Zufallsvariablen »Würfelwurf«

Die Verteilungsfunktion einer diskreten Zufallsvariablen

Der kumulierten Häufigkeitsverteilung im Bereich der beschreibenden Statistik entspricht die Verteilungsfunktion in der schließenden Statistik. Sie gibt die Wahrscheinlichkeit dafür an, dass eine Zufallsvariable höchstens einen vorgegebenen Wert x annimmt (vergleiche Tabelle 10.3).

Die *Verteilungsfunktion* stellt die kumulierten relativen Häufigkeiten bis zu einem vorgegebenen Wert x für die betrachtete Zufallsvariable X dar. Man nutzt die Notation $F(x)$ für diese kumulierte Wahrscheinlichkeit. Es gilt also $F(x) = P(X \leq x)$. Mit anderen Worten: Für eine vorgegebene Zahl x erfahren Sie durch $F(x)$ die Wahrscheinlichkeit, dass die Zufallsvariable einen Wert annimmt, der höchsten x beträgt.

X_i	1	2	3	4	5	6
$F(x_i) = i \cdot 1/N$	1/6	2/6	3/6	4/6	5/6	6/6

Tabelle 10.3: Die Werte der Verteilungsfunktion für die diskrete Zufallsvariable »Würfelwurf« an ihren Sprungstellen

Die Verteilungsfunktion eines diskreten Merkmals hat bildlich dargestellt die Form einer Treppe und wird deshalb auch als *Treppenfunktion* bezeichnet (deutlich zu erkennen in Abbildung 10.2).

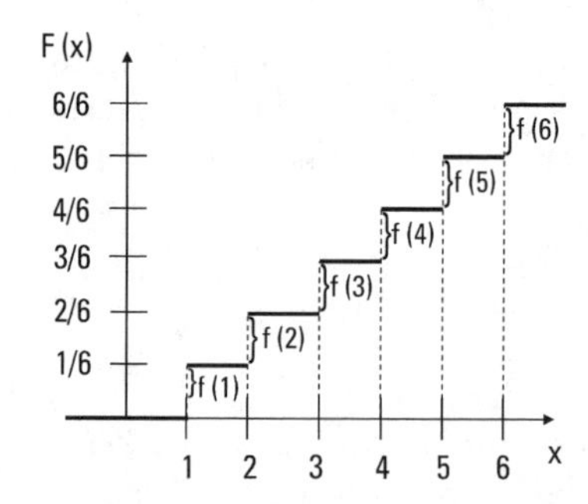

Abbildung 10.2: Verteilungsfunktion eines diskreten Merkmals

Diese Treppenfunktion hat Sprünge in Höhe der Wahrscheinlichkeiten für die Werte, die die Zufallsvariable an den betreffenden Werten annehmen kann.

Beachten Sie:

✔ Die Summe der Einzelwahrscheinlichkeiten ist für alle möglichen Ereignisse immer 1, das heißt, es gilt

$$\sum_{i=1}^{N} f(x_i) = 1$$

und dass die Verteilungsfunktion den Wert 1 für alle Zahlen x hat, die größer sind als der größtmögliche Wert, der für die Zufallsvariable mit einer positiven Wahrscheinlichkeit auftreten kann.

✔ Die Wahrscheinlichkeit für jedes mögliche Ereignis liegt zwischen 0 und 1, das heißt, es gilt:

$$0 \leq f(x) \leq 1 \text{ sowie } 0 \leq F(x) \leq 1$$

für alle Zahlen x und dass die Verteilungsfunktion den Wert 0 für alle Zahlen x hat, die kleiner als der kleinstmögliche Wert der Zufallsvariablen ist, der mit einer positiven Wahrscheinlichkeit auftreten kann.

✔ Für jedes Ereignis beziehungsweise jeden Wert der Zufallsvariablen gibt es eindeutig nur eine Wahrscheinlichkeit.

In der Praxis sind Verteilungsfunktionen wichtig, weil sich mit ihrer Hilfe leicht Wahrscheinlichkeiten berechnen lassen.

Wollen Sie zum Beispiel die Wahrscheinlichkeit wissen, dass Sie eine Zahl werfen, die zwar größer als eine 1, aber höchstens eine 3 ist, Sie also $P(1 < X \leq 3)$ suchen, so können Sie einfach den Wert der Verteilungsfunktion an der Stelle 3 ausrechnen und davon den Wert der Verteilungsfunktion an der Stelle 1 abziehen. Sie berechnen also:

$$P(1 < X \leq 3) = F(3) - F(1) = 3/6 - 1/6 = 2/6$$

Allgemein erhalten Sie folgende Formel für die Berechnung der Wahrscheinlichkeiten, dass die Zufallsvariable X zwar größer als ein Wert a ist, aber höchstens den Wert b annimmt, mithilfe der Verteilungsfunktion:

$$P(a < X \leq b) = P(X \leq b) - P(X \leq a) = F(b) - F(a)$$

Dabei bedeutet:

✔ $P(a < X \leq b)$: die Wahrscheinlichkeit, dass die Zufallsvariable X einen Wert annimmt, der strikt größer als a ist, aber höchstens den Wert b hat

✔ $P(X \leq b)$: die Wahrscheinlichkeit, dass die Zufallsvariable X höchstens den Wert b hat

✔ $P(X \leq a)$: die Wahrscheinlichkeit, dass die Zufallsvariable X höchstens den Wert a hat

✔ $F(b)$: der Wert der Verteilungsfunktion an der Stelle b

✔ $F(a)$: der Wert der Verteilungsfunktion an der Stelle a

Was Sie von diskreten Zufallsvariablen erwarten können: Der Erwartungswert

Der *Erwartungswert* ist der Wert, den Sie durchschnittlich von einer Zufallsvariablen erwarten können, er ist also der Mittelwert einer Zufallsvariablen und entspricht dem Konzept des arithmetischen Mittels als zentrales Lagemaß in der beschreibenden Statistik.

Die Formel für den Erwartungswert einer diskreten Zufallsvariablen ist:

$$E(X) = \mu = \sum_{i=1}^{N} x_i f(x_i)$$

Dabei bedeutet:

- x_i: Merkmalsausprägung i der Zufallsvariablen X
- $f(x_i) = P(X = x_i)$: Wahrscheinlichkeit für den i-ten möglichen Wert der Zufallsvariablen X
- $i = 1$: erster Fall in der Datenreihe der Zufallsvariablen X
- N: Gesamtanzahl der möglichen Ausprägung von X
- μ: die Kurzbezeichnung des Erwartungswertes $E(X)$ der Zufallsvariablen X

Symbole in der deskriptiven und schließenden Statistik

Damit Sie unterscheiden können, ob Sie sich im Bereich der beschreibenden oder schließenden Statistik bewegen, werden in Formeln und Texten unterschiedliche Notationen für die statistischen Konzepte und Kennzahlen benutzt.

Beziehen sich im Bereich der schließenden Statistik die Statistiken oder statistischen Kennzahlen auf die »wahren« Werte in der Grundgesamtheit, so werden sie *Parameter* genannt und mit griechischen Buchstaben symbolisiert. Beziehen sie sich auf die empirischen Daten aus Stichproben, werden sie weiterhin mit lateinischen Buchstaben gekennzeichnet und man spricht von *statistischen Schätzwerten.*

Beispielsweise wird das arithmetische Mittel mit dem griechischen Buchstaben μ symbolisiert, wenn es sich auf eine Grundgesamtheit bezieht, und als $\bar{x}$, wenn es auf den Daten aus einer Stichprobe beruht.

Die folgende Übersicht gibt Ihnen einige Beispiele der unterschiedlichen Benennung von Statistiken für Stichproben und Grundgesamtheiten.

Statistik	empirische Kennzahlen aus einer Stichprobe	wahre Parameter in der Grundgesamtheit
arithmetisches Mittel	$\bar{x}$	μ
Varianz	s^2	σ^2
Standardabweichung	s	σ
Regressionskoeffizienten	b_0, b_1	β_0, β_1

Tabelle 10.4 zeigt die Daten einer Stichprobe von 200 Tagen: wie viele Produkte Ihr Unternehmen an den einzelnen Tagen verkauft hat. Sie gehen davon aus, dass die Wahrscheinlichkeiten für die Anzahl der verkauften Produkte durch die relativen Häufigkeiten in der Stichprobe gut approximiert, das heißt angenähert, werden können. Als Verkaufsleiter möchten Sie nun wissen, welchen Absatz Sie durchschnittlich pro Tag erwarten können. Tabelle 10.4 enthält bereits die für die Berechnung des Erwartungswertes benötigten Informationen über die relativen Häufigkeiten sowie deren Produkt mit der jeweiligen Anzahl der verkauften Produkte.

i	Verkaufte Produkte x_i	Anzahl der Tage n_i	$f(x_i)$	$x_i f(x_i)$
1	0	80	0,4	0
2	1	50	0,25	0,25
3	2	40	0,20	0,40
4	3	10	0,05	0,15
5	4	20	0,10	0,40
Σ	–	200	1	1,20

Tabelle 10.4: Erwartungswert der Anzahl der täglich verkauften Produkte

Die Berechnung nach der Formel für den Erwartungswert führt zu folgendem Ergebnis:

$$E(X) = \mu = \sum_{i=1}^{N} x_i f(x_i) = 1{,}20$$

Es sind zwar der Verkauf von null, einem, zwei, drei oder vier Produkten an jedem Tag möglich, Sie müssen jedoch durchschnittlich von 1,2 beziehungsweise von ein bis zwei verkauften Produkten pro Tag ausgehen.

Die Formel für den Erwartungswert entspricht genau der Formel für das arithmetische Mittel aus Häufigkeitsdaten. Weil Sie jedoch annehmen, dass die Wahrscheinlichkeiten der Zufallsvariablen sehr gut durch die relativen Häufigkeiten approximiert werden können, sind Sie jedoch nun auf dem Niveau der Grundgesamtheit und nicht mehr auf dem rein empirischen Niveau der Stichprobe. Der Erwartungswert repräsentiert den durchschnittlichen, also zu erwartenden Wert für die gesamte Population, wohingegen das arithmetische Mittel lediglich über den durchschnittlichen Wert in der konkreten Stichprobe informieren würde.

Rund um den Erwartungswert: Die Varianz von diskreten Zufallsvariablen

Ebenso wie Sie im Bereich der deskriptiven Statistik mit einer Streuung der empirischen Werte um den Mittelwert rechnen, müssen Sie auch bei den einzelnen Realisationen der Werte einer Zufallsvariablen aus einer Stichprobe von Abweichungen vom Erwartungswert ausgehen. Um das Ausmaß dieser Streuung zu berechnen, können Sie wieder auf die Varianz und die Standardabweichung zurückgreifen. Sie werden nur formal etwas anders definiert.

Kommen wir gleich zur Sache, hier ist die Formel für die Berechnung der Varianz *Var*(*X*) einer diskreten Zufallsvariablen *X*:

$$Var(X) = \sigma^2 = \sum_{i=1}^{N} (x_i - E(X))^2 f(x_i)$$

Dabei bedeutet:

- ✔ N: Anzahl der möglichen Werte der Zufallsvariablen X
- ✔ x_i: i-ter Wert der Zufallsvariablen X
- ✔ $E(X)$: Erwartungswert der Zufallsvariablen X, der mit dem wahren Mittelwert μ übereinstimmt
- ✔ $f(x_i) = P(X = x_i)$: Wahrscheinlichkeit für den i-ten möglichen Wert der Zufallsvariablen X
- ✔ σ^2: (sprich »Sigma Quadrat«) Kurzbezeichnung der Varianz *Var*(*X*) der Zufallsvariablen X

Und so berechnen Sie die Varianz einer diskreten Zufallsvariablen:

1. Multiplizieren Sie die Einzelwahrscheinlichkeiten mit den entsprechenden Werten der Zufallsvariablen und berechnen Sie so den Erwartungswert $E(X)$. Dazu führen Sie die Formel $x_i \cdot f(x_i)$ aus, summieren die Ergebnisse dieser Produkte auf und erhalten den Erwartungswert.
2. Subtrahieren Sie den berechneten Erwartungswert von den einzelnen Werten x_i der Zufallsvariablen.
3. Quadrieren Sie die Differenzen zwischen Erwartungswert und den einzelnen Werten.
4. Multiplizieren Sie die quadrierten Differenzen mit den Wahrscheinlichkeitswerten $f(x_i)$.
5. Summieren Sie die in Schritt 4 berechneten Produkte auf und Sie haben die Varianz berechnet.

Tabelle 10.5 führt das Beispiel aus Tabelle 10.4 fort und zeigt die Berechnung der Varianz für die Zufallsvariable.

		Berechnung des Erwartungswerts			Berechnung der Varianz	
i	x_i	n_i	$f(x_i) \approx h_i$	$x_i \cdot f(x_i)$	$(x_i - E(X))^2$	$(x_i - E(X))^2 f(x_i)$
1	0	80	0,40	0	1,44	0,576
2	1	50	0,25	0,25	0,04	0,010
3	2	40	0,20	0,40	0,64	0,128
4	3	10	0,05	0,15	3,24	0,162
5	4	20	0,10	0,40	7,84	0,784
Σ	–	200	1	$E(X) = 1{,}20$	–	$Var(X) = 1{,}66$

Tabelle 10.5: Berechnung der Varianz für die diskrete Zufallsvariable »täglich verkaufte Produkte«

Die Berechnung der Varianz ergibt den Wert *Var*(*X*) = 1,66. Die durchschnittliche Streuung können Sie wie gehabt mit der Standardabweichung berechnen, indem Sie aus der Varianz die Quadratwurzel ziehen:

$$\sqrt{Var(X)} = \sqrt{\sigma^2} = \sqrt{1{,}66} = 1{,}2884$$

Damit weichen die Verkaufszahlen um den Erwartungswert von 1,2 verkauften Produkten durchschnittlich um 1,29 verkaufte Produkte pro Tag ab.

Noch mehr Diskretion bitte – die Binomialverteilung und ihre Freunde

11

In diesem Kapitel ...

- Die Binomialverteilung
- Die hypergeometrische Wahrscheinlichkeitsverteilung
- Die Poisson-Verteilung

In diesem Kapitel geht es um Formen der diskreten Wahrscheinlichkeitsverteilungen.

Diskret bedeutet hier, dass die Zufallsvariable diskrete Merkmalsausprägungen hat, das heißt, die einzelnen Merkmalsausprägungen sind einzeln abzählbar und gehen nicht kontinuierlich ineinander über (mehr hierzu finden Sie in den Kapiteln 2 und 10).

Sie haben in Kapitel 10 die diskrete Gleichverteilung anhand des Würfelbeispiels kennengelernt. Unter den diskreten Wahrscheinlichkeitsverteilungen gibt es drei weitere, auf die ich in diesem Kapitel genauer eingehe:

- ✔ die Binomialverteilung,
- ✔ die hypergeometrische Verteilung und die
- ✔ die Poisson-Verteilung.

Entweder oder – die Binomialverteilung

Unter den diskreten Wahrscheinlichkeitsverteilungen ist die *Binomialverteilung* eine besonders bedeutsame Verteilung. Sie beruht auf einem Zufallsexperiment, bei dem es exakt zwei sich gegenseitig ausschließende Ereignisse gibt.

Nehmen Sie an, Sie würden ein und dasselbe Zufallsexperiment N-mal unabhängig voneinander wiederholen. Je nach Ausgang kann das Experiment entweder ein Erfolg sein oder nicht. Die Wahrscheinlichkeit, dass ein Experiment ein Erfolg ist, können Sie mit p ausdrücken. Es hängt natürlich von dem Ereignis ab, was Sie im konkreten Experiment als »Erfolg« definieren. Die Gegenwahrscheinlichkeit $1-p$ drückt dann die Wahrscheinlichkeit aus, dass ein Experiment in einem Misserfolg endet. Sie sind an der Wahrscheinlichkeitsverteilung der Zufallsvariablen X interessiert, die angibt, wie oft von den N Versuchen sich insgesamt ein Erfolg einstellt. Immer wenn Sie an der gesamten Anzahl der Erfolge aller N

unabhängigen und identischen Wiederholungen eines Zufallsexperiments interessiert sind, können Sie auf die Binomialverteilung zählen.

Ein typisches, sehr einfaches Beispiel für ein Binomialexperiment ist das wiederholte Werfen einer Münze. Dabei sind Sie daran interessiert zu erfahren, wie oft insgesamt Kopf geworfen wurde. Die Wahrscheinlichkeit, bei einem beliebigen Wurf mit einer Münze Kopf zu werfen, beträgt $P(K) = 0{,}5$ und für die Zahl beträgt die Wahrscheinlichkeit ebenfalls $P(Z) = 0{,}5$ oder als Gegenwahrscheinlichkeit ausgedrückt: $P(Z) = 1 - P(K) = 1 - 0{,}5 = 0{,}5$. Die Wahrscheinlichkeit, Kopf zu werfen, ist also mit 0,5 genauso groß wie die Wahrscheinlichkeit, Zahl zu werfen. Stellen Sie sich vor, Sie werfen eine solche Münze fünfmal ($N = 5$) in die Luft. Die Anzahl der Kopfwürfe ist dabei natürlich zufällig. Würden Sie ein weiteres Mal die Münze fünfmal in die Luft werfen, könnten Sie durchaus eine andere Anzahl Kopfwürfe erhalten. Die gesamte Anzahl der Kopfwürfe aus fünf Würfen ist somit eine diskrete Zufallsvariable und hat als solche eine Wahrscheinlichkeitsverteilung, die ich im Folgenden besprechen werde. Mit ihr können Sie Wahrscheinlichkeiten ausrechnen, dass zum Beispiel genau oder mehr als zweimal Kopf oben liegt, wenn Sie eine Münze fünfmal werfen.

Eigenschaften eines Binomialexperiments

Grundsätzlich hat ein Binomialexperiment folgende Eigenschaften:

- ✔ Es gibt eine Folge von N identischen Versuchen.
- ✔ Zwei verschiedene Ergebnisse sind bei jedem Versuch möglich.
- ✔ Die Wahrscheinlichkeit p (Erfolg) und $1 - p$ (Nichterfolg) verändert sich nicht von Versuch zu Versuch.
- ✔ Die Versuche sind unabhängig voneinander.

Sie sind an der Zufallsvariablen X interessiert, die die gesamte Anzahl der Erfolge nach allen N Versuchen angibt. Man sagt auch, dass diese Variable eine sogenannte Binomialverteilung respektiert. Wenn Sie nun fünfmal die Münze werfen und wissen wollen, wie groß die Wahrscheinlichkeit ist, dabei genau zwei Mal Kopf zu werfen, liegt der Rückgriff auf die Binomialverteilung nahe. Dazu prüfen Sie zunächst die Anwendungsvoraussetzungen entsprechend den oben dargestellten Eigenschaften:

1. Es gibt fünf identische Versuche.
2. Es gibt zwei mögliche Ergebnisse in jedem Versuch: Kopf oder Zahl.
3. Die Wahrscheinlichkeit für Kopf $P(K) = 0{,}5$ und Zahl $P(Z) = 1 - P(K)$ beziehungsweise $1 - 0{,}5 = 0{,}5$ ist in jedem Versuch gleich.
4. Das Ergebnis eines Versuchs ist unabhängig von dem Ergebnis in einem anderen Versuch.

Die Anwendungsvoraussetzungen für ein Binomialexperiment sind somit erfüllt. Ein fünfmaliges Werfen der Münze könnte nun zum in Tabelle 11.1 gezeigten Resultat führen.

Würfe:	1.	2.	3.	4.	5.
Ergebnisse	Kopf	Zahl	Zahl	Kopf	Zahl

Tabelle 11.1: Ergebnisse eines Binomialexperiments »Münzwurf«

Wenn Sie beim Münzwurf bei einer Wette auf Kopf gesetzt haben, möchten Sie natürlich wissen, wie hoch die Wahrscheinlichkeit ist, dass Kopf geworfen wird. Um zu berechnen, wie wahrscheinlich es ist, dass in fünf Münzwürfen genau zwei Mal Kopf geworfen wird, sollten Sie zunächst berechnen, wie viele mögliche Erfolgskombinationen es dabei überhaupt gibt.

Wenn x die realisierte Anzahl der Erfolge in N Versuchen kennzeichnet, können Sie die in Kapitel 9 vorgestellte Formel zur Kombination (vergleichen Sie die Formel für den vierten Fall ohne Zurücklegen und ohne Bedeutung der Anordnung sowie das dazu aufgeführte Beispiel) auch zur Berechnung der Anzahl der Erfolge in N Versuchen nutzen.

$$\binom{N}{x} = \frac{N!}{x!(N-x)!} \rightarrow \binom{5}{2} = \frac{5!}{2!(5-2)!} = \frac{5 \cdot 4 \cdot 3 \cdot 2 \cdot 1}{2 \cdot 1(3 \cdot 2 \cdot 1)!} = \frac{5 \cdot 4}{2 \cdot 1} = \frac{20}{2} = 10$$

(Man sagt auch »N über x« für den sogenannten Binomialkoeffizienten $\binom{N}{x}$.)

Leider benutzen Statistiker bei den Formeln die verwendeten Symbole nicht immer einheitlich. So wird im Zusammenhang mit der Binomialverteilung die gesuchte Zahl der Erfolge mit x gekennzeichnet und nicht mit n wie in der Formel für die Kombination ohne Zurücklegen, häufig wird sie aber auch mit k bezeichnet. Das kann für Nichtstatistiker ganz schön verwirrend sein, lassen Sie sich aber davon bitte nicht irritieren!

Es gibt bei fünf Versuchen somit zehn mögliche erfolgreiche Kombinationen zweimal Kopf zu werfen, wobei in der Formel N die Gesamtzahl der Würfe (also fünf im Beispiel) und x die Anzahl für die »Kopfwürfe«, an denen Sie interessiert sind, darstellt. $N!$ nennt man die Fakultät von N (Sie erinnern sich, das heißt $N! = N(N-1)(N-2) \cdot \ldots \cdot 2 \cdot 1$ und $0! = 1$). Jede jede Kombination hat dabei die gleiche Wahrscheinlichkeit einzutreten.

Die Wahrscheinlichkeit dafür, dass das Ereignis K (Kopf werfen) zweimal hintereinander eintritt, ist entsprechend der Wahrscheinlichkeitsformel für die Produktregel bei voneinander unabhängigen Ereignissen (Näheres dazu in Kapitel 9):

Wahrscheinlichkeit, zweimal Kopf zu werfen $= P(K)P(K) = P(K)^2 = 0{,}5^2 = 0{,}25$

Die Wahrscheinlichkeit dafür, dass dreimal Zahl statt Kopf eintritt, ist die entsprechende Gegenwahrscheinlichkeit:

Wahrscheinlichkeit, dreimal Zahl statt Kopf zu werfen $= (1-P(K))(1-P(K))(1-P(K))$
$= (1-P(K))^3 = 0{,}5^3 = 0{,}125$

Die Wahrscheinlichkeit dafür, dass bei fünf Würfen zweimal Kopf und dreimal Zahl erscheint, ergibt sich bei voneinander unabhängigen Ereignissen aus dem Produkt der einzelnen Wahrscheinlichkeiten für zweimal Kopf und dreimal Zahl multipliziert mit der Anzahl der erfolgreichen Möglichkeiten, zweimal Kopf in fünf Versuchen zu erzielen, was zu folgender Formel und Berechnung führt:

$$\binom{5}{2} P(K)^2 \ (1-p(K))^{5-2} = \binom{5}{2} 0{,}5^2 \ 0{,}5^3 = 10 \cdot 0{,}25 \cdot 0{,}125 \ = 0{,}3125$$

Die Wahrscheinlichkeit, bei fünf Münzwürfen zweimal Kopf zu werfen, ist demnach gut 31 Prozent, also knapp ein Drittel.

Formel für die Wahrscheinlichkeitsfunktion einer binomialverteilten Zufallsvariablen

Allgemein ergibt sich die Formel für die Wahrscheinlichkeitsfunktion einer binomialverteilten Zufallsvariablen:

$$f(x) = \binom{N}{x} p^x \, (1-p)^{N-x} \text{ mit } \binom{N}{x} = \frac{N!}{x!(N-x)!}$$

Dabei bedeutet:

- ✔ N: die Gesamtzahl der Versuche in dem Binomialzufallsexperiment
- ✔ $N!$: N-Fakultät, das heißt $N(N-1)(N-2)(N-3) \cdot \ldots \cdot 3 \cdot 2 \cdot 1$
- ✔ x: die Zahl der erfolgreichen Versuche, also eine Zahl von 0 bis N
- ✔ p: die Wahrscheinlichkeit für einen erfolgreichen Versuch
- ✔ $1-p$: die Gegenwahrscheinlichkeit, das heißt die Wahrscheinlichkeit für einen nicht erfolgreichen Versuch

Nehmen Sie zur Veranschaulichung folgendes Beispiel: Aufgrund Ihrer Erfahrungen schätzen Sie als Chef eines Autohandelsvertriebs die Wahrscheinlichkeit, dass ein Ladenbesucher auch sein neuestes Automodell bei Ihnen kaufen wird, auf 30 Prozent, also auf $P(K) = 0{,}30$ ein. Nun fragen Sie sich, wie groß die Wahrscheinlichkeit ist, dass zwei der nächsten drei Besucher einen solchen Wagen bei Ihnen kaufen werden. Sie sind also an der Wahrscheinlichkeit eines möglichen Wertes der Zufallsvariablen »Anzahl der erfolgreichen Kaufabschlüsse bei drei Kunden« interessiert. Die Binomialverteilung scheint Ihnen aus den oben genannten Argumenten ein heißer Kandidat für dessen Verteilung. Zur Überprüfung, ob Sie für die Zufallsvariable eine Binomialverteilung annehmen können, überprüfen Sie daher im ersten Schritt die Anwendungsvoraussetzungen.

1. Überprüfen Sie die Voraussetzungen:
   - Es handelt sich um drei identische Versuche (ein Versuch pro Besucher).
   - Jeweils zwei alternative Ergebnisse sind möglich: Kauf oder Nichtkauf.
   - Die Wahrscheinlichkeit für den Kauf ist $P(K) = 0{,}30$ und für Nichtkauf $P(\bar{K}) = 1 - P(K) = 1 - 0{,}30 = 0{,}70$ und verändert sich von Kunde zu Kunde nicht.
   - Die Einkaufsentscheidungen der Kunden sind voneinander unabhängig.

   Damit sind alle Bedingungen für ein Binomialexperiment erfüllt und Sie können die gesuchte Wahrscheinlichkeit mithilfe der Wahrscheinlichkeitsfunktion einer binomialverteilten Zufallsvariablen berechnen.

2. Berechnen Sie die gesuchte Wahrscheinlichkeit:

   Dazu benutzen Sie die folgende Formel:

   $$f(x) = \binom{N}{x} p^x (1-p)^{N-x}$$

   Die Formel ist so aufgebaut, dass Sie zunächst die Anzahl der möglichen Kombinationen für die gesuchte Lösung bestimmen (zwei von drei Kunden, die kaufen) und dann dieses Ergebnis mit dem Produkt der Wahrscheinlichkeit erfolgreicher und nicht erfolgreicher Aktionen multiplizieren.

   - Um zunächst festzustellen, wie viele Kombinationen es gibt, dass in drei Versuchen zwei Versuche erfolgreich sind, wenden wir uns jetzt dem ersten Teil der Formel zu:

     $$\binom{N}{x} = \frac{N!}{x!(N-x)!} \text{ daraus folgt } \binom{3}{2} = \frac{3!}{2!(3-2)!} = \frac{3 \cdot 2 \cdot 1}{2 \cdot 1 \cdot 1} = \frac{6}{2} = 3$$

     Aus der Gesamtzahl aller möglichen Ereignisse, das sind in diesem Fall acht (siehe Abbildung 11.1), gibt es somit drei Ergebnisse, bei denen Sie erwarten können, dass zwei von drei Besuchern einen Kauf tätigen werden.

   - Nun berechnen Sie den zweiten Teil der Formel: Mithilfe der Erfolgswahrscheinlichkeit p = 0,3 und der gesuchten Anzahl der erfolgreichen Kaufabschlüsse x = 2 ergibt sich:

     $$p^x (1-p)^{N-x} = p^2 (1-p)^{3-2} = 0{,}3^2 (1-0{,}3)^{3-2} = 0{,}09 \cdot 0{,}7 = 0{,}063$$

   - Setzen Sie die Ergebnisse der vorherigen beiden Schritte zusammen, indem Sie einfach die beiden Ergebnisse miteinander multiplizieren, um die gesuchte Wahrscheinlichkeit f(2) zu erhalten:

     $$f(2) = \binom{3}{2} p^2 (1-p)^{3-2} = 3 \cdot 0{,}063 = 0{,}189$$

Die Berechnung der gesuchten Wahrscheinlichkeit können Sie auch anhand eines Baumdiagramms nachvollziehen. Wenn Sie die Wahrscheinlichkeit von x Erfolgen in N Versuchen bestimmen wollen, müssen Sie die Wahrscheinlichkeit für jede entsprechende Kombination berechnen. In der vorletzten Spalte auf der rechten Seite in Abbildung 11.1 finden Sie die

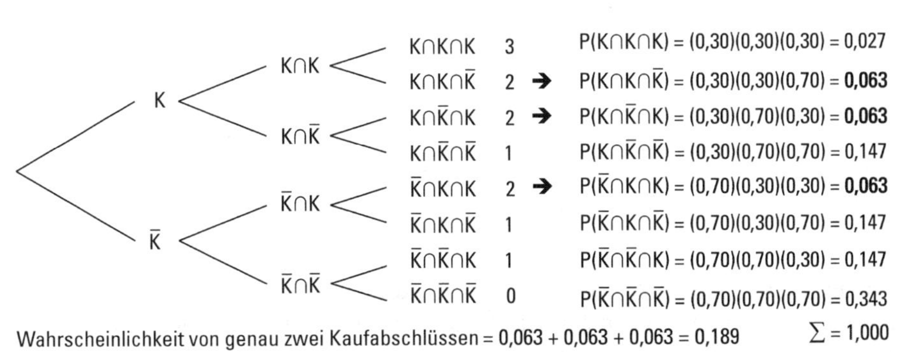

Abbildung 11.1: Baumdiagramm mit Ereignissen und Binomialwahrscheinlichkeitsverteilung

Berechnung der Wahrscheinlichkeiten für alle möglichen Kombinationen von Kauf (K) und Nichtkauf ($\bar{K}$). Ganz am rechten Rand sehen Sie die berechneten Wahrscheinlichkeiten, das heißt die Binomialwahrscheinlichkeitsverteilung, die aufsummiert den Wert 1 ergibt.

In dem Baumdiagramm in Abbildung 11.1 finden Sie, hervorgehoben durch einen Pfeil, die drei in unserem Aufgabenbeispiel gesuchten Ereignisse und ihre Wahrscheinlichkeiten.

Wenn Sie die Wahrscheinlichkeiten, die Sie in dem Beispiel interessieren (zwei von drei Kunden kaufen das Produkt), aus Abbildung 11.1 addieren, erhalten Sie den Wahrscheinlichkeitswert von 0,063 + 0,063 + 0,063 = 0,189. Dieser Wert entspricht exakt dem Wert, den Sie durch Benutzung der Formel der Wahrscheinlichkeitsfunktion zur Binomialverteilung zuvor berechnet haben. Ich empfehle Ihnen, eine bestehende Binomialverteilungstabelle (siehe hierzu auch weiter hinten in diesem Kapitel) oder die Formel der Funktion der Binomialverteilung zu verwenden. Sie hat den Vorteil, dass Sie damit auch komplexere Strukturen berechnen können, was bei Verwendung des Baumdiagramms nicht möglich wäre. Zudem ist ein solches Baumdiagramm ja bereits bei $N = 3$ relativ umfangreich.

Tabelle 11.2 zeigt Ihnen auf einen Blick noch einmal die Berechnung und die Ergebnisse für die Binomialverteilung im vorliegenden Beispiel. Die erste Zeile in Tabelle 11.2 informiert Sie ganz rechts über die Wahrscheinlichkeit, dass keiner der drei Kunden kaufen wird (wofür die Wahrscheinlichkeitsfunktion $f(0)$ steht). Die Wahrscheinlichkeit, dass kein Kunde kaufen wird, ist mit $f(0) = 0{,}343$ höher als die Wahrscheinlichkeit mit $f(2) = 0{,}189$, dass zwei Kunden kaufen werden. Die erste Spalte in Tabelle 11.2 enthält die Angabe über die Zahl der Erfolge bei drei Besuchern; in der zweiten Spalte sind die Werte der Binomialverteilung aufgeführt. Die Wahrscheinlichkeiten der rechten Spalte bilden in der Summe wieder den Wert 1, Sie können das gerne gleich mal nachrechnen.

x	$f(x)$: die Wahrscheinlichkeitsverteilung
0	$f(0) = \frac{3!}{0!3!}(0{,}30)^0(0{,}70)^{(3)} = \frac{3 \cdot 2 \cdot 1}{1 \cdot 3 \cdot 2 \cdot 1} \cdot 1 \cdot 0{,}343 = 0{,}343$
1	$f(1) = \frac{3!}{1!2!}(0{,}30)^1(0{,}70)^2 = \frac{3 \cdot 2 \cdot 1}{1 \cdot 2 \cdot 1} \cdot 0{,}30 \cdot 0{,}49 = 0{,}441$
2	$f(2) = \frac{3!}{2!1!}(0{,}30)^2(0{,}70)^1 = \frac{3 \cdot 2 \cdot 1}{2 \cdot 1 \cdot 1} \cdot 0{,}09 \cdot 0{,}70 = 0{,}189$
3	$f(3) = \frac{3!}{3!0!}(0{,}30)^3(0{,}70)^0 = \frac{3 \cdot 2 \cdot 1}{3 \cdot 2 \cdot 1 \cdot 1} \cdot 0{,}027 \cdot 1{,}00 = 0{,}027$

Tabelle 11.2: Wahrscheinlichkeitsverteilung anhand der Wahrscheinlichkeitsfunktion der Binomialverteilung

Die Binomialverteilung aus Tabelle 11.2 sehen Sie in Abbildung 11.2 in Form eines Stabdiagramms dargestellt. Die berechneten Wahrscheinlichkeiten sind darin auf der vertikalen und die Anzahl der erfolgreichen Verkäufe auf der horizontalen Achse abgetragen.

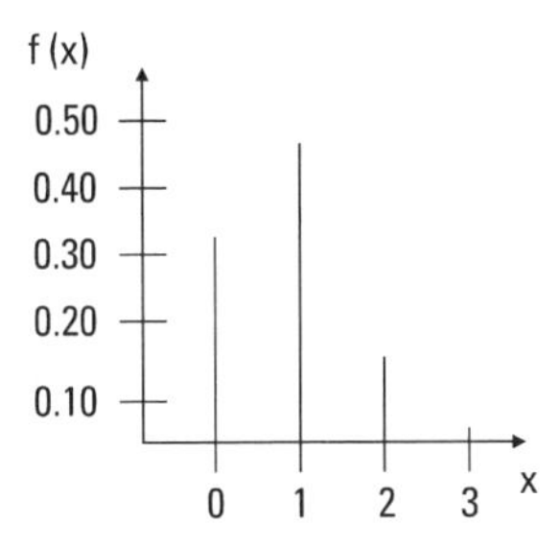

Abbildung 11.2: Wahrscheinlichkeitsverteilung einer binomialverteilten Zufallsvariablen bei drei Versuchen

Damit Sie nicht selbst den Rechner in die Hand nehmen müssen, werden in vielen Statistikbüchern mithilfe der Binomialformel berechnete Wahrscheinlichkeitswerte in Binomialverteilungstabellen schon ausgerechnet präsentiert.

Den für das Beispiel aus Tabelle 11.2 relevanten Ausschnitt aus einer solchen Tabelle sehen Sie in Tabelle 11.3. Die ersten beiden Spalten in Tabelle 11.3 enthalten die Angaben über die Gesamtzahl der Versuche N und die Anzahl der erfolgreichen Versuche x. Es folgen im Kopf des rechten Teils der Tabelle die Erfolgswahrscheinlichkeiten (im Beispiel für einen erfolgreichen Verkauf ist das $P(K) = 0{,}30$). Darunter finden Sie die anhand der Binomialwahrscheinlichkeitsfunktion berechneten Wahrscheinlichkeiten für die jeweilige Anzahl x von erfolgreichen Ausgängen der N Versuche. Jede Spalte enthält somit eine der Erfolgswahrscheinlichkeit entsprechende Wahrscheinlichkeitsverteilung für die Anzahl der Erfolge.

Versuche	Erfolge	Erfolgswahrscheinlichkeit P								
N	x	0,1	0,15	0,2	0,25	0,3	0,35	0,4	0,45	0,5
3	0	0,729	0,6141	0,512	0,4219	0,343	0,2746	0,216	0,1664	0,125
	1	0,243	0,3251	0,384	0,4219	0,441	0,4436	0,432	0,4084	0,375
	2	0,027	0,0574	0,096	0,1406	0,189	0,2389	0,288	0,3341	0,375
	3	0,001	0,0034	0,008	0,0156	0,027	0,0429	0,064	0,0911	0,125

Tabelle 11.3: Auszug aus der Binomialwahrscheinlichkeitstabelle

Der besondere Vorteil der Verwendung der Formel ist und bleibt jedoch, dass Sie mit ihr jede gleichartige Aufgabe unabhängig von solchen vorgefertigten Tabellen selbstständig lösen können. Wenn Sie beispielsweise wissen wollen, wie groß die Wahrscheinlichkeit unter sonst gleichen Bedingungen ist, dass von zehn potenziellen Kunden vier Kunden auch kaufen werden, brauchen Sie nur die Formel für die Berechnung der Wahrscheinlichkeitsfunktion zur Hand zu nehmen und los geht es:

$$f(x) = \frac{N!}{x!(N-x)!} p^x (1-p)^{(N-x)}$$

$$f(4) = \frac{10!}{4!6!} (0{,}30)^4 (0{,}70)^6 = 0{,}2001$$

Wenn die Wahrscheinlichkeit $P(K) = 0{,}30$ für einen Kauf ist, beträgt die Wahrscheinlichkeit, dass vier von zehn potenziellen Kunden kaufen, gut 20 Prozent.

Einen Nachteil der Formel zur binomialen Wahrscheinlichkeitsberechnung möchte ich Ihnen aber nicht verschweigen: Wenn $N!$ eine ziemlich große Zahl ist, kommen die meisten Taschenrechner schnell an ihre Kapazitätsgrenzen. Gegebenenfalls können Sie aber die Binomialverteilung durch die Normalverteilung approximieren und stattdessen verwenden. Mehr zur Normalverteilung erfahren Sie in Kapitel 12.

Erwartungswert der Binomialverteilung

Auch für eine binomialverteilte Zufallsvariable X können Sie einen Erwartungswert als zentrales Lagemaß berechnen, also die zu erwartende durchschnittliche Anzahl an Erfolgen bei N Versuchen eines Binomialexperiments. Die Formel dafür ist:

$$E(X) = \mu = N \cdot p$$

Dabei bedeutet:

- ✔ X: eine binomialverteilte Zufallsvariable, das heißt die Anzahl von Erfolgen bei N unabhängigen Wiederholungen eines Zufallsexperiments, von dem jedes die Erfolgswahrscheinlichkeit p hat
- ✔ $E(X)$: der Erwartungswert der binomialverteilten Zufallsvariablen X
- ✔ μ: die Kurzbezeichnung des Erwartungswertes, also der gesuchte wahre Mittelwert in der Grundgesamtheit
- ✔ N: die Anzahl der Wiederholungen im Experiment
- ✔ p: die Wahrscheinlichkeit für einen erfolgreichen Experimentausgang

Im obigen Beispiel des Anteils des erfolgreichen Verkaufs des neuen Automodells an Kunden ergibt sich ein Erwartungswert von:

$$E(X) = \mu = N \cdot p = 3 \cdot 0{,}30 = 0{,}9$$

Sie können somit erwarten, dass von drei Personen, die das Geschäft betreten, knapp eine Person das Modell kaufen wird. Bei einer Erfolgswahrscheinlichkeit von $p = 0{,}30$ und drei Besuchern dürfte Sie dieses Ergebnis nicht wirklich überraschen.

Varianz einer binomialverteilten Zufallsvariablen

Natürlich weichen auch bei einer binomialverteilten Zufallsvariablen die möglichen Werte von dem zentralen Lagemaß ab. Für die zu erwartende Streuung, können Sie auf die Formeln zur Berechnung der Varianz und Standardabweichung für die Binomialverteilung zurückgreifen.

Die Formel der Varianz für eine binomialverteilte Zufallsvariable X ist:

$$Var(X) = \sigma^2 = N \cdot p \cdot (1 - p)$$

Dabei bedeutet:

✔ σ^2: die Varianz in der Grundgesamtheit einer binomialverteilten Zufallsvariablen

✔ N: die Gesamtzahl der Versuche

✔ p: die Erfolgswahrscheinlichkeit des betreffenden Ereignisses

Wenn Sie sich fragen, wie groß nun die Streuung bezüglich der Anzahl der Käufer für das neue Automodell ist und die Daten aus unserem Beispiel in die Formel für die Varianz einsetzen, erhalten Sie dieses Ergebnis:

$$Var(X) = \sigma^2 = N \cdot p \cdot (1-p) = 3 \cdot 0{,}30 \cdot 0{,}70 = 0{,}63$$

Die zu erwartende quadrierte Abweichung vom Erwartungswert beträgt somit 0,63.

Standardabweichung der Binomialverteilung

Die Formel für die Standardabweichung ergibt sich ganz gewöhnlich aus der Varianz. Sie lautet:

$$\sigma = \sqrt{\sigma^2}$$

Manchmal könnte Ihnen statt σ auch Std(X) (vom englischen Wort *standard deviation*) begegnen.

Im vorliegenden Beispiel haben Sie die durchschnittliche quadrierte Abweichung vom Erwartungswert im vorherigen Abschnitt mit $\sigma^2 = 0{,}63$ berechnet. Weil es sich dabei noch um einen quadrierten Wert handelt, ziehen Sie daraus die Quadratwurzel und erhalten die Standardabweichung:

$$\sqrt{\sigma^2} = \sqrt{0{,}63} = \sigma = 0{,}79$$

Die erwartete Streuung der Zufallsvariablen um den Erwartungswert in der Grundgesamtheit beträgt 0,79, das heißt, dass Sie mit durchschnittlich knapp einem Käufer mehr oder weniger um den Mittelwert von knapp einem Käufer rechnen können.

Die hypergeometrische Verteilung

Die hypergeometrische Verteilung unterscheidet sich von der Binomialverteilung im Wesentlichen nur darin, dass die einmal zufällig zur Berechnung der Wahrscheinlichkeiten ausgewählten Untersuchungseinheiten nicht wieder zurückgelegt werden und somit bei der Ziehung weiterer Untersuchungseinheiten nicht mehr zur Verfügung stehen. Die Konsequenz ist, dass sich damit die Wahrscheinlichkeit für den Erfolg bei den weiteren Ziehungen verändert. Sie haben es also mit veränderlichen und nicht mit konstanten Erfolgswahrscheinlichkeiten zu tun. Die Zufallsvariable X, an der Sie interessiert sind, misst jedoch immer noch die Anzahl von Erfolgen.

Dieser Zusammenhang kommt auch in der sehr kompliziert erscheinenden, aber nicht wirklich schwierigen Formel zur hypergeometrischen Formel zum Ausdruck. Aber urteilen Sie selbst.

$$f(x) = \frac{\binom{M}{x} \cdot \binom{N-M}{n-x}}{\binom{N}{n}}$$

Dabei bedeutet:

- ✔ N: der zahlenmäßige Umfang der Grundgesamtheit
- ✔ n: der Stichprobenumfang
- ✔ M: die Gesamtzahl der möglichen Erfolge
- ✔ x: die Anzahl der in der Stichprobe erzielten Erfolge

Und wie Sie sich sicherlich an die Formel für Kombinationen ohne Zurücklegen in Kapitel 9 erinnern können, gilt:

$$\binom{N}{x} = \frac{N!}{x!(N-x)!}$$

Der Klassiker für die Anwendung der hypergeometrischen Verteilung ist die Berechnung der Erfolgsraten bei der Ziehung der Lottozahlen. Wenn Sie beispielsweise wissen möchten, wie groß die Wahrscheinlichkeit ist, bei der Ziehung von 6 aus 49 Kugeln drei Richtige zu tippen, liegen Sie mit der hypergeometrischen Verteilung genau richtig, da ja eine gezogene Lottokugel nicht wieder zurückgelegt wird. Gehen Sie bei der Berechnung in folgenden Schritten vor:

1. Bestimmen Sie die Anzahl der Möglichkeiten, exakt drei richtige Kugeln x von insgesamt $M = 6$ richtigen Kugeln zu wählen, das heißt:

   $$\binom{M}{x} = \binom{6}{3} = \frac{6!}{3!(6-3)!} = \frac{720}{6 \cdot 6} = \frac{720}{36} = 20$$

2. Berechnen Sie die Anzahl der Möglichkeiten, dass aus den $N - M$ ($49 - 6 = 43$) übrigen Kugeln exakt $n - x$ ($6 - 3 = 3$) nicht erfolgreiche Kugeln gezogen werden, das heißt:

   $$\binom{N-M}{n-x} = \binom{49-6}{6-3} = \binom{43}{3} = \frac{43!}{3!(43-3)!} = \frac{43 \cdot 42 \cdot 41}{3 \cdot 2 \cdot 1} = 12341$$

3. Berechnen Sie die Anzahl der gesamten Möglichkeiten, exakt sechs Kugeln aus insgesamt 49 Kugeln zu ziehen, das heißt, Sie berechnen:

   $$\binom{N}{n} = \binom{49}{6} = \frac{49!}{6!(49-6)!} = 13.983.816$$

4. Errechnen Sie nun aus den ersten drei Arbeitsschritten die gesuchte Wahrscheinlichkeit anhand der Formel für die hypergeometrische Verteilung:

$$\frac{\binom{M}{x}\cdot\binom{N-M}{n-x}}{\binom{N}{n}} = \frac{\binom{6}{3}\cdot\binom{49-6}{6-3}}{\binom{49}{6}} = \frac{20\cdot 12341}{13983816} = \frac{246820}{13983816} = 0{,}01765$$

Es besteht demnach eine Wahrscheinlichkeit von 0,0177, drei Richtige bei sechs Ziehungen aus insgesamt 49 Kugeln zu tippen, das heißt, bei nicht einmal 2 Prozent aller Tipps dürfen Sie drei Richtige in dieser Lotterie erwarten. Sie werden sicher denken: »Aber jede Woche gibt es doch Gewinner mit sogar sechs Richtigen und Zusatzzahl«. Die Antwort ist simpel: Es spielen ja auch zig Millionen Menschen jede Woche und dass es da immer rein zufällig Gewinner gibt, auch wenn die Chancen auf einen Gewinn im Durchschnitt weniger als 13 Millionen zu 1 stehen, ist somit kein Wunder. Aber ich möchte Ihnen den Spaß für die nächste Lottorunde nicht verderben und Ihnen viel Glück wünschen, denn das können Sie dann wirklich gut gebrauchen.

Erwartungswert der hypergeometrischen Verteilung

Aber was sagt Ihnen nun der Erwartungswert für den Erfolg genau und wie hoch sind die durchschnittlichen Abweichungen? Zur Berechnung können Sie die Formel des Erwartungswertes für die hypergeometrische Verteilung einer Zufallsvariablen einsetzen. Wenn die Anzahl X der Erfolge nämlich hypergeometrisch verteilt ist, so gilt:

$$E(X) = n\cdot\frac{M}{N}$$

Dabei bedeutet:

✔ N: der zahlenmäßige Umfang der Grundgesamtheit

✔ n: der Stichprobenumfang

✔ M: die Gesamtzahl der möglichen Erfolge

Angewandt auf das Lottobeispiel ergibt das:

$$E(X) = n\cdot\frac{M}{N} = 6\cdot\frac{6}{49} = 0{,}735$$

Pro Tipp können Sie durchschnittlich 0,735 Richtige beziehungsweise weniger als einen Richtigen bei 6 aus 49 erwarten, aber das dürfte Sie jetzt nicht mehr schockieren.

Varianz der hypergeometrischen Verteilung

Die Varianz stellt hier die durchschnittliche Streuung um den Erwartungswert der hypergeometrischen Verteilung dar. Die Formel dafür lautet:

$$Var(X) = \sigma^2 = n\cdot\frac{M}{N}\cdot\left(1-\frac{M}{N}\right)\cdot\frac{N-n}{N-1}$$

Dabei bedeutet:

- σ^2: Varianz einer hypergeometrisch verteilten Zufallsvariablen
- N: der zahlenmäßige Umfang der Grundgesamtheit
- n: der Stichprobenumfang
- M: die Gesamtzahl der möglichen Erfolge

Wenden Sie die Formel wieder auf das Lottobeispiel an, kommen Sie zu diesem Ergebnis:

$$Var(X) = 6 \cdot \frac{6}{49} \cdot \left(1 - \frac{6}{49}\right) \cdot \frac{49-6}{49-1} = \frac{36}{49} \cdot \frac{43}{49} \cdot \frac{43}{48} = 0{,}58$$

Die Varianz um den Erwartungswert von $E(X) = 0{,}735$ beträgt somit 0,58. Doch diese Aussage lässt sich nicht so gut wie die Standardabweichung interpretieren, deshalb wende ich mich dieser nun zu.

Standardabweichung der hypergeometrischen Verteilung

Mit der Standardabweichung erhalten Sie ein einfach zu interpretierendes Maß für die durchschnittliche Streuung um den Erwartungswert.

Die Formel für die Standardabweichung ist wie üblich auch im Fall der hypergeometrischen Verteilung die Quadratwurzel aus der Varianz. Es gilt somit:

$$Std(X) = \sigma = \sqrt{\sigma^2}$$

Bitte beachten Sie, dass die Bedeutung der Symbole denen der Formel für die hypergeometrische Verteilung entspricht.

Im Beispiel des Lotteriespiels erhalten Sie die folgende Standardabweichung:

$$Std(X) = \sqrt{\sigma^2} = \sqrt{0{,}58} = 0{,}76$$

Die zu erwartende Streuung um den Erwartungswert von 0,735 Erfolgen pro Tipp beträgt somit ±0,76. Durchschnittlich können Sie im Lotto zwischen 0 und 1,495 richtige Tipps für jede Wette bei 6 aus 49 erwarten. Dass Sie bei einem Lottotipp überhaupt etwas gewinnen, ist also auch von daher eher nicht zu erwarten, zumal Sie erst ab drei richtig getippten Zahlen überhaupt eine Auszahlung bekommen. Mit übergroßer Wahrscheinlichkeit sind Sie der Gewinner, wenn Sie nicht spielen. Aber dann können Sie auch ganz sicher nicht auf diesem Wege Millionär werden, denn diese (wenn auch sehr winzige) Chance haben Sie nur, wenn Sie mitspielen.

Die Poisson-Verteilung

Auch die Poisson-Verteilung gehört zu den diskreten Verteilungen, die mit der Binomialverteilung verwandt sind.

Sie lässt sich unter bestimmten mathematischen Bedingungen aus der Binominalverteilung herleiten, aber diese Herleitung überlasse ich lieber den eher theoretisch ausgerichteten statistischen Lehrbüchern.

Das Besondere an der Poisson-Verteilung ist, dass sie zur Berechnung der Wahrscheinlichkeit von seltenen und somit recht unwahrscheinlichen Ereignissen über ein bestimmtes Intervall angewandt wird. Wiederum bezeichnet die Zufallsvariable X also die Anzahl der Erfolge.

Die Formel der Poisson-Verteilung lautet:

$$f(x) = P(X = x) = \frac{\lambda^x}{x!} e^{-\lambda}$$

Dabei bedeutet:

- ✔ X: eine Poisson-verteilte Zufallsvariable. Sie misst die Anzahl des Auftretens eines seltenen Ereignisses in einem bestimmten Bereich (Zeitabschnitt, Gebiet, Entfernung etc.).
- ✔ x: die tatsächliche Anzahl der Erfolge, für die die Wahrscheinlichkeit gesucht wird
- ✔ λ: Dieses Symbol, auch lambda genannt, steht für die durchschnittliche Anzahl des Eintretens des betrachteten Ereignisses innerhalb eines bestimmten Bereichs (Zeitabschnitt, Gebiet, Entfernung etc.)
- ✔ e: die eulersche irrationale Zahl 2,71828...

Beachten Sie, dass es bei einer Poisson-verteilten Zufallsvariablen zum Beispiel ein Zeitintervall ist, über das Sie die Anzahl der Erfolge messen, wohingegen Sie zum Beispiel bei der Binomialverteilung die Anzahl der Erfolge bei N unabhängigen Versuchen messen. Typischerweise kann man zum Beispiel die Anzahl der Tore einer Mannschaft während eines 90-minütigen Fußballspiels als Poisson-verteilt annehmen.

Besonders bemerkenswert ist, dass der Erwartungswert und die Varianz für die Anzahl X des Auftretens eines betrachteten Ereignisses mit dem Wert von λ übereinstimmen, es gilt somit:

$$E(X) = \lambda \text{ und } Var(X) = \lambda \text{ beziehungsweise } \mu = \sigma^2 = \lambda$$

Daraus folgt für die Standardabweichung von X:

$$Std(X) = \sqrt{\lambda}$$

Auch wenn man weiß, dass eine Zufallsvariable Poisson-verteilt ist, ist in der Realität oftmals der Parameter λ unbekannt. Falls Sie ein Binominalexperiment mit einer großen Anzahl N von Versuchen und einer kleinen Erfolgswahrscheinlichkeit p haben, lässt sich λ approximativ aus $\lambda = N \cdot p$ errechnen.

Dabei ist N die Gesamtzahl der betrachteten Versuche und p die allgemeine Erfolgswahrscheinlichkeit.

Um beim Fußballbeispiel zu bleiben: Während der 90 Minuten unternimmt eine Mannschaft viele Angriffe N auf das gegnerische Tor. Die Erfolgswahrscheinlichkeit p für jeden einzelnen dieser Angriffe ist jedoch eher klein. Der Parameter λ ergibt sich einfach aus dem Produkt von N und p. Damit Sie die Poisson-Verteilung sinnvoll anwenden beziehungsweise ein unwahrscheinliches Ereignis vorliegt, sollte $N > 100$ und $p < 0{,}1$ betragen.

So verfahren Sie bei der Berechnung der Wahrscheinlichkeit nach der Poisson-Verteilung:

1. Stellen Sie die Werte für N und p fest und prüfen Sie die Anwendungsbedingung für die Poisson-Verteilung auf $N > 100$ und $p < 0{,}1$.
2. Berechnen Sie λ aus den Werten für N und p.
3. Bestimmen Sie x, das heißt die konkrete Anzahl der Erfolge, für die die Wahrscheinlichkeit bestimmt werden soll.
4. Berechnen Sie die Erfolgswahrscheinlichkeit anhand der Poisson-Formel.

Nehmen Sie folgendes Beispiel:

Susanne Fleißig lässt in ihrem Unternehmen monatlich etwa 20.000 Schuhpaare herstellen und sie nimmt aufgrund bisheriger Erfahrungen an, dass sich darunter durchschnittlich circa zwei defekte Schuhpaare befinden. Sie möchte nun wissen, wie groß die Wahrscheinlichkeit ist, dass sich in einer monatlichen Produktion drei defekte Schuhpaare befinden. (Hinweis: Es reicht dabei schon aus, wenn nur ein Schuh jedes Paares mit einem Defekt hergestellt wird, um als defektes Paar zu gelten.)

Zur Berechnung verfährt Susanne Fleißig folgendermaßen:

1. Sie prüft die Anwendungsvoraussetzungen für die Poisson-Verteilung und stellt fest, dass $N > 100$ ist und das p bei zwei defekten Paaren unter 20.000 hergestellten Paaren $p = 2/20000 = 0{,}0001$ und damit kleiner als 0,1 ist. Die Anwendungsbedingungen sind damit erfüllt.
2. Sie weiß aus der Aufgabenstellung, dass $\lambda = 2$ beträgt; sie könnte es jetzt aber auch leicht mit $N \cdot p = 20000 \cdot 0{,}0001 = 2$ berechnen.
3. Aus der Aufgabe ergibt sich, dass $x = 3$ betragen soll.
4. Die Berechnung der Wahrscheinlichkeit für eine monatliche »Fehlererfolgsrate« erfolgt nun anhand der Poisson-Verteilung-Formel und ergibt:

$$f(x) = P(X = x) = \frac{\lambda^x}{x!} e^{-\lambda} \Rightarrow f(3) = \frac{2^3}{3!} e^{-2} = \frac{8}{6} \cdot 0{,}135 = 0{,}18$$

Die Wahrscheinlichkeit, drei defekte Produkte in der monatlichen Produktion zu finden, beträgt damit 0,18 beziehungsweise 18 Prozent. Für Susanne Fleißig ist das jedoch ein inakzeptables Ergebnis, denn sie ist nicht nur fleißig, sondern auch gründlich und als Anhängerin einer Null-Fehler-Strategie wird sie sich sicherlich etwas einfallen lassen, um dieses Fehlerrisiko noch zu vermindern.

Alles im Fluss: Kontinuierliche Wahrscheinlichkeitsverteilungen

12

In diesem Kapitel ...

- Die kontinuierliche Gleichverteilung, ihr Erwartungswert, ihre Varianz und ihre Standardabweichung
- Die Normalverteilung und ihre besonderen Eigenschaften
- Die Standardnormalverteilung

Wie die diskrete Zufallsvariable kann auch die stetige oder kontinuierliche Zufallsvariable unterschiedliche Verteilungsformen aufweisen, deren Hauptvertreter ich Ihnen in diesem Kapitel vorstelle.

Alle sind gleich und einige etwas mehr: Die Gleichverteilung

Die einfachste Form der Verteilung ist die *Gleichverteilung*.

Erinnern Sie sich? Bei der Gleichverteilung der diskreten Zufallsvariablen haben alle Werte die gleiche Eintrittswahrscheinlichkeit. Bei der Gleichverteilung der kontinuierlichen Zufallsvariablen haben nun, im Unterschied dazu, alle gleichgroßen Wertintervalle die gleiche Wahrscheinlichkeit des Eintretens.

Beachten Sie, dass hier von Intervallen gesprochen wird, denen eine Wahrscheinlichkeit zugeordnet wird.

Wenn eine Zufallsvariable stetig ist, kann sie, vereinfacht gesprochen, unendlich viele Werte in einem beliebigen Werteintervall annehmen. Die Wahrscheinlichkeit, dass die Zufallsvariable genau einen einzigen dieser Werte annimmt, die sogenannte *Punktwahrscheinlichkeit*, ist für eine stetige Zufallsvariable immer null.

Positive Wahrscheinlichkeiten können sich bei kontinuierlichen Zufallsvariablen nur über Werteintervalle ergeben. Die Wahrscheinlichkeit eines solchen Intervalls berechnet sich aus der Fläche über dem Intervall unter der sogenannten *Dichtefunktion*.

Noch alles dicht? Die Dichtefunktion

Während Sie bei einer diskreten Zufallsvariablen die Wahrscheinlichkeitsfunktion $f(x)$ zur Berechnung der Wahrscheinlichkeit des Eintretens eines bestimmten Wertes x benutzen können, benötigen Sie im Fall einer kontinuierlichen Zufallsvariablen eine sogenannte *Dichtefunktion*. Der Grund dafür ist, dass eine kontinuierliche Zufallsvariable keine abzählbaren einzelnen Werte aufweist, sondern ineinander übergehende Wertebereiche. Das bedeutet, dass Sie in einem bestimmten Werteintervall unendlich viele Einzelwerte finden können und es nicht möglich ist, die Wahrscheinlichkeit für genau einen ganz bestimmten Wert anzugeben (mehr darüber in Kapitel 9). Die Dichtefunktion $f(x)$ liefert nun stattdessen die Wahrscheinlichkeit dafür, dass die Zufallsvariable irgendeinen Wert in einem bestimmten Intervall annehmen kann. Die Wahrscheinlichkeit wird dabei als Fläche unter dem Graphen der Dichtefunktion in einem gegebenen Intervall zwischen x_1 und x_2 definiert.

Nehmen Sie an, Sie haben eine über dem Intervall a bis b stetige, gleichverteilte Zufallsvariable und wollen die Wahrscheinlichkeit ausrechnen, dass diese Zufallsvariable X sich innerhalb eines konkreten Werteintervalls mit der Untergrenze x_1 und der Obergrenze x_2 realisiert.

Die folgende Formel gibt Ihnen diese Wahrscheinlichkeit an:

$$P(x_1 \leq X \leq x_2) = \frac{1}{b-a} \cdot \Delta x$$

Dabei bedeutet:

- ✔ $P(x_1 \leq X \leq x_2)$: die Wahrscheinlichkeit, dass die Zufallsvariable X sich zwischen x_1 und x_2 realisiert. Dabei ist natürlich $x_1 < x_2$.
- ✔ a: kleinster Wert des Intervalls, den die Zufallsvariable X theoretisch annehmen könnte
- ✔ b: größter Wert des Intervalls, den die Zufallsvariable X theoretisch annehmen könnte
- ✔ $\Delta x = x_2 - x_1$: Differenz von oberer und unterer Grenze des Bereichs desjenigen Intervalls, für den eine konkrete Wahrscheinlichkeit berechnet werden soll. Dabei gilt:

  x_1: die untere Grenze im interessierenden Intervall. Diese muss natürlich mindestens so groß sein wie a.

  x_2: die obere Grenze im interessierenden Intervall. Diese darf natürlich nur höchstens so groß sein wie b.

Zur Berechnung der Gleichverteilung der kontinuierlichen Zufallsvariablen verfahren Sie folgendermaßen:

1. Prüfen Sie, ob es sich um eine kontinuierliche Zufallsvariable handelt.
2. Stellen Sie fest, ob es sich um eine gleichverteilte Zufallsvariable handelt.

3. Bestimmen Sie die Zufallsvariable und legen Sie die untere und die obere Grenze desjenigen Intervalls fest, in dem sich die Werte der Zufallsvariablen theoretisch befinden, das heißt, legen Sie a und b fest.
4. Bestimmen Sie den Bereich innerhalb des Intervalls, für den eine Wahrscheinlichkeit berechnet werden soll, das heißt Δx.
5. Berechnen Sie die gesuchte Wahrscheinlichkeit für den betrachteten Ausschnitt des Intervalls mit der oben genannten Formel.

Nehmen Sie als Beispiel die Fahrzeit eines Eisenbahnzugs von Berlin nach Hamburg. Aufgrund von vorliegenden Statistiken wissen Sie, dass die Dauer der Fahrzeit eines ICE-Zugs bisher nie weniger als zwei Stunden und nie mehr als zwei Stunden und 20 Minuten für die Strecke Berlin – Hamburg betrug. Sie möchten nun wissen, wie groß die Wahrscheinlichkeit ist, dass der Zug maximal 130 Minuten, aber auch nicht weniger als zwei Stunden für die Strecke benötigt. Aufgrund von Erfahrungswerten können Sie ferner davon ausgehen, dass die Wahrscheinlichkeit für die Fahrzeit innerhalb jedes Ein-Minuten-Intervalls über den gesamten Bereich von 120 bis 140 Minuten die gleiche ist.

Wie groß ist die Wahrscheinlichkeit, dass der Zug mindestens 120 Minuten und höchstens 130 Minuten benötigt? Das heißt, die Wahrscheinlichkeit ist gesucht für:

$$P(x_1 = 120 \leq X \leq x_2 = 130)$$

Ihre Arbeitsschritte zur Lösung der Aufgabe:

1. Stellen Sie fest, ob es sich um eine stetige Zufallsvariable handelt. Weil die Zufallsvariable X jeden beliebigen Wert beziehungsweise jede beliebige Dauer im Intervall annehmen kann, ist sie stetig.
2. Stellen Sie fest, ob es sich um eine gleichverteilte Zufallsvariable handelt. Die Zufallsvariable kann als X gleichverteilt angesehen werden, weil jede einminütige Fahrzeitspanne in diesem Minutenintervall mit gleicher Wahrscheinlichkeit auftreten kann.
3. Bestimmen Sie die Dichtefunktion der Zufallsvariable X: Mögliche Werte der Fahrzeit befinden sich in einem Intervall von 120 bis 140 Minuten, das heißt die untere Intervallgrenze ist $a = 120$ und die obere Grenze ist $b = 140$, das heißt, es gilt die Wahrscheinlichkeit:

   $$P(120 \leq X \leq 140) = \frac{1}{140-120} \cdot (b-a) = \frac{1}{20} \cdot 20 = 1$$

   Wie zu erwarten ist die Wahrscheinlichkeit für das gesamte Zeitintervall gleich 1, das heißt, der Zug wird garantiert zwischen 120 und 140 Minuten für die Strecke Berlin – Hamburg benötigen und es gilt:

   $$f(x) = \begin{cases} 1/20 & \text{für } 120 \leq x \leq 140 \\ 0 & \text{anderer Bereich} \end{cases}$$

   $f(x)$ ist nun genau die Dichtefunktion der stetigen Zufallsvariablen X. Jede Fläche der Dichtefunktion über einem bestimmten Wertebereich ist dann die Wahrscheinlichkeit, dass die Zufallsvariable sich in diesem Wertebereich realisiert.

   Grafisch ergibt sich daraus das in Abbildung 12.1 gezeigte Bild für die Dichtefunktion.

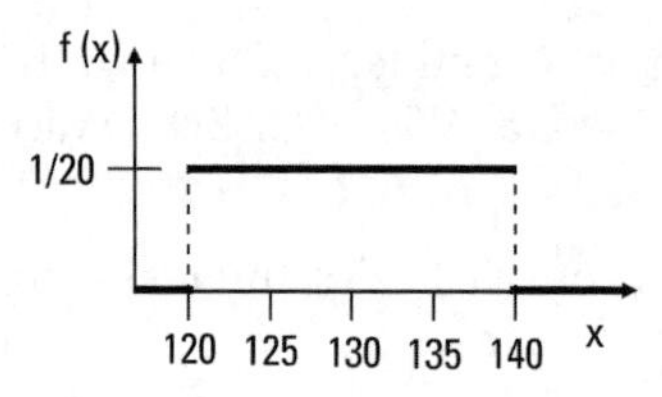

Abbildung 12.1: Dichtefunktion der gleichverteilten stetigen Zufallsvariablen »Zugfahrzeit«

4. Bestimmen Sie den Bereich innerhalb des Intervalls, für den eine Wahrscheinlichkeit berechnet werden soll:

$$P(120 \le X \le 130) = \frac{1}{b-a} \cdot \Delta x$$

5. Berechnen Sie die gesuchte Wahrscheinlichkeit anhand der Formel für die Gleichwahrscheinlichkeitsverteilung der stetigen Zufallsvariablen »Zugfahrzeit«:

$$P(120 \le X \le 130) = \frac{1}{140-120}(130-120) = \frac{1}{20} \cdot 10 = 0,50$$

Die Wahrscheinlichkeit, dass der Zug zwischen 120 und 130 Minuten benötigt, ist somit $P(120 \le X \le 130) = 0,50$ beziehungsweise 50 Prozent. Die berechnete Wahrscheinlichkeit, also die berechnete Fläche unter der Dichtefunktion über dem Intervall von 120 bis 130, entspricht einfach der Breite des Intervalls multipliziert mit der Höhe der Dichtefunktion. Dies lässt sich wieder sehr schön grafisch zeigen: In Abbildung 12.2 ist genau 50 Prozent der Fläche schraffiert.

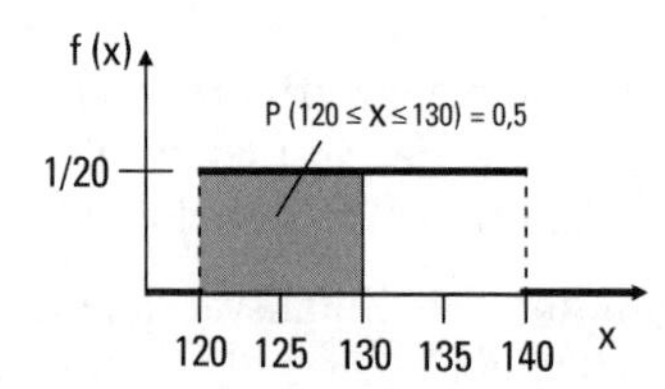

Abbildung 12.2: Die gesuchte Wahrscheinlichkeit der stetigen Zufallsvariablen »Zugfahrzeit«

Erwartungswert einer gleichverteilten stetigen Zufallsvariablen

Wollen Sie wissen, wie hoch der Erwartungswert für eine stetig gleichverteilte Zufallsvariable ist, benutzen Sie einfach diese Formel:

$$E(X) = \frac{a+b}{2}$$

Dabei bedeutet:

- a: der niedrigste Wert des Intervalls, über dem die stetig gleichverteilte Zufallsvariable X sich realisieren kann
- b: der höchste Wert des Intervalls, über dem die stetig gleichverteilte Zufallsvariable X sich realisieren kann

Im Beispiel können Sie damit den Erwartungswert beziehungsweise die durchschnittlich erwartete Fahrzeit errechnen:

$$E(X)=\frac{120+140}{2}=\frac{260}{2}=130$$

Die zu erwartende Fahrtzeit beträgt somit durchschnittlich 130 Minuten. Da Sie davon ausgehen, dass der nächste Zug von Berlin nach Hamburg weder genau 130 Minuten noch genau 120 oder 140 Minuten unterwegs sein wird, möchten Sie sicher auch die durchschnittliche Streuung um diesen Mittelwert wissen.

Varianz einer gleichverteilten stetigen Zufallsvariablen

Wie bei jeder Verteilung gibt es auch bei der Gleichverteilung eine Streuung um den Erwartungswert. Die Varianz einer gleichverteilten Zufallsvariablen X berechnen Sie mit folgender Formel:

$$Var(X)=\sigma^2=\frac{(b-a)^2}{12}$$

Dabei bedeutet:

- ✔ σ^2: Varianz der Gleichverteilung in der Grundgesamtheit
- ✔ a: der niedrigste Wert des Intervalls, über dem die stetig gleichverteilte Zufallsvariable X sich realisieren kann
- ✔ b: der höchste Wert des Intervalls, über dem die stetig gleichverteilte Zufallsvariable X sich realisieren kann

Angewandt auf das Reisebeispiel mit der Bahn von Berlin nach Hamburg berechnen Sie eine mittlere quadratische Streuung beziehungsweise die Varianz um den Durchschnitt von 130 Minuten von:

$$Var(X)=\sigma^2=\frac{(140-120)^2}{12}=\frac{20^2}{12}=33{,}33$$

Standardabweichung einer gleichverteilten stetigen Zufallsvariablen

Um wiederum ein besser interpretierbares Streuungsmaß zu bekommen, können Sie die Standardabweichung in der schon bekannten Weise berechnen:

$$\sigma=\sqrt{\sigma^2}$$

Die durchschnittliche Streuung um den zuvor errechneten Mittelwert beträgt im Beispiel dann: $\sigma=\sqrt{33{,}33}=5{,}77$ Minuten.

Sie können also durchschnittlich mit einer Abweichung von knapp 6 Minuten mehr oder weniger um die erwartete durchschnittliche Reisezeit von 130 Minuten rechnen.

Was ist schon normal? Die Normalverteilung

Die Normalverteilung ist die bedeutendste statistische Verteilung. Sie wurde bereits im 18. Jahrhundert zuerst durch den Mathematiker Abraham de Moivre erfunden und dann systematisch eingeführt durch Carl Friedrich Gauß. Es handelt sich um die Verteilung einer stetigen Zufallsvariablen.

Doch warum ist die Normalverteilung eine so besonders wichtige Verteilung?

- ✔ Viele Merkmale in der Natur sowie in der menschlichen Praxis und Wissenschaft weisen eine Verteilung auf, die der Normalverteilung nahekommt (zum Beispiel Körpergröße und Körpergewicht von Lebewesen, Lufttemperatur, Umsätze bestimmter Produkte etc.).
- ✔ Viele andere (auch diskrete) Verteilungsformen können unter bestimmten Bedingungen durch die Normalverteilung angenähert werden.
- ✔ Bei zufallsauswahlbasierten Stichproben mit mehr als 30 Untersuchungseinheiten kann man die Verteilung von Stichprobenstatistiken wie dem Mittelwert als normalverteilt annehmen (dies ist wegen des zentralen Grenzwertsatzes möglich; lesen Sie hierzu mehr in Kapitel 13).
- ✔ Die Normalverteilung spielt in der schließenden Statistik beim Schluss von der Stichprobe auf die »wahren Werte« in der Grundgesamtheit und insbesondere beim Hypothesentest eine große Rolle.

Dichtefunktion und Form der Normalverteilung

Mit der Dichtefunktion der Normalverteilung können Sie die Fläche unter dem Graphen der Normalverteilung und damit die Wahrscheinlichkeiten für die Intervalle der Verteilung berechnen. Die gesamte Fläche summiert sich erwartungsgemäß auf den Wert 1 und umfasst damit alle Werte der Verteilung.

Die Formel für die Dichtefunktion einer normalverteilten Zufallsvariablen X lautet:

$$f(x) = \frac{1}{\sigma\sqrt{2\pi}} e^{-\frac{1}{2}\left(\frac{x-\mu}{\sigma}\right)^2} \text{ für } -\infty < x < \infty$$

Dabei bedeutet:

- ✔ μ: Erwartungswert von X
- ✔ σ^2: Varianz von X
- ✔ σ: Standardabweichung von X
- ✔ π: 3,14159 … und e: 2,71828 …

Die Formel für die Dichtefunktion der Normalverteilung sieht sehr kompliziert aus. Aber keine Angst! Glücklicherweise müssen Sie in der Regel nicht zum Taschenrechner greifen und die Formel selbst berechnen. Dafür gibt es Tabellen, die Sie in fast jedem Statistikbuch finden und denen Sie die gesuchten Wahrscheinlichkeitsergebnisse entnehmen können.

Besondere Eigenschaften der Normalverteilung

Bevor es an die Bestimmung von Wahrscheinlichkeiten anhand der Normalverteilung geht, möchte ich Ihnen ein paar wichtige Eigenschaften vorstellen, die sie so speziell und bedeutsam machen:

- ✔ Die Form der Verteilung ist symmetrisch und hat eine Glockenkurve, das heißt, die Kurve hat nur einen Gipfel. Würde man eine Stichprobe der Realisierungen der Zufallsvariablen X vor sich haben, würden sich viele Werte um diesen Gipfel konzentrieren und je weiter man sich vom Gipfel entfernt, desto seltener würde man einen Wert beobachten. Der höchste Punkt der Verteilung stimmt mit dem Mittelwert, dem Median und dem Modus überein.
- ✔ Die Lage und Form ist eindeutig durch den Erwartungswert der Zufallsvariablen X ($E(X) = \mu$) und ihrer Varianz ($Var(X) = \sigma^2$) beziehungsweise Standardabweichung bestimmt; man sagt auch, dass X eine Normalverteilung mit den Parametern μ und σ^2 respektiert, und schreibt für diese Verteilung kurz $N(\mu, \sigma^2)$.

Es gibt also nicht die eine Normalverteilung, sondern es kann unendlich viele verschiedene Formen von Normalverteilungen geben. Für jede Kombination von μ und $\sigma^2 > 0$ jedoch nur genau eine.

In Abbildung 12.3 sehen Sie verschiedene Normalverteilungen. Je nach Erwartungswert verändert sich die Lage der jeweiligen Verteilung und je nach Varianz und Standardabweichung ist der Verlauf der Verteilung mehr oder weniger steil.

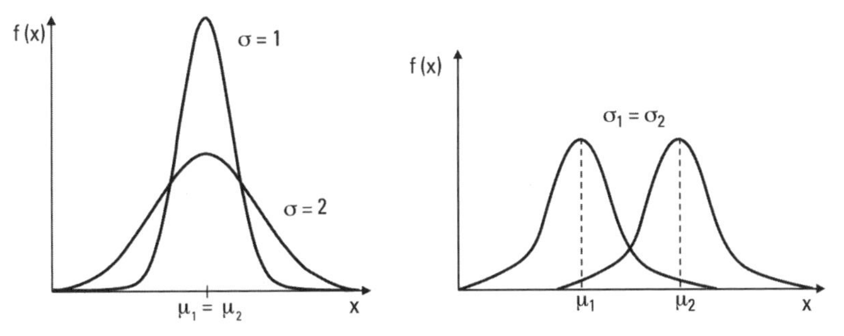

Abbildung 12.3: Lage und Form der Normalverteilung

Für alle normalverteilten Zufallsvariablen gelten aber auch diese charakteristischen Merkmale:

- ✔ In den Bereich von plus/minus einer Standardabweichung vom Erwartungswert fallen jeweils 34,13 Prozent und insgesamt etwa 68 Prozent aller Werte beziehungsweise der Fläche der Verteilung (siehe Abbildung 12.4).
- ✔ Die *Wendepunkte* (das sind die Punkte auf dem Graphen der Funktion, an denen der Graph seine Richtung ändert) liegen ebenfalls im Abstand von exakt plus/minus einer Standardabweichung um den Erwartungswert μ herum.

- In den Bereich von plus/minus zwei Standardabweichungen fallen insgesamt circa 95 Prozent der Werte und drei Standardabweichungen vom Erwartungswert sind es gar 99,7 Prozent.
- Bedingt durch die Symmetrie der Kurve fallen jeweils 50 Prozent der Werte auf jede Seite um den Erwartungswert der Normalverteilung.

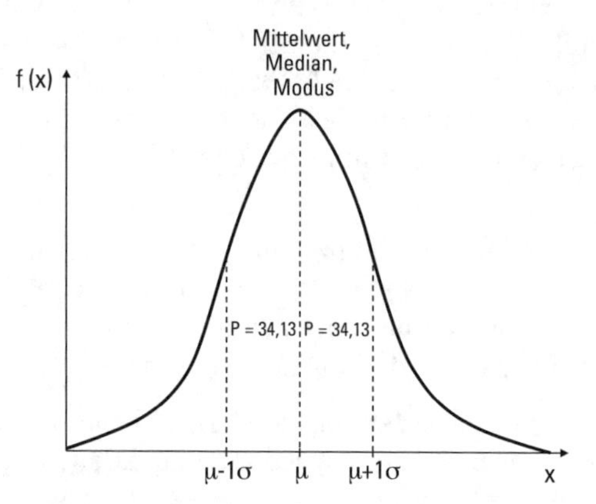

Abbildung 12.4: Flächen unter dem Graphen der Normalverteilung

Standardnormalverteilung

Durch eine lineare Transformation, nämlich die Standardisierung mithilfe der *Z*-Werte (dazu erfahren Sie mehr im nächsten Abschnitt), können Sie jede normalverteilte Zufallsvariable in eine standardnormalverteilte Zufallsvariable überführen.

Eine Standardnormalverteilung ist eine Normalverteilung mit dem Erwartungswert 0 und der Varianz 1.

Standardisierung und Z-Wert

Wenn Sie die Differenz zwischen einem bestimmten Wert x der Zufallsvariablen X und dem Erwartungswert μ durch die Standardabweichung dividieren, erhalten Sie die Abweichung in Standardeinheiten. Dieser Vorgang heißt *Standardisierung* und das Ergebnis ist der *Z-Wert*. Die entsprechende Formel lautet:

$$z = \frac{x - \mu}{\sigma}$$

Dabei bedeutet:

- z: Differenz eines Wertes x der Zufallsvariablen X vom Erwartungswert in Standardeinheiten
- x: Wert der Zufallsvariablen X

- ✔ μ: Erwartungswert von X
- ✔ σ: Varianz von X

Dieselbe Standardisierung können Sie auch direkt auf eine Zufallsvariable X und nicht nur auf deren realisierte Werte anwenden. Es ergibt sich dann die standardisierte Zufallsvariable Z, die aus der Zufallsvariablen X folgt, wenn Sie deren Differenz zum Erwartungswert von X durch die Standardabweichung teilen. Durch diese Transformation hat die neue Zufallsvariable Z den Erwartungswert 0 und die Varianz 1.

Besondere Merkmale der Standardnormalverteilung

Angenommen, die Zufallsvariable X sei normalverteilt mit den Parametern μ und σ^2. Wenn Sie nun die standardisierte Zufallsvariable Z betrachten, die sich aus der Zufallsvariablen X ergibt, und wenn Sie deren Differenz zum Erwartungswert von X durch die Standardabweichung teilen, so folgt Z der sogenannten Standardnormalverteilung. Dies ist eine Normalverteilung, die einen Erwartungswert von $\mu = 0$ und eine Standardabweichung von $\sigma = 1$ hat. Die Abweichungen vom Erwartungswert $E(X) = \mu$ werden in sogenannten z-Einheiten ausgedrückt, was durch die Standardisierungsformel symbolisch ausgedrückt wird. Die berechneten Z-Werte sind die Werte x der Zufallsvariablen X in z-Einheiten.

Der Vorteil der Standardnormalverteilung liegt insbesondere darin, dass Sie jede andere Normalverteilung durch Standardisierung in die Standardnormalverteilung überführen können und zur Berechnung von Wahrscheinlichkeiten nur noch die Standardnormalverteilung benötigen.

In fast jedem Statistikbuch finden Sie Tabellen mit den Wahrscheinlichkeiten für bestimmte Flächenintervalle der Standardnormalverteilung, sodass Sie nicht mehr selbst zum Taschenrechner greifen müssen. Auf der Schummelseite finden Sie eine Standardnormalverteilungstabelle und in Tabelle 12.1 einen Auszug daraus.

Aus Platzgründen und aufgrund der Symmetrie der Standardnormalverteilung ist in den Tabellen häufig nur die Fläche einer Seite der Verteilung dargestellt. In der Tabelle 12.1 ist die Fläche rechts vom Mittelwert der Verteilung aufgeführt. Die erste Spalte enthält die erste Ziffer mit der ersten Dezimalstelle der Z-Werte und die erste Zeile die zweite Dezimalstelle der Z-Werte. In den übrigen Zellen finden Sie die jeweils den Z-Werten entsprechenden Flächen unter der Standardnormalverteilung.

Und so benutzen Sie die Tabelle: Möchten Sie beispielsweise die Fläche zwischen dem Mittelpunkt der Standardnormalverteilung, das heißt zwischen $z = 0$, und dem Z-Wert $z = 2{,}31$ wissen, suchen Sie in der ersten Spalte der Tabelle 12.1 den Wert 2,3 heraus und in der ersten Zeile den Wert 0,01. Dann können Sie im Schnittpunkt der beiden Werte in dem sich darunter befindenden Tabellenteil den Anteil für diese Fläche ablesen. In diesem Fall beträgt der Flächenanteil 0,4896, das heißt 48,96 Prozent der gesamten Fläche der Standardnormalverteilung befindet sich in dem Abschnitt zwischen $\mu = 0$ und $z = 2{,}31$. Die Wahrscheinlichkeit, einen z-Wert zwischen $z = 0$ und $z = 2{,}31$ zu erhalten, beträgt entsprechend $P(0 \leq Z \leq 2{,}31) = 0{,}4896$.

Z-Werte	0,00	0,01	0,02	0,03	0,04	0,05	0,06	0,07	0,08	0,09
	Flächenanteile unter der Standardnormalverteilung									
0,0	0,0000	0,0040	0,0080	0,0120	0,0160	0,0199	0,0239	0,0279	0,0319	0,0359
0,1	0,0398	0,0438	0,0478	0,0517	0,0557	0,0596	0,0636	0,0675	0,0714	0,0753
0,2	0,0793	0,0832	0,0871	0,0910	0,0948	0,0987	0,1026	0,1064	0,1103	0,1141
...	...	...	...	...	...	...	...	...	...	...
1,0	0,3413	0,3438	0,3461	0,3485	0,3508	0,3531	0,3554	0,3577	0,3599	0,3621
1,1	0,3643	0,3665	0,3686	0,3708	0,3729	0,3749	0,3770	0,3790	0,3810	0,3830
...	...	...	...	...	...	...	...	...	...	...
2,0	0,4772	0,4778	0,4783	0,4788	0,4793	0,4798	0,4803	0,4808	0,4812	0,4817
2,1	0,4821	0,4826	0,4830	0,4834	0,4838	0,4842	0,4846	0,4850	0,4854	0,4857
2,2	0,4861	0,4864	0,4868	0,4871	0,4875	0,4878	0,4881	0,4884	0,4887	0,4890
2,3	0,4893	0,4896	0,4898	0,4901	0,4904	0,4906	0,4909	0,4911	0,4913	0,4916
...	...	...	...	...	...	...	...	...	...	...
3,0	0,4986	0,4987	0,4987	0,4988	0,4988	0,4989	0,4989	0,4989	0,4990	0,4990

Tabelle 12.1: Standardnormalverteilungstabelle

Immer wenn Sie mit der Standardnormalverteilungstabelle Wahrscheinlichkeiten bestimmen wollen, tun Sie Folgendes:

1. Standardisieren Sie die Abstände der x-Werte vom Mittelwert μ des betrachteten Merkmals, indem Sie sie durch die Standardabweichung dividieren und somit in Einheiten der Standardabweichung ausdrücken. Damit haben Sie die x-Werte, bis zu denen Sie eine Wahrscheinlichkeit suchen, in den Z-Werten der Standardnormalverteilung ausgedrückt. Sie können nun die Tabelle benutzen.

2. Bestimmen Sie die gesuchte Wahrscheinlichkeit anhand der Z-Werte.

Hilfreich zur Bestimmung der Fläche ist es, wenn Sie sich zuvor eine Skizze der gesuchten Fläche in der Standardnormalverteilung machen. Es gibt fünf typische Möglichkeiten der Lage der gesuchten Flächen, und zwar:

$P(Z \leq a)$, $P(Z \geq a)$, $P(a \leq Z \leq b)$, $P(Z \leq b)$ und $P(Z \geq b)$

In Abbildung 12.5 finden Sie die Abschnitte der Flächen und damit die Wahrscheinlichkeiten für $P(Z \leq a)$, $P(a \leq Z \leq b)$ und $P(Z \geq b)$ beispielhaft dargestellt.

Es macht übrigens bei stetigen Zufallsvariablen keinen Unterschied, ob Sie die gesuchten Wahrscheinlichkeiten mit $>$ oder $\geq$ beziehungsweise mit $<$ oder $\leq$ beschreiben, denn einzelne Werte haben keine Fläche unter einer kontinuierlichen beziehungsweise stetigen Zufallsvariablen. So ist zum Beispiel $P(Z = a) = 0$ und daher auch $P(Z \leq a) = P(Z < a)$. Achtung: Bei einer diskreten Zufallsvariablen müssen Sie diese Unterscheidung sehr wohl treffen.

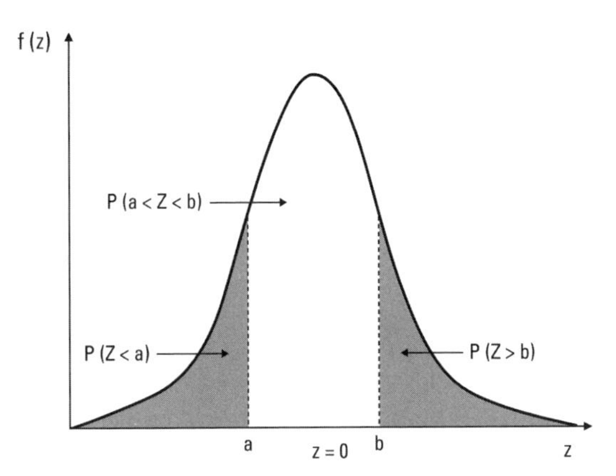

Abbildung 12.5: Flächenabschnitte unter der Standardnormalverteilung

Nehmen Sie einmal an, Sie möchten sich eine neue Kaffeemaschine kaufen und lesen in Teststatistiken, dass die Haltbarkeit des von Ihnen favorisierten Geräts durchschnittlich 900 Tage beträgt, bevor ein Defekt auftritt. Das Auftreten der ersten Defekte um diesen Mittelwert herum ist normalverteilt und weist eine durchschnittliche Abweichung von 100 Tagen auf. Sie möchten nun wissen, wie groß die Wahrscheinlichkeit ist, dass Sie ein Gerät erwischen, das weniger als 700 Tage funktioniert, bis der erste Defekt auftritt.

Die Wahrscheinlichkeit errechnen Sie folgendermaßen:

1. Stellen Sie zunächst die gesuchte Fläche unter der als normal anzunehmenden Verteilung fest, das heißt, entnehmen Sie der Aufgabe, welche Wahrscheinlichkeit gesucht ist. Wenn die Zufallsvariable X die Haltbarkeit bis zum ersten Defekt darstellt, suchen Sie die Wahrscheinlichkeit für $P(X < 700)$. Sie suchen damit nur eine Fläche ähnlich der linken Fläche in Abbildung 12.5. Durch eine Standardisierung können Sie diese Fläche nun mithilfe der Tabelle für die Standardnormalverteilung bestimmen.

2. Damit Sie mit der Standardnormalverteilungstabelle arbeiten können, rechnen Sie den Wert 700 in den zugehörigen Z-Wert um. Bilden Sie dazu die Differenz zwischen dem gesuchten Wert von 700 Tagen und der durchschnittlichen Haltbarkeitsdauer von 900 Tagen bis zum ersten Defekt und wandeln diese Differenz in Standardeinheiten um, indem Sie die Differenz durch die Standardabweichung teilen. Die Standardisierung ergibt folgenden z-Wert:

   $$z = \frac{(x - \mu)}{\sigma} = \frac{(700 - 900)}{100} = -2$$

   Eine durchschnittliche Haltbarkeit bis zum ersten Defekt liegt damit zwei Standardeinheiten unter der durchschnittlichen Haltbarkeitsdauer.

3. Stellen Sie mithilfe der Standardnormalverteilungstabelle die Fläche zwischen dem Mittelwert μ und dem zwei Standardabweichungen entfernten z-Wert fest. Der Blick in Tabelle 12.1 gibt Ihnen für $z = 2{,}00$ eine Fläche von 0,4772, das heißt, es liegen 47,72 Prozent der gesamten Fläche unter der Normalverteilung in dem Bereich zwischen $\mu = 0$ und $z = 2$.

4. Aufgrund der Symmetrie der Normalverteilung ergibt die errechnete Fläche für die Differenz zwischen $\mu = 0$ und $z = 2$ die gleiche Fläche wie für $\mu = 0$ und $z = -2$. Sie können also auf dieser Basis die Berechnungen fortführen und sich nunmehr aber auf die Fläche konzentrieren, die unter $z = -2$ liegt, denn Sie möchten ja die Wahrscheinlichkeit für 700 Tage und weniger Haltbarkeit bis zum ersten Defekt ermitteln. Sie berechnen somit:

   $P(X < 700) = P(Z < -2{,}00) = 0{,}50 - 0{,}4772 = 0{,}0228$

Weil 50 Prozent der Fläche auf der linken Seite der Standardnormalverteilung liegen, ziehen Sie die berechnete Fläche von 0,5 ab und erhalten damit die Fläche unterhalb von $z = -2$.

Im Ergebnis erhalten Sie eine Fläche von 2,28 Prozent, die unter dem Z-Wert von –2 liegt. Die Wahrscheinlichkeit, ein Gerät zu erhalten, das weniger als 700 Tage bis zum ersten Defekt hält, ist $P(X < 700) = 0{,}0228$, also doch recht gering.

Wenn Sie jetzt zusätzlich wissen möchten, wie groß die Wahrscheinlichkeit ist, ein Gerät zu bekommen, das mehr als 800 Tage, aber weniger als 1200 Tage funktioniert, bis der erste Defekt eintritt, gehen Sie in folgenden Schritten vor:

1. Bestimmen Sie die gesuchte Fläche in der Normalverteilung der Zufallsvariablen X, das heißt, suchen Sie die Wahrscheinlichkeit für $P(800 < X < 1200)$.

2. Wandeln Sie die gesuchten Werte in z-Werte um. Die Wahrscheinlichkeit, dass X zwischen 800 und 1200 liegt, korrespondiert mit der Wahrscheinlichkeit, dass die zugehörige standardisierte Zufallsvariable Z zwischen –1 und 3 liegt, denn das Standardisieren von X ergibt:

   $$\frac{(x_i - \mu)}{\sigma} \leq z \leq \frac{(x_i - \mu)}{\sigma} \rightarrow \frac{(800 - 900)}{100} \leq Z \leq \frac{(1200 - 900)}{100} \rightarrow -1 \leq Z \leq 3$$

3. Bestimmen Sie die Flächenanteile zwischen –1 und $\mu = 0$ sowie zwischen $\mu = 0$ und 3 unter der Standardnormalverteilung durch Ablesen aus Tabelle 12.1 und aus Abbildung 12.6 und kommen Sie auf folgendes Ergebnis:

   $P(-1 < Z < 0) = 0{,}3413$ und $P(0 < Z < 3) = 0{,}4986$

4. Durch Addition der Flächenanteile ergibt sich:

   $P(800 \leq X \leq 1200) = P(-1 \leq Z \leq 3) = 0{,}3413 + 0{,}4986 = 0{,}8399$

Die Wahrscheinlichkeit, ein Gerät zu erhalten, das zwischen 800 und 1200 Tage hält, bis der erste Defekt auftritt, ist mit circa 84 Prozent recht groß. Wie gesagt, das gilt unter der Bedingung, dass die tatsächliche Verteilung der Gerätehaltbarkeit in der Grundgesamtheit normalverteilt ist, bei einer durchschnittlichen Haltbarkeit von $\mu = 900$ Tage und einer durchschnittlichen Abweichung von $\sigma = 100$ Tage. Anhand von Abbildung 12.6 können Sie die Bestimmung der Wahrscheinlichkeiten für diese Aufgabe auch noch einmal nachvollziehen.

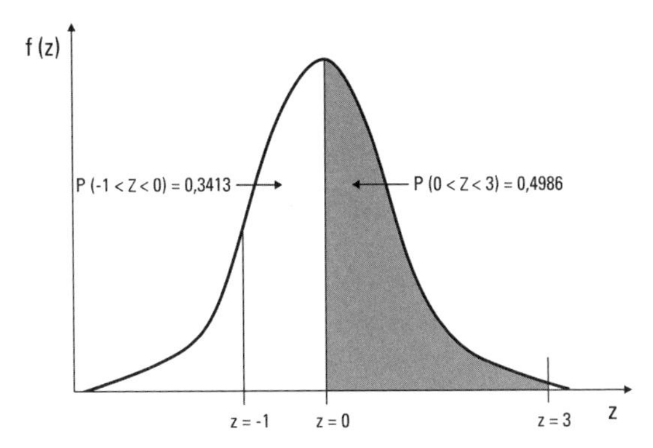

Abbildung 12.6: Beispiel zur Bestimmung von Wahrscheinlichkeiten mithilfe der Normalverteilung. Die Wahrscheinlichkeit, dass z zwischen –1 und 3 liegt, beträgt 0,8399.

Vom Teil aufs Ganze schließen

13

In diesem Kapitel ...

- Die Grundlagen des statistischen Schlusses kennenlernen
- Eine für alle: Stichprobenverfahren
- Der Standardfehler
- Die Stichproben(mittelwert)verteilung und der zentrale Grenzwertsatz

Mit den Verfahren, Instrumenten und Methoden der deskriptiven Statistik können Sie eine Gesamtmenge von Daten, die oft auch als *Grundgesamtheit* oder *Population* bezeichnet wird, darstellen, zusammenfassen, erklären, analysieren und beschreiben. In diesem Kapitel lernen Sie die Grundlagen des statistischen Schlusses kennen, wie Sie auf der Basis einer (oft vergleichsweise winzigen) Teilmenge der Grundgesamtheit, das heißt aus einer Stichprobe, die gleichen Erkenntnisse und Schlussfolgerungen über die Verhältnisse dieser Grundgesamtheit gewinnen können.

Stichproben

Wie in Kapitel 1 erwähnt, ist die zentrale Aufgabe der schließenden Statistik, aus Stichprobeninformationen auf die »wahren« Verhältnisse in der Grundgesamtheit zu schließen. Immer wenn Sie nicht die gesamte Menge der Daten aller für Sie interessanten Elemente, Fälle oder Untersuchungseinheiten, also die Grundgesamtheit, erfassen können und ersatzweise die Daten einer Teilmenge beziehungsweise Stichprobe aus der Grundgesamtheit analysieren wollen, müssen Sie darauf achten, dass die Informationen daraus auch repräsentativ für diese Grundgesamtheit sind. Die Stichprobe muss gleichsam ein kleineres Abbild der Grundgesamtheit sein und ihre wesentlichen Charakteristika widerspiegeln.

Der Repräsentationsschluss

Zweck des statistischen Schlusses von den Daten einer Stichprobe auf die Grundgesamtheit ist die repräsentative Informationsbereitstellung über die Verhältnisse in der Population, daher sprechen Statistiker dabei auch vom *Repräsentationsschluss*.

Auch wenn Ihre Stichprobe eine repräsentative Teilmenge der Population ist, stellen die Ergebnisse daraus aber immer »nur« Schätzungen für die »wahren« Werte der Population dar. Mithilfe der Instrumente und Verfahren der Wahrscheinlichkeitsrechnung ist es somit das Ziel des Repräsentationsschlusses, möglichst gute Schätzungen der Populationseigenschaften zu liefern.

Die unbekannten anhand der Stichprobendaten geschätzten Statistiken (zum Beispiel Erwartungswerte, Anteilswerte, Streuungsmaße, Zusammenhangsmaße und so weiter) werden von den Statistikern *Parameter* genannt, um deutlich zu machen, dass sie die gesuchten wahren, Ihnen aber unbekannten Werte in der Population sind.

Um den Repräsentationsschluss anhand Ihrer Stichprobe korrekt durchführen zu können, ist es erforderlich, dass Sie

- die Grundgesamtheit definiert und bestimmt haben;
- die Stichprobenelemente zufällig aus der Grundgesamtheit ausgewählt haben, das heißt, jede Untersuchungseinheit muss die gleiche Chance haben, von Ihnen dafür ausgewählt zu werden;
- sicherstellen, dass die Statistiken, die Sie anhand der Stichprobendaten berechnet haben, Konkretisierungen von Zufallsvariablen sind.

Liegt eine *Vollerhebung* aller Daten einer Grundgesamtheit vor oder wollen Sie nur Aussagen über die Elemente einer Stichprobe machen, brauchen Sie nur die deskriptive Statistik. Erst wenn Sie über eine Zufallsstichprobe hinaus Aussagen zur übergeordneten Grundgesamtheit machen wollen, benötigen Sie die Verfahren der Wahrscheinlichkeitsrechnung und des Repräsentationsschlusses der schließenden Statistik.

Abbildung 13.1 fasst das Grundprinzip des statistischen Repräsentationsschlusses am Beispiel des Schlusses vom Mittelwert einer Stichprobe auf den »wahren« Mittelwert μ der betreffenden Grundgesamtheit zusammen.

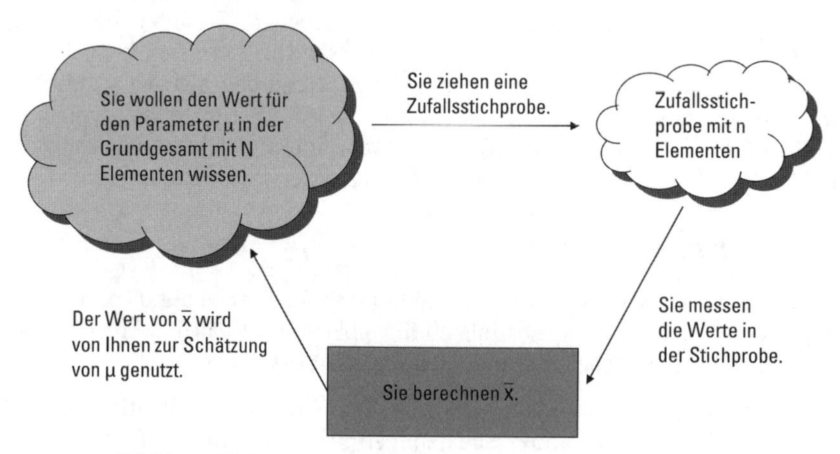

Abbildung 13.1: Das Grundprinzip des Repräsentationsschlusses

Grundgesamtheiten

Sie haben mehrere Möglichkeiten, Stichproben aus Grundgesamtheiten auszuwählen. Grundgesamtheiten können Sie weiter einteilen.

Endliche Grundgesamtheiten

Bei den endlichen Grundgesamtheiten ist Ihnen die Zahl N der Untersuchungseinheiten oder Fälle in der Grundgesamtheit bekannt.

Bei endlichen Grundgesamtheiten müssen Sie bei der Durchführung des Repräsentationsschlusses und der diesbezüglichen Wahrscheinlichkeitsrechnungen auch noch unterscheiden, ob Sie die ausgewählten Elemente nach der Berechnung in die Grundgesamtheit zurücklegen und sie somit bei der nächsten Stichprobe wieder ausgewählt werden können. Werden die Elemente nicht wieder zurückgelegt, ändert sich bei jeder Entnahme (insbesondere bei kleinen Grundgesamtheiten) die Wahrscheinlichkeit, ausgewählt zu werden.

Unendliche Grundgesamtheiten

Ist Ihnen die Anzahl N der Elemente in der Grundgesamtheit nicht bekannt und kann sie theoretisch beliebig groß sein, handelt es sich um eine *unendliche Grundgesamtheit*.

Arten von Stichproben

Als Stichproben stehen Ihnen unter anderem zur Verfügung:

- ✔ **Einfache Zufallsstichprobe:** Bei der einfachen Zufallsstichprobe der Untersuchungseinheiten wählen Sie die Stichprobenelemente unabhängig voneinander und zufällig aus der Grundgesamtheit (die Auswahl erfolgt zum Beispiel anhand von Zufallszahlen für durchnummerierte Einheiten in der Grundgesamtheit oder durch Ziehung aus einer Lostrommel).
- ✔ **Systematische Zufallsstichprobe:** Bei der systematischen Zufallsstichprobe wählen Sie die Stichprobenelemente anhand einer Regel aus (zum Beispiel jeder hundertste Fall in einer Reihe geordneter Elemente der Grundgesamtheit).
- ✔ **Geschichtete Zufallsstichprobe:** Sehr große Grundgesamtheiten können Sie zum Beispiel nach bestimmten Merkmalen in möglichst gleichartige oder gleichgroße Schichten einteilen und aus diesen dann die Stichprobenelemente zufällig auswählen. In diesem Fall spricht man von einer *geschichteten Zufallsstichprobe*.
- ✔ **Quotenstichprobe:** Klassieren oder gruppieren Sie die Grundgesamtheit nach bestimmten Kriterien beziehungsweise Merkmalen und ziehen Sie dann daraus für jede Klasse oder Gruppe eine jeweils dafür vorgesehene Quote (beziehungsweise einen vorgegebenen prozentualen Anteil) von Stichprobenelementen zufällig, ist dies eine *Quotenstichprobe*. Dabei kommt es allerdings darauf an, dass die einzelnen Gruppen oder Klassen ihrem Gewicht in der Grundgesamtheit entsprechend in der Stichprobe repräsentiert sind.
- ✔ **Klumpenstichprobe:** Bei der *Klumpenstichprobe* wählen Sie die einzelnen Stichprobenelemente nicht mehr zufällig aus, sondern Klumpen von infrage kommenden Untersuchungseinheiten, und untersuchen dann jeweils zufällig ausgewählte Klumpen.
- ✔ **Mehrstufige Zufallsstichprobe:** Die mehrstufige Zufallsstichprobe bedeutet, dass Sie zum Beispiel die Grundgesamtheit in Schichten einteilen und innerhalb der Schichten

systematisch zum Beispiel Klumpen von Untersuchungseinheiten auswählen und so weiter.

- **Schneeballstichprobe:** Die Schneeballstichprobe erinnert an das Schnellballprinzip. Sie bestimmen zum Beispiel zunächst eine Gruppe von typischen Mitgliedern der Grundgesamtheit und befragen diese nach weiteren Mitgliedern aus der Grundgesamtheit, wenden sich wiederum an die genannten Mitglieder und fragen wieder nach weiteren Mitgliedern aus der Grundgesamtheit und so weiter, bis Sie eine genügende Zahl von Angehörigen in der Grundgesamtheit für Ihre Analysen erfasst haben.

Achten Sie bei den Stichproben auf die Rücklaufquote, das heißt den Anteil der in die Untersuchung tatsächlich aufgenommenen Stichprobenelemente. Niedrige Rücklaufquoten, zum Beispiel aufgrund von Antwortverweigerungen, krankheitsbedingten Ausfällen und so weiter, können die Repräsentativität Ihrer Stichprobe erheblich beeinträchtigen, insbesondere wenn sie nicht mehr mit Bezug auf die Sie interessierenden Untersuchungsmerkmale repräsentativ ist.

Auswahlverfahren

Für einige der oben aufgeführten Stichproben bestehen keine spezifischen Formeln zur Bestimmung der in die Stichprobe einzubeziehenden statistischen Einheiten. Für einige aber sind sie notwendig. Ich möchte Ihnen hier zwei Beispiele geben, und zwar

- die Formel für die systematische Auswahl und
- die Formel für die geschichtete Auswahl.

Systematische Auswahl

Wenn Sie bei einer systematischen Stichprobe die Stichprobenelemente bestimmen wollen, gehen Sie nach folgender Formel vor:

$$\frac{N}{n} = i$$

Dabei bedeutet:

- N: Anzahl der Elemente in der Grundgesamtheit
- n: Anzahl der zu wählenden Elemente für die Stichprobe
- i: das jeweils i-te zu wählende Element

Ist i eine ganze Zahl, wird jedes i-te Element ausgewählt, andernfalls nehmen Sie für i die nächstkleinere ganze Zahl.

Um das i-te Stichprobenelement für eine systematische Stichprobe auszusuchen, gehen Sie wie folgt vor:

1. Legen Sie die Grundgesamtheit fest und ermitteln Sie die Gesamtzahl der Elemente N in der Grundgesamtheit, beispielsweise anhand von amtlichen Datensätzen oder Adresslisten.
2. Legen Sie den Stichprobenumfang n fest.
3. Sofern erforderlich und möglich, ordnen Sie die Elemente in der Grundgesamtheit der Reihenfolge nach für die Auswahl der Stichprobenelemente entsprechend an.
4. Legen Sie mithilfe der Formel $\frac{N}{n} = i$ fest, das jeweils wievielte Element Sie aus der Grundgesamtheit für die Stichprobe auswählen.
5. Wählen Sie das erste Element für die Stichprobe zufällig aus (Sie können dabei zum Beispiel auch auf öffentlich zugängliche Zufallszahlentabellen zurückgreifen).
6. Wählen Sie alle weiteren i-ten Elemente entsprechend der in Arbeitsschritt 4 festgelegten Schrittfolge aus.

Hier ein Beispiel zur Bestimmung der systematischen Auswahl der Stichprobenelemente: Unternehmensinhaber Klaus Neunmalklug hat in seinem Unternehmen 1.000 Mitarbeiter und er möchte gerne wissen, wie die Mitarbeiter über das Betriebsklima in seinem Unternehmen denken. Er will dazu eine Befragung unter den Unternehmensangehörigen am Arbeitsplatz durchführen. Damit der betriebliche Ablauf aber nicht vollkommen zum Erliegen kommt, kann er nur eine Stichprobe von 100 Mitarbeitern befragen. Er stellt sich jetzt die Frage, welche Mitarbeiter er für eine repräsentative Stichprobe auswählen soll. Er geht folgendermaßen vor:

1. Er stellt die Grundgesamtheit mit $N = 1000$ Mitarbeitern anhand der ihm vorliegenden alphabetischen Namensliste aus der Personalabteilung fest.
2. Er will daraus $n = 100$ Elemente beziehungsweise zu befragende Mitarbeiter für die Stichprobe entnehmen.
3. Die Urliste der Grundgesamtheit liegt ihm in Form der alphabetisch geordneten Namensliste aller Mitarbeiter als Grundlage für die Auswahl der Mitarbeiter vor.
4. Aufgrund der Anwendung der Formel

   $$\frac{N}{n} = i$$

   Das heißt: $\frac{1000}{100} = 10$

   muss er unter diesen Vorgaben jeden zehnten Mitarbeiter für die Stichprobe aus der Namensliste auswählen.
5. Um die Zufallsauswahl zu gewährleisten, wirft er zur Bestimmung des ersten zu erfassenden Mitarbeiters aus der Liste mit einem Würfel fünf Augen. Damit steht als erstes Stichprobenelement der fünfte Mitarbeiter in seiner Namensliste als erste statistische Einheit für seine Untersuchung fest.

6. Nun wählt er als weitere Stichprobenelemente den 15., den 25., den 35. und so weiter Mitarbeiter aus der Namensliste aus, bis er 100 zu befragende Mitarbeiter als Stichprobenelemente gezogen hat.

Geschichtete Auswahl

Wenn Sie eine sehr große und in ihrer Zusammensetzung sehr unterschiedliche Grundgesamtheit analysieren wollen und dafür eine repräsentative Stichprobe bestimmen möchten, ist es sinnvoll, eine geschichtete Auswahl der statistischen Einheiten durchzuführen. Bei diesem Verfahren teilen Sie die Grundgesamtheit in Schichten ein und können so bestimmte für die Analyse bedeutsame Unterschiede in der Grundgesamtheit besser berücksichtigen und damit die Treffgenauigkeit Ihrer Schätzung verbessern.

Die Formel für die Auswahl der Untersuchungseinheiten für das geschichtete Auswahlverfahren ist:

$$n_k = n \cdot \frac{N_k}{N} \quad \text{wobei } k = 1., 2., 3., \ldots, k\text{-te Schicht}$$

Dabei bedeutet:

- ✔ n: Gesamtzahl der Stichprobenelemente
- ✔ N: Gesamtzahl der Elemente in der Grundgesamtheit
- ✔ k: die k-te Schicht
- ✔ N_k: Gesamtzahl der Elemente aus der Grundgesamtheit in der k-ten Schicht
- ✔ n_k: Anzahl der Stichprobenelemente für die k-te Schicht

Bei der Berechnung müssen Sie folgende Schritte durchlaufen:

1. Legen Sie die Grundgesamtheit fest und ermitteln Sie die Gesamtzahl der Elemente N in der Grundgesamtheit, beispielsweise anhand von amtlichen Statistiken, Dateien oder Adresslisten.
2. Stellen Sie die einzelnen Schichten in der Grundgesamtheit fest und ermitteln Sie die jeweilige Anzahl der Elemente N_k in den einzelnen Schichten in der Grundgesamtheit.
3. Bestimmen Sie den Umfang der erforderlichen Stichprobe n.
4. Bestimmen Sie anhand der Formel

   $$n_k = n \cdot \frac{N_k}{N}$$

   die Anzahl der für die Stichprobe auszuwählenden Fälle pro Schicht.

Bezogen auf die einzelnen Schichten können Sie nun bei den weiteren Schritten wie im Fall der nicht geschichteten Stichprobe fortfahren:

5. Ordnen Sie sofern erforderlich und möglich die Elemente in jeder Schicht der Grundgesamtheit der Reihenfolge nach für die Auswahl der Stichprobenelemente entsprechend an.

6. Legen Sie mithilfe der Formel

$$\frac{N_k}{n_k} = i$$

fest, das jeweils wievielte Element Sie aus jeder Schicht in der Grundgesamtheit für die Stichprobe auswählen.

7. Wählen Sie das erste Element in jeder Schicht für die Stichprobe zufällig aus (Sie können dabei auf öffentlich zugängliche Zufallszahlentabellen zurückgreifen).

8. Wählen Sie alle weiteren i-ten Elemente für jede Schicht entsprechend der in Arbeitsschritt 6 festgelegten Schrittfolge aus.

Im vorliegenden Beispiel der Mitarbeiterbefragung zur Einschätzung des Betriebsklimas soll bei der Stichprobe der Anteil der Frauen und Männer dem der gesamten Belegschaft entsprechen.

Herr Neunmalklug weiß aus der Personalstatistik, dass der Anteil der Frauen in seinem Unternehmen 40 Prozent beträgt. Wie viele Mitarbeiter muss er also pro Schicht für die Stichprobe auswählen?

Um dies zu ermitteln, geht er folgendermaßen vor:

1. Er stellt fest, dass die Grundgesamtheit seiner Mitarbeiter $N = 1000$ beträgt.

2. Er möchte seine Mitarbeiter nach Geschlecht differenziert in Schichten zusammenfassen und stellt fest, dass der Frauenanteil 0,4 und der männliche Anteil 0,6 beträgt, sodass sein Unternehmen $N_F = 400$ Frauen und $N_M = 600$ Männer beschäftigt.

3. Er legt den Umfang der erforderlichen Stichprobe auf 10 Prozent der Grundgesamtheit fest, das heißt, es gilt $n = 100$.

4. Er berechnet die Zahl der Stichprobenelemente für die Schicht der Frauen mit:

$$n_F = n \cdot \frac{N_F}{N} = 100 \cdot \frac{400}{1000} = 40$$

und die Zahl der Stichprobenelemente für die Schicht der Männer mit:

$$n_M = n \cdot \frac{N_M}{N} = 100 \cdot \frac{600}{1000} = 60$$

Er muss demnach 40 Mitarbeiterinnen und 60 Mitarbeiter für die Stichprobe zufällig auswählen.

Ans Limit gehen: Der zentrale Grenzwertsatz

Haben Sie sich schon einmal gefragt, warum bei Bundestagswahlen oder anderen Wahlen kurz nach der Schließung der Wahllokale mit der sogenannten ersten Hochrechnung schon so genau auf das Endergebnis geschlossen werden kann? Hinter diesem Geheimnis steht nichts anderes als der zentrale Grenzwertsatz. Auf der Grundlage dieses Satzes können Sie anhand von Stichprobenergebnissen auf die tatsächlichen Verhältnisse in der Grundgesamtheit mit den Eigenschaften der Normalverteilung schließen.

Nehmen Sie einmal an, dass Sie als Bürgermeister eine gesundheitspolitische Aktion in Ihrer Stadt planen und dafür das aktuelle durchschnittliche Gewicht der Menschen μ wissen müssen. Aktuelle Daten liegen dafür aber nicht vor. Sie können aus zeitlichen und kostenbedingten Gründen nur eine Zufallsstichprobe von 100 Ihrer Bürger anhand einer vollständigen Adressenliste erfassen und deren Körpergewicht messen. Aus diesen Daten berechnen Sie das Durchschnittsgewicht $\bar{x}$ für die Stichprobe. Selbst wenn die Stichprobe auf einer Zufallsauswahl beruht und repräsentativ zusammengesetzt ist und jeder Bürger dadurch die gleiche Chance hatte, in die Stichprobe zu gelangen, würden Sie sicherlich nicht darauf wetten, dass das Durchschnittsgewicht der Menschen in der Stichprobe hundertprozentig mit dem wahren Durchschnittsgewicht μ in der Grundgesamtheit, das heißt aller Bürger Ihrer Stadt, übereinstimmt. Sie nehmen mithin $\bar{x} \neq \mu$ an und somit gilt die Differenz $\bar{x} - \mu \neq 0$.

Jetzt stellen Sie sich einmal vor, Sie ziehen mehrere Zufallsstichproben vom Umfang n aus der gleichen Grundgesamtheit. Abbildung 13.2 veranschaulicht diesen Vorgang.

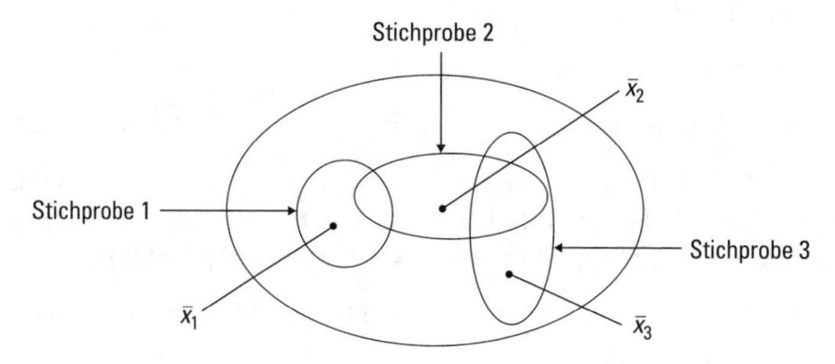

Abbildung 13.2: Stichproben und ihre Mittelwerte

Wenn Sie die Durchschnittsgewichte für die einzelnen Stichproben aus dieser Grundgesamtheit berechnen, ist es sehr wahrscheinlich, dass sich auch die Mittelwerte aus den Stichproben voneinander unterscheiden, weil die Stichproben sich in der Regel nicht identisch zusammensetzen. Sie nehmen somit folgende Beziehung zwischen den einzelnen Stichprobenmittelwerten an: $\bar{x}_1 \neq \bar{x}_2 \neq \bar{x}_3$. Mit anderen Worten: Sie können auch das arithmetische Mittel selbst als Zufallsvariable auffassen. Sie erwarten, dass die berechneten Durchschnittsgewichte $\bar{x}_1$, $\bar{x}_2$ und $\bar{x}_3$ mehr oder weniger um das wahre Durchschnittsgewicht μ in der Stadtbevölkerung streuen werden und somit auch die Zufallsvariable »Stichprobenmittelwert«. Die Streuung des Stichprobenmittelwertes hat wichtige Eigenschaften, die in den »zentralen Grenzwertsatz« münden, den ich in zwei Punkten kurz erläutern möchte:

1. Wenn Sie die Verteilung der einzelnen Merkmalswerte (im Beispiel das Körpergewicht der Bürger) in der Grundgesamtheit als normalverteilt annehmen können, wird die Verteilung der Stichprobenmittelwerte daraus auch normalverteilt sein.

2. Wenn Sie mehrere Zufallsstichproben mit einer Anzahl von Stichprobenelementen von in der Regel mindestens $n \geq 30$ aus einer Grundgesamtheit ziehen, ist die Stichprobenmittelwertverteilung eines beliebigen Merkmals daraus ebenfalls annähernd normalverteilt, und zwar unabhängig von der Verteilungsform der Merkmalswerte in der Grundgesamtheit.

Das bedeutet im vorliegenden Beispiel mit den Körpergewichten der Bürger in Ihrer Stadt: Wenn Sie sehr viele Zufallsstichproben mit jeweils mindestens 30 Bürgern aus dieser Stadt ziehen, ihr Gewicht messen und dann daraus das Durchschnittsgewicht berechnen, werden sich die Mittelwerte der Gewichte aus diesen Stichproben normal verteilen. Die einzelnen Stichprobenmittelwerte sind dabei Realisierungen einer normalverteilten Zufallsvariablen, die in der Literatur oft mit $\bar{X}$ gekennzeichnet wird.

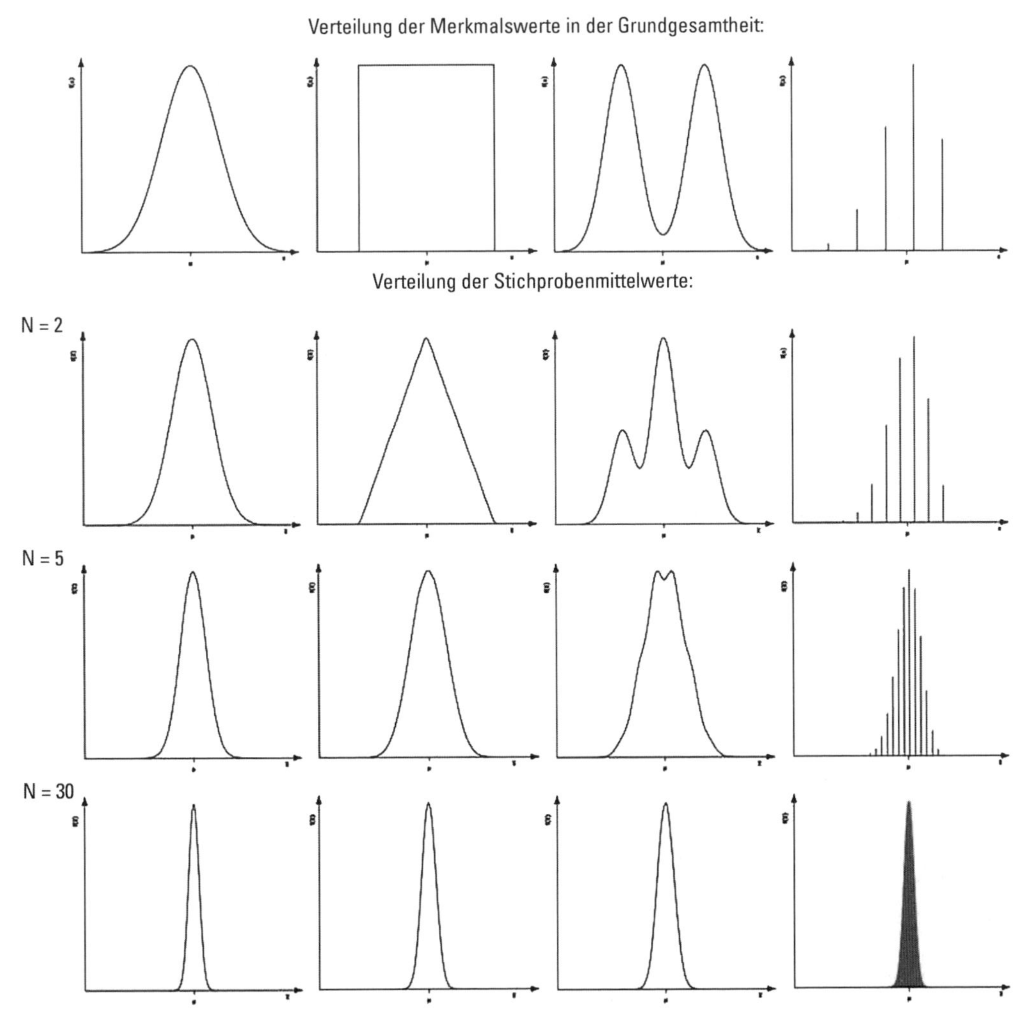

Abbildung 13.3: Stichprobenmittelwertverteilung für verschiedene Merkmalsverteilungen in der Grundgesamtheit

Abbildung 13.3 zeigt verschiedene Verteilungen von Grundgesamtheiten in der ersten Zeile. Dabei ist nur die erste Grundgesamtheit (beziehungsweise das betrachtete Merkmal darin) normalverteilt. Die übrigen Zeilen darunter enthalten die Verteilungen der Stichprobenmittelwerte aus Zufallsstichproben mit zunehmend größerer Anzahl von Stichprobenelementen.

In der zweiten Zeile in Abbildung 13.3 sehen Sie beispielsweise die Verteilung des Stichprobenmittels bei Stichproben mit jeweils nur zwei Stichprobenelementen. In der letzten Zeile beträgt die Anzahl der Stichprobenelemente in den Stichproben 30 Personen. Das Ergebnis entspricht dem zentralen Grenzwertsatz: In allen Fällen, unabhängig von der Merkmalsverteilung in der Grundgesamtheit, ist die Verteilung des Stichprobenmittelwertes für Stichprobenumfänge von $n \geq 30$ annähernd normalverteilt!

Es kommt aber noch besser: Der Erwartungswert $E(\bar{X})$ (mehr dazu erfahren Sie in Kapitel 10) der Zufallsvariablen des Stichprobenmittelwertes, die mit einem großen $\bar{X}$ bezeichnet wird, stimmt mit dem wahren Mittelwert μ in der Grundgesamtheit überein. Es gilt somit:

$$E(\bar{X}) = \mu$$

Unter Statistikern sagt man, dass $E(\bar{X})$ »erwartungstreu« (dazu finden Sie mehr weiter hinten in diesem Kapitel) bezüglich des wahren Mittelwertes μ ist.

Ziehen Sie zudem ganz viele Zufallsstichproben aus der Grundgesamtheit und berechnen jeweils das arithmetische Mittel daraus, entspricht sozusagen der Mittelwert der Mittelwerte aus den Stichproben $E(\bar{X})$ dem tatsächlichen Wert μ in der Grundgesamtheit. Sie werden das auch ganz logisch finden, denn zufällig werden die Mittelwerte der Zufallsstichproben mal über dem Mittelwert in der Grundgesamtheit liegen und mal darunter, sodass sich größere und geringere Werte ausgleichen, und der Mittelwert in der Grundgesamtheit ist das Ergebnis.

Der Standardfehler

Ein weiteres Ergebnis des zentralen Grenzwertsatzes betrifft die Standardabweichung $\sigma_{\bar{x}}$ der Zufallsvariablen des Stichprobenmittelwertes. Diese spezielle Standardabweichung hat auch den Namen »Standardfehler« erhalten.

Die Standardabweichung des Stichprobenmittelwertes nennt man *Standardfehler*, weil diese Kennzahl über die Streuung des Stichprobenmittelwertes um den wahren Mittelwert informiert und damit gleichzeitig das Ausmaß der Abweichung beziehungsweise des Fehlers ausdrückt, den Sie mit dem Stichprobenmittelwert $\bar{X}$ zur Schätzung des wahren Mittelwertes μ begehen.

Insofern Sie die Standardabweichung σ des betrachteten Merkmals in der Grundgesamtheit als bekannt annehmen können, verwenden Sie zur Berechnung des Standardfehlers allgemein diese Formel:

$$\sigma_{\bar{x}} = \frac{\sigma}{\sqrt{n}}$$

Wenn Ihnen die Varianz und die Standardabweichung des betrachteten Merkmals in der Grundgesamtheit nicht bekannt ist, was in der Situation der Anwendung der schließenden Statistik der Regelfall sein dürfte, berechnen Sie die Standardabweichung aus der Stichprobe und setzen diese in die daraus abgeleitete Schätzformel für den Standardfehler ein:

$$\hat{\sigma}_{\bar{x}} = \frac{s_x}{\sqrt{n}}$$

wobei Sie s_x nach dieser Formel berechnen:

$$s_x = \sqrt{\frac{\sum_{i=1}^{n}(x_i - \bar{x})^2}{n-1}}$$

(Dazu mehr weiter hinten in diesem Kapitel.)

Dabei bedeutet:

- ✔ $\sigma_{\bar{x}}$: Standardfehler beziehungsweise Standardabweichung des Stichprobenmittelwertes
- ✔ $\hat{\sigma}_{\bar{x}}$: Schätzung des Standardfehlers des Stichprobenmittelwertes
- ✔ σ: Standardabweichung der Merkmalswerte in der Grundgesamtheit
- ✔ s_x: Standardabweichung der Merkmalswerte in der Stichprobe
- ✔ n: Umfang der Stichprobe beziehungsweise Zahl der Stichprobenelemente

Für »unendliche Grundgesamtheiten«, »Stichproben mit Zurücklegen« oder wenn das Verhältnis $\frac{n}{N} \leq 0{,}05$ beträgt und die Standardabweichung in der Grundgesamtheit σ bekannt ist, gilt zur Berechnung des Standardfehlers die Formel:

$$\sigma_{\bar{x}} = \frac{\sigma}{\sqrt{n}}$$

Falls Ihnen eine endliche Grundgesamtheit vorliegt und es sich um eine Zufallsstichprobe ohne Zurücklegen handelt oder allgemein $\frac{n}{N} > 0{,}05$ ist, müssen Sie $\frac{\sigma}{\sqrt{n}}$ noch mit einem Korrekturfaktor $\sqrt{\frac{N-n}{N-1}}$ multiplizieren, das heißt, Sie verwenden diese Formel:

$$\frac{\sigma}{\sqrt{n}} \cdot \sqrt{\frac{N-n}{N-1}}$$

Wichtig und von großer praktischer Bedeutung ist bei diesen Formeln, dass der Standardfehler mit der Größe der Zufallsstichprobe variiert. Je größer die Zufallsstichprobe ist, desto geringer ist der Standardfehler des Stichprobenmittelwertes! Das heißt also, dass der Stichprobenmittelwert mit steigender Stichprobenanzahl immer enger um den Populationserwartungswert schwankt. Das bedeutet, dass Sie auf der Grundlage größerer Stichproben umso genauer bei der Schätzung des wahren Populationswertes liegen. Dies lässt sich auch in Abbildung 13.3 erkennen.

Mit dem Standardfehler rechnen

Halten wir noch einmal fest: Ziehen Sie eine Zufallsstichprobe mit 30 oder mehr Stichprobenelementen und berechnen daraus den Mittelwert $\bar{x}$ für ein Stichprobenmerkmal, wird dieser Wert mehr oder weniger von dem wahren Mittelwert in der Grundgesamtheit, aus der die Stichprobe stammt, abweichen, das heißt, es gibt eine Differenz in Höhe von $\bar{x} - \mu$. Diese Differenz können Sie auch in Einheiten des Standardfehlers beziehungsweise als Z-Wert der Stichprobenmittelwertverteilung ausdrücken. Die Formel dafür ist:

$$z_{\bar{x}} = \frac{\bar{x} - \mu}{\frac{\sigma}{\sqrt{n}}} = \frac{\bar{x} - \mu}{\sigma_{\bar{x}}}$$

Dabei bedeutet:

- $z_{\bar{x}}$: Z-Wert des errechneten Mittelwertes
- $\bar{x}$: Mittelwert des Merkmals in der Stichprobe
- μ: Mittelwert des Merkmals in der Grundgesamtheit
- σ: Standardabweichung des Merkmals in der Grundgesamtheit
- $\sigma_{\bar{x}}$: Standardfehler der Stichprobenmittelwertverteilung
- n: Anzahl der Stichprobenelemente

Einmal vorausgesetzt, Sie kennen den wahren Mittelwert in der Grundgesamtheit (der ja der Erwartungswert von $E(\bar{X})$ ist), dann ist es Ihnen möglich, dass Sie die Differenzen zwischen allen möglichen Stichprobenmittelwerten aus Zufallsstichproben und dem Mittelwert in der Grundgesamtheit bilden und diese Differenz nach der Formel von $z_{\bar{x}}$ transformieren beziehungsweise standardisieren (mehr zur Standardisierung erfahren Sie in Kapitel 5). Ersetzen Sie in der Standardisierungsformel die realisierten Mittelwerte $\bar{x}$ durch die Zufallsvariable $\bar{X}$, stellt $Z_{\bar{x}}$ gleichfalls eine Zufallsvariable dar, deren Verteilung der Standardnormalverteilung entspricht (zur Standardnormalverteilung erfahren Sie mehr in Kapitel 12).

Der Vorteil aus alledem ist, dass Sie nun für jeden Stichprobenmittelwert anhand der Standardnormalverteilungstabelle angeben können, wie weit er von dem »wahren« Mittelwert in Einheiten des Standardfehlers entfernt und wie wahrscheinlich er somit in Bezug auf den »wahren« Mittelwert μ ist. Diese Erkenntnis ist von sehr großer Bedeutung, wenn Sie von den Werten in einer Stichprobe auf die Werte in einer Grundgesamtheit schließen wollen.

Im Zusammenhang mit dem Problem des Übergewichts der Bürger in Ihrer Stadt vermuten Sie als Bürgermeister, dass das Durchschnittsgewicht der Stadtbevölkerung 80 Kilogramm (der Parameter μ in der Grundgesamtheit) beträgt. Aus früheren Untersuchungen ist Ihnen aber bekannt, dass die durchschnittliche Streuung (die Standardabweichung σ in der Grundgesamtheit) 20 Kilogramm beträgt. Ihr Stichprobenergebnis mit $n = 100$ zufällig ausgewählten Bürgern liefert Ihnen ein Durchschnittsgewicht von $\bar{x} = 78$ Kilogramm. Sie wollen jetzt wissen, wie gut Ihre Vermutung bei solch einem Stichprobenergebnis ist. Um das herauszufinden, greifen Sie auf die standardisierte Stichprobenmittelwertverteilung zurück und verfahren wie folgt:

1. Berechnen Sie aus den gegebenen Daten die Differenz zwischen dem arithmetischen Mittel aus der Stichprobe und dem angenommenen Erwartungswert in der Grundgesamtheit:

   $$\bar{x} - \mu = 78 - 80 = -2$$

2. Berechnen Sie den Standardfehler:

   $$\sigma_{\bar{x}} = \frac{\sigma}{\sqrt{n}} = \frac{20}{\sqrt{100}} = \frac{20}{10} = 2$$

3. Berechnen Sie den Z-Wert:

   $$z_{\bar{x}} = \frac{\bar{x} - \mu}{\frac{\sigma}{\sqrt{n}}} = \frac{-2}{\frac{20}{\sqrt{100}}} = \frac{-2}{2} = -1$$

Danach würde der Stichprobenmittelwert von 78 Kilogramm einen Standardfehler entfernt unter dem tatsächlichen Mittelwert von 80 Kilogramm in der Grundgesamtheit liegen. Es ist daher wahrscheinlich, dass Ihre Annahme von 80 Kilogramm für die Grundgesamtheit zutreffend ist, denn die Wahrscheinlichkeit, einen Wert zu erzielen, der nur eine Standardeinheit unter dem Mittelwert (unter der Bedingung der Normalverteilung) liegt, ist relativ hoch. Es ist jedenfalls kein sehr unwahrscheinliches Stichprobenergebnis unter den gegebenen Bedingungen. Sie können deshalb durchaus weiterhin von einem durchschnittlichen Gewicht von 80 Kilogramm bei Ihren Bürgern ausgehen, auch wenn Ihr Stichprobenergebnis lediglich 78 Kilogramm beträgt.

Schätzverfahren

In diesem Kapitel ...

- Punktschätzung
- Anforderungen an die Schätzfunktion
- Intervallschätzungen

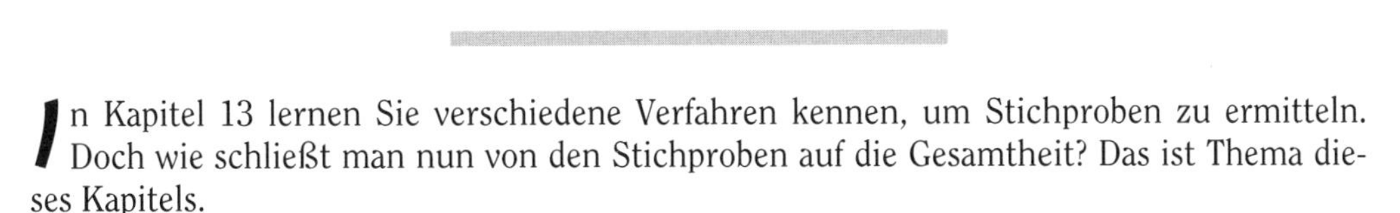

In Kapitel 13 lernen Sie verschiedene Verfahren kennen, um Stichproben zu ermitteln. Doch wie schließt man nun von den Stichproben auf die Gesamtheit? Das ist Thema dieses Kapitels.

Genau schätzen – die Punktschätzung

Wenn Sie die Hand in das Wasser in Ihrer Badewanne halten, um die Temperatur des Wassers zu überprüfen, machen Sie nichts anderes, als aufgrund dieser Handlung (Ihre Stichprobe) auf die gewünschte durchschnittliche Wärme (den unbekannten, aber gesuchten Parameter) des Badewassers (die Grundgesamtheit) in Ihrer Badewanne zu schließen. Sie sind gewissermaßen schon Profi beim Schätzen von unbekannten Parametern der Grundgesamtheit, nur dass Sie es noch nicht wussten. Bei der Punktschätzung geht es genau um einen bestimmten Parameterwert, den Sie nicht kennen und den Sie aufgrund der Daten einer Zufallsstichprobe schätzen wollen.

Solche Schätzwerte können sich auf zentrale Lagemaße wie Erwartungswerte, auf Streuungsmaße wie Varianzen, auf Zusammenhangsmaße wie Korrelationskoeffizienten oder aber auch auf Anteilswerte wie Prozentanteile und andere statistische Kennzahlen beziehen. Sie wollen beispielsweise von einem Mittelwert eines Merkmals in einer Stichprobe den Erwartungswert des Merkmals schätzen. Es geht somit um die Schätzung eines einzigen Wertes und daher kommt die Bezeichnung *Punktschätzung*.

Die Schätzfunktion und ihre Qualitätsanforderungen

Die Schätzung des gesuchten Wertes in der Grundgesamtheit führen Sie mit der sogenannten *Schätzfunktion* (manche nennen sie auch ganz einfach *Schätzer*) durch. Die Schätzfunktion schreibt Ihnen vor, wie Sie aus den Stichprobendaten den Wert für den unbekannten Parameter bestimmen können.

Die Schätzfunktionen müssen Qualitätsanforderungen erfüllen und dafür bestimmte Eigenschaften aufweisen, um gute Schätzungen der unbekannten Parameter zu liefern.

- ✔ **Die Schätzfunktion sollte erwartungstreu sein.** Im Durchschnitt sollten die mit der Schätzfunktion geschätzten Werte mit dem Parameter in der Grundgesamtheit übereinstimmen. Für die Schätzung des Mittelwerts wird das beispielsweise optimal erfüllt, denn der Erwartungswert dieser Zufallsvariablen entspricht dem wahren Wert in der Grundgesamtheit und es gilt: $E(\bar{X}) = \mu$. Wird diese Bedingung nicht erfüllt, sprechen Statistiker von einem »verzerrten« Schätzer.

- **Die Schätzfunktion sollte effizient sein.** Bei wiederholten Schätzungen sollten die daraus resultierenden Schätzwerte möglichst minimal streuen und im Vergleich zu anderen Schätzfunktionen die »geringste Streuung« aufweisen. Mit geringeren Streuungen können Sie genauere Schätzungen erwarten.
- **Die Schätzfunktion sollte konsistent sein.** Eine Schätzfunktion ist konsistent, wenn sie mit zunehmender Anzahl der Stichprobenelemente immer genauere Schätzungen des gesuchten Parameters liefert. Beispielsweise ist das arithmetische Mittel $\bar{X}$ ein konsistenter Schätzer für den wahren Mittelwert der Grundgesamtheit μ: Zum einen ist das arithmetische Mittel, wie angemerkt, ein erwartungstreuer Schätzer, zum anderen gilt für den Standardfehler, also der Standardabweichung von $\bar{X}$,

  $$\sigma_{\bar{x}} = \frac{\sigma}{\sqrt{n}}$$

  je größer der Umfang n der Stichprobe, desto kleiner ist der Standardfehler, wie Sie leicht anhand der Formel nachvollziehen können. Das arithmetische Mittel trifft mit wachsendem n also den unbekannten Populationsparameter μ immer besser. Dies sehen Sie auch in Abbildung 13.3, die Verteilung des Stichprobenmittels streut mit wachsender Beobachtungszahl immer genauer um μ.
- **Die Schätzfunktion sollte erschöpfend sein.** Eine Schätzfunktion ist dann erschöpfend, wenn möglichst sämtliche Daten in der Stichprobe für die Schätzung genutzt werden und keine Informationen verloren gehen. Auch hier kann Ihnen die Schätzfunktion für das arithmetische Mittel als gutes Beispiel dienen, denn in die Berechnung dieser Schätzfunktion gehen sämtliche Werte in der Stichprobe ein, wie Sie der Schätzfunktion anhand des Indexes des Summenzeichens entnehmen können. Dort werden alle Werte aufsummiert, angefangen beim ersten Wert ($i = 1$) bis zum letzten Wert ($i = n$). Die zentralen Lagemaße Median und Modus sind beide nicht erschöpfend, weil bei ihrer Berechnung nicht alle Beobachtungswerte mit ihren genauen Wertausprägungen berücksichtigt werden.

Die Schätzfunktion für das arithmetische Mittel

Die Schätzfunktion für das arithmetische Mittel sieht wie folgt aus:

$$\bar{X} = \frac{1}{n}\sum_{i=1}^{n} X_i$$

Die Formel der Schätzfunktion ist nahezu identisch mit der Formel für das arithmetische Mittel. Der Unterschied besteht lediglich darin, dass für die Merkmalswerte x_i nunmehr der Großbuchstabe X_i steht – die noch nicht realisierte Zufallsvariable der i-ten Beobachtung des Merkmals.

Statistiker haben sich mit dem Ziel einer einheitlichen Symbolisierung geeinigt, Großbuchstaben für Zufallsvariablen (X, Y, Z) und Kleinbuchstaben für die Werte (auch Realisationen genannt) von Zufallsvariablen und Konstanten zu verwenden. Die Schätzwerte für die Parameter μ, σ, σ^2 etc. kennzeichnen sie mit einem kleinen Dach $\hat{\mu}$, $\hat{\sigma}$, $\hat{\sigma}^2$ etc.

Die Schätzfunktion für die Varianz

Glücklicherweise brauchen Sie nicht jede Statistik und ihre Schätzfunktion auf die genannten Kriterien hin zu untersuchen. Das haben die statistischen Experten bereits für Sie getan und Sie können deren Ergebnisse einfach übernehmen. Neben der Schätzfunktion für das arithmetische Mittel erfüllt beispielsweise die folgende Schätzfunktion für die Varianz die oben genannten Qualitätskriterien:

$$\hat{\sigma}^2 = \frac{\sum_{i=1}^{n}(X_i - \overline{X})^2}{n-1}$$

Anders als bei der Berechnung für die Varianz in der Grundgesamtheit ist die Schätzfunktion zur Schätzung der Varianz aufgrund der Daten in der Stichprobe nur erwartungstreu, wenn Sie die Summe der quadrierten Abweichungen vom Mittelwert durch $n - 1$, statt lediglich durch n, teilen (dieser Wert wird auch als *Freiheitsgrade* in der Fachliteratur bezeichnet). Nicht für jede Schätzfunktion müssen Sie solche Änderungen an den Formeln zur Erfüllung der Kriterien vornehmen.

Die Schätzfunktion für Anteilswerte

Wie die Schätzfunktion für das arithmetische Mittel der Formel für das arithmetische Mittel entspricht, entspricht auch die Schätzfunktion für Anteilswerte der Formel für relative Häufigkeiten:

$$\hat{P} = \frac{X}{n}$$

Dabei ist X nun die Zufallsvariable, die die gesamte Anzahl der eingetroffenen Ereignisse aus n Versuchen angibt, für die Sie die Wahrscheinlichkeit suchen.

In jedem Fall schätzen Sie mit der Punktschätzung nur auf einen einzelnen Wert des Parameters oder eben auf einen einzelnen Punkt in der Grundgesamtheit. Insofern Sie die Qualitätskriterien für Schätzfunktionen dabei berücksichtigt haben, können Sie davon ausgehen, dass Sie damit am besten auf den Wert des von Ihnen gesuchten, aber nicht bekannten wahren Parameterwert in der Grundgesamtheit schließen können. Wie nah Sie mit Ihrer Schätzung dem wahren Wert des Parameters in der Grundgesamtheit damit kommen oder wie genau Ihre Schätzung ist, wissen Sie aber noch nicht. Aber auch für dieses Problem haben die Statistiker eine Lösung parat: das Vertrauensintervall.

Mit Vertrauen rechnen – das Vertrauensintervall

Nur in den seltensten Fällen werden Sie mit der Schätzfunktion für die Daten in einer Stichprobe den wahren Wert des Parameters in der Stichprobe genau treffen. Die Schätzung wird naturgemäß eine fehlerhafte Abweichung aufweisen, wenn Sie die Differenz zwischen wahrem Wert und Schätzwert als Irrtum oder Fehler auffassen wollen. Sie können aber mit einer bestimmten Wahrscheinlichkeit aus den Daten einer Stichprobe einen Wertebereich in der Grundgesamtheit schätzen, der den wahren Parameterwert beinhaltet. Mit diesem

Intervall können Sie sozusagen gleichermaßen abmessen, wie sehr Sie der Punktschätzung (ver-)trauen können. Also, trauen Sie sich!

Eine wesentliche Aufgabe der Intervallschätzung ist es, dass Sie damit anhand der Daten aus einer Zufallsstichprobe einen Bereich oder ein Intervall so erstellen, dass es den mit der Punktschätzung geschätzten Wert mit einer bestimmten Wahrscheinlichkeit enthält. Das ist dann das Intervall Ihres Vertrauens.

Irrtums- und Vertrauenswahrscheinlichkeit

Vertrauensintervalle beruhen auf einer Wahrscheinlichkeit, dass das Intervall den wahren Parameterwert beinhaltet. Es bleibt somit ein Risiko und es gibt eine Wahrscheinlichkeit, dass der wahre Parameterwert außerhalb des Vertrauensintervalls liegt. Diese Wahrscheinlichkeit ist die sogenannte *Irrtumswahrscheinlichkeit*, die von Insidern auch *Signifikanzniveau* genannt wird. Das Signifikanzniveau haben die Statistiker mit dem Symbol α (alpha) gekennzeichnet. Die Wahrscheinlichkeit, dass der wahre Parameterwert innerhalb des Vertrauensintervalls liegt, heißt *Vertrauenswahrscheinlichkeit*. Die Vertrauenswahrscheinlichkeit ist praktisch die Gegenwahrscheinlichkeit zur Irrtumswahrscheinlichkeit, und zwar $1 - \alpha$.

Bestimmung des Vertrauensintervalls

Doch wie können Sie das Vertrauensintervall bestimmen? Gehen wir dazu noch einmal auf das Beispiel mit den Durchschnittsgewichten der Bürger in Ihrer Stadt zurück. Sie haben eine Zufallsauswahl von 100 Bürgern ausgewählt, ihr Gewicht gemessen und anhand der Daten ein durchschnittliches Gewicht von $\bar{x} = 78$ Kilogramm berechnet. Sie gehen aufgrund der Ergebnisse aus anderen Untersuchungen davon aus, dass die Standardabweichung in der Grundgesamtheit $\sigma = 20$ Kilogramm beträgt. Außerdem sind Sie davon überzeugt, dass das wahre mittlere Gewicht in der Grundgesamtheit von dem in der Stichprobe gemessenem Mittelwert mit großer Wahrscheinlichkeit abweichen wird. Sie erwarten deshalb, dass Sie einen Irrtum bei dem Schluss von den Stichprobenergebnissen auf die Grundgesamtheit begehen. Sie wüssten sicherlich gerne, wie groß dieser Irrtum ist.

Warum es Ihnen möglich ist, ein Intervall anzugeben, das den gesuchten und Ihnen nicht bekannten Parameterwert mit einer von Ihnen zuvor bestimmten Wahrscheinlichkeit beinhaltet, wie das geht und welche Formeln Sie dazu benötigen, wird Sie sicherlich jetzt schon brennend interessieren. Die Antwort ist: Es geht mit dem zentralen Grenzwertsatz.

Sofern Sie davon ausgehen können, dass der Stichprobenumfang hinreichend groß ist, das heißt mehr als 30 zufällig ausgewählte Stichprobenelemente enthält, können Sie den zentralen Grenzwertsatz anwenden. Aufgrund der Eigenschaften der Standardnormalverteilung wissen Sie, dass die meisten Realisierungen der Stichprobenmittelwerte $\bar{x}$ eng um den wahren Mittelwert μ zu finden sind. Im Bereich von plus/minus eines Standardfehlers (das ist die Standardabweichung der Stichprobenmittelwertverteilung) beziehungsweise von einem $z_{\bar{x}} = \pm 1$ um μ herum befinden sich circa 68,26 Prozent aller Mittelwerte und im Bereich von plus/minus zwei Standardfehler beziehungsweise $z_{\bar{x}} = \pm 2$ können Sie 95,5 Prozent aller Stichprobenmittelwerte um μ herum erwarten (mehr dazu erfahren Sie in Kapitel 13). Anders ausgedrückt muss der wahre Mittelwert μ beispielsweise zu 95-prozentiger Wahrscheinlichkeit oder Sicherheit in dem in Abbildung 14.1 gezeigten Bereich liegen.

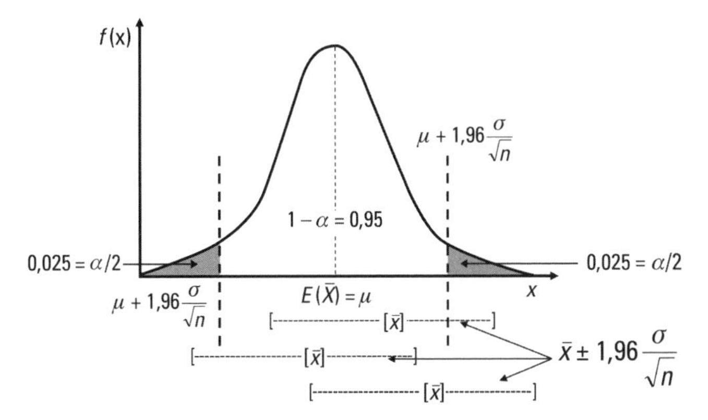

Abbildung 14.1: Standardnormalverteilung der Stichprobenmittelwerte und Vertrauensintervalle

Abbildung 14.1 zeigt die Verteilung des Stichprobenmittelwertes mit dessen Erwartungswert $E(\bar{X}) = \mu$ in der Mitte. Darunter sehen Sie die Mittelwerte aus drei Stichproben mit dem jeweiligen Vertrauensintervall, das den wahren Mittelwert in der Grundgesamtheit zu 95 Prozent enthält. Keiner der Mittelwerte ist identisch mit dem wahren Mittelwert μ, aber jedes Vertrauensintervall schließt μ ein. Nur in 5 Prozent der Stichproben mit einem solchen Vertrauensintervall würde das Vertrauensintervall den wahren Wert μ nicht einschließen. Beachten Sie dabei, dass die Abweichung das 1,96- und nicht das Zweifache in jede Richtung beträgt, das heißt, es gilt $1{,}96 \cdot \frac{\sigma}{\sqrt{n}}$ und nicht $2 \cdot \frac{\sigma}{\sqrt{n}}$. Diesen Wert können Sie in der Standardnormalverteilungstabelle für eine Irrtumswahrscheinlichkeit von $\alpha = 0{,}05$ beziehungsweise für die Vertrauenswahrscheinlichkeit von $1 - \alpha = 0{,}95$ ablesen. Die kleinen Flächen rechts und links außen in der Verteilung symbolisieren die Irrtumswahrscheinlichkeit $\alpha = 0{,}05$. Weil ein Intervall immer zwei Seiten aufweist, verteilt sich die Irrtumswahrscheinlichkeit oberhalb und unterhalb des zentralen Erwartungswertes der Stichprobenmittelwertverteilung. Entsprechend wird der Irrtumsbereich mit $z_{\alpha/2} = z_{0{,}025} = -1{,}96$ am unteren und $z_{1-\alpha/2} = z_{0{,}975} = +1{,}96$ am oberen Ende der Verteilung gekennzeichnet. $z_{\alpha/2}$ ist einfach das $\alpha/2$-Quantil einer standardnormalverteilten Zufallsvariablen Z, das heißt die reelle Zahl, sodass $P(Z < z_{\alpha/2}) = \alpha/2$ gilt.

Wie können Sie nun das Vertrauensintervall, in dem sich der unbekannte Populationsparameter μ mit einer Wahrscheinlichkeit von $1 - \alpha$ befindet, genau berechnen? Natürlich gibt es auch dafür eine Formel:

$$[\bar{x} - z_{1-\alpha/2}\sigma_{\bar{x}} ; \bar{x} + z_{1-\alpha/2}\sigma_{\bar{x}}]$$

Dabei bedeutet:

- ✔ $\bar{x}$: der Stichprobenmittelwert
- ✔ μ: der Mittelwert des betrachteten Merkmals in der Grundgesamtheit

- ✔ $z_{1-\alpha/2}$: das $1-\alpha/2$-Quantil einer standardnormverteilten Zufallsvariablen, das heißt die reelle Zahl $z_{1-\alpha/2}$, sodass $P(Z<z_{1-\alpha/2}) = 1-\alpha/2$ gilt. Aufgrund der Symmetrie der Normalverteilung der Mittelwerte müssen Sie die Fläche $1-\alpha/2$ dabei berücksichtigen.
- ✔ $\sigma_{\bar{x}}$: der Standardfehler beziehungsweise die Standardabweichung der Stichprobenmittelwertverteilung $\frac{\sigma}{\sqrt{n}}$

Die linke Seite der Formel bis zum Semikolon stellt die Intervalluntergrenze und die rechte Seite der Gleichung ab dem Semikolon deren Obergrenze dar.

Zur Bestimmung des Vertrauensintervalls gehen Sie am besten in diesen Schritten vor:

1. Prüfen Sie, ob die Anwendungsvoraussetzungen des zentralen Grenzwertsatzes vorliegen, das heißt, ob eine Zufallsauswahl der Stichprobenelemente vorliegt und der Stichprobenumfang $n \geq 30$ ist, denn dann benötigen Sie nicht die Voraussetzung, dass die Verteilung in der Grundgesamtheit normal ist, sondern können davon ausgehen, dass die Stichprobenmittelwertverteilung normalverteilt ist.
2. Bestimmen Sie die Vertrauenswahrscheinlichkeit $1-\alpha$ sowie die Irrtumswahrscheinlichkeit α und somit das sogenannte Signifikanzniveau.
3. Berechnen Sie das $1-\alpha/2$-Quantil $z_{1-\alpha/2}$ einer standardnormalverteilten Zufallsvariablen.
4. Berechnen Sie das arithmetische Mittel $\bar{x}$ für das entsprechende Merkmal in der Stichprobe sowie den Standardfehler:

   $$\sigma_{\bar{x}} = \frac{\sigma}{\sqrt{n}}$$

   Falls Ihnen der Wert für die Standardabweichung σ in der Grundgesamtheit bekannt ist, verwenden Sie diesen, andernfalls berechnen Sie die Standardabweichung s des Merkmals aus den Daten in der Stichprobe und setzen sie in die Formel ein:

   $$\hat{\sigma}_{\bar{x}} = \frac{s}{\sqrt{n}}$$

4. Setzen Sie die in den Schritten 2 und 3 berechneten Werte in die Formel

   $$[\bar{x} - z_{1-\alpha/2}\sigma_{\bar{x}}\, ; \bar{x} + z_{1-\alpha/2}\sigma_{\bar{x}}]$$

   ein und berechnen Sie damit das Intervall.

Wenn Sie als Bürgermeister in dem gesundheitspolitischen Beispiel mit den Körpergewichten der Bevölkerung Ihrer Stadt aufgrund der Daten der Zufallsstichprobe von 100 Bürgern mit einem durchschnittlichen Gewicht von $\bar{x} = 78$ Kilogramm, einer bekannten Streuung in der Grundgesamtheit von $\sigma = 20$ bei einer Vertrauenswahrscheinlichkeit von $1 - \alpha = 0{,}95$ und somit einem Signifikanzniveau von $\alpha = 0{,}05$ wissen möchten, in welchem Wertebereich der wahre Ihnen unbekannte Mittelwert μ in der Grundgesamtheit liegt, machen Sie Folgendes:

1. Prüfen Sie die Anwendungsvoraussetzungen für den zentralen Grenzwertsatz. Sie kommen zu dem Ergebnis, dass eine Zufallsauswahl der Stichprobenelemente und eine Stichprobengröße von $n \geq 30$ vorliegt. Damit sind die Voraussetzungen für eine normalverteilte Stichprobenmittelwertverteilung und somit für die Anwendung des zentralen Grenzwertsatzes erfüllt.

2. Wählen Sie als Irrtumswahrscheinlichkeit $\alpha = 0{,}05$. Somit haben Sie gleichfalls eine Vertrauenswahrscheinlichkeit von $1 - \alpha = 0{,}95$ festgelegt.

3. Bestimmen Sie $z_{1-\alpha/2}$. Weil ein Intervall immer zwei Enden hat und es sich bei der Stichprobenmittelwertverteilung um eine symmetrische (Normal-)Verteilung handelt, müssen Sie die Irrtumswahrscheinlichkeit hälftig auf beide Seiten verteilen, das heißt, Sie müssen auf jeder Seite $\alpha/2 = 0{,}025$ berücksichtigen. Zur Bestimmung der Einheiten des Standardfehlers, die ein Stichprobenmittelwert bei der gegebenen Vertrauenswahrscheinlichkeit von 0,95 vom wahren Mittelwert in der Grundgesamtheit entfernt sein darf, betrachten Sie natürlich auch beide Seiten der Verteilung. Ziehen Sie daher von der Fläche oberhalb des Erwartungswertes $E(\bar{X}) = \mu$, das heißt von 0,50, die Irrtumswahrscheinlichkeit für diese Seite $\alpha/2 = 0{,}025$ ab, erhalten Sie die Fläche beziehungsweise die Vertrauenswahrscheinlichkeit von 0,475 für den oberhalb des Erwartungswertes liegenden Bereich. Jetzt brauchen Sie nur noch bei der Wahrscheinlichkeit von 0,475 in der Standardnormalverteilungstabelle nachschauen und dann in der Zeile vorn und in der Spalte oben die Werte für den gesuchten Z-Wert $z_{1-\alpha/2}$ abzulesen. Für $1 - \alpha = 0{,}95$ ergibt sich $z_{1-\alpha/2} = 1{,}96$ (siehe Schummelseite).

4. Die Berechnung für das arithmetische Mittel ergibt $\bar{x} = 78$ Kilogramm. Die Standardabweichung in der Grundgesamtheit ist Ihnen mit $\sigma = 2$ Kilogramm bekannt. Mit einer Stichprobengröße von $n = 100$ können Sie damit folgenden Standardfehler

   $$\sigma_{\bar{x}} = \frac{\sigma}{\sqrt{n}} = \frac{20}{\sqrt{100}} = \frac{20}{10} = 2{,}0$$

   ermitteln.

5. Jetzt haben Sie alle Zutaten für die Formel zur Berechnung des Vertrauensintervalls zusammen und brauchen die Ergebnisse aus den bisherigen fünf Arbeitsschritten nur noch in die Formel einzusetzen:

   $$[\bar{x} - z_{1-\alpha/2}\sigma_{\bar{x}}\,;\, \bar{x} + z_{1-\alpha/2}\sigma_{\bar{x}}] = [78 - 1{,}96 \cdot 2{,}0; 78 + 1{,}96 \cdot 2{,}0] = [74{,}08; 81{,}92]$$

Aufgrund Ihrer Zufallsstichprobe von 100 Bürgern können Sie mit 95-prozentiger Wahrscheinlichkeit/Sicherheit darauf schließen, dass das wahre Durchschnittsgewicht sämtlicher Bürger in Ihrer Stadt irgendwo zwischen 74,08 und 81,92 Kilogramm liegt.

Seien Sie aber auf der Hut! Ganz sicher ist das ermittelte Vertrauensintervall jedoch nicht, vergessen Sie nicht die Irrtumswahrscheinlichkeit von 5 Prozent, das heißt mit fünfprozentiger Wahrscheinlichkeit kann das Durchschnittsgewicht Ihrer Bürger tatsächlich auch außerhalb des berechneten Vertrauensintervalls liegen.

Das Vertrauensintervall für kleine Stichproben bei unbekannter Varianz

Je kleiner Ihre Stichprobe ist, desto mehr fallen die einzelnen Werte der gemessenen Merkmale ins Gewicht. Abweichungen wirken sich bei der Berechnung statistischer Kennzahlen stärker aus. Die Ergebnisse werden ungenauer und die Variabilität, das heißt die Streuung, der Merkmalsausprägungen wird größer. Diesen Sachverhalt müssen Sie auch bei der Bestimmung des Standardfehlers zur Berechnung von Vertrauensintervallen berücksichtigen.

Die Stichprobenmittelwertverteilung bei großen Zufallsstichproben, das heißt wenn $n \geq 30$, sind in jedem Fall normalverteilt. Solange Sie von einem Merkmal annehmen können, dass es in der Grundgesamtheit normalverteilt ist und Sie die Standardabweichung σ kennen, dürfen Sie zur Berechnung der Grenzen des Vertrauensintervalls unbesorgt weiter nach dem Schema

$$\bar{x} \pm z_{1-\alpha/2} \frac{\sigma}{\sqrt{n}}$$

verfahren.

Haben Sie jedoch keine Ahnung von der Standardabweichung des Merkmals in der Grundgesamtheit, bleibt Ihnen nichts anderes übrig, als die Standardabweichung für das Merkmal aus den Daten in der Stichprobe zu berechnen und sie als Schätzwert in die Formel für den Standardfehler einzusetzen.

Je kleiner aber der Stichprobenumfang n ist, desto stärker beeinflussen größere Mittelwertabweichungen die Streuung und desto größer ist der Standardfehler und desto flacher ist die Verteilung der Stichprobenmittelwerte, das wird von der sogenannten *t-Verteilung* berücksichtigt. Die von Herrn Gosset 1908 unter dem Pseudonym t-Verteilung veröffentlichte Verteilung hat ähnliche Eigenschaften wie die Normalverteilung, nur fällt sie umso flacher aus, je weniger Werte vorliegen. Genauer variiert die t-Verteilung mit der Zahl der Freiheitsgrade, die mit $n - 1$ definiert sind (das heißt die Zahl der Stichprobenelemente verringert um 1).

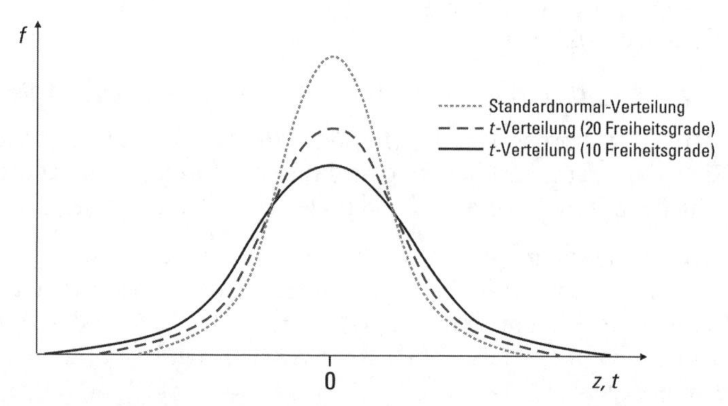

Abbildung 14.2: Die Dichtefunktionen der Standardnormalverteilung und t-Verteilung

Abbildung 14.2 zeigt, dass die t-Verteilung praktisch genauso aussieht wie die Standardnormalverteilung, nur dass sie bei kleiner werdenden Freiheitsgraden eine immer größere Streuung aufweist und damit flacher verläuft. Es gibt für jeden positiven ganzzahligen Freiheitsgrad eine eigene *t*-Verteilung. Eine weitere wichtige Besonderheit an der *t*-Verteilung ist, dass sie sich, wie viele andere Stichprobenverteilungen auch, ab einer Stichprobengröße von $n \geq 30$ der Normalverteilung annähert, sodass Sie dann gleich zur Standardnormalverteilung greifen können. Auch die Formel zur Berechnung des Vertrauensintervalls hat sich kaum verändert. Sie nutzen anstelle des $1 - \alpha/2$-Quantils einer standardnormalverteilten Zufallsvariablen einfach das $1 - \alpha/2$-Quantil $t_{n-1,\,1-\alpha/2}$ einer t-verteilten Zufallsvariablen mit $n - 1$ Freiheitsgraden. Schauen Sie selbst:

$$[\bar{x} - t_{n-1,\,1-\alpha/2}\hat{\sigma}_{\bar{x}}\,;\,\bar{x} + t_{n-1,\,1-\alpha/2}\hat{\sigma}_{\bar{x}}]$$

Wobei Sie den Standardfehler darin genauer so berechnen:

$$\hat{\sigma}_{\bar{x}} = \frac{s}{\sqrt{n}}$$

Weil es sich um eine Schätzung aufgrund von Stichprobendaten handelt, müssen Sie die Standardabweichung unter Berücksichtigung der Freiheitsgrade berechnen (dazu mehr weiter vorn in diesem Kapitel):

$$s = \sqrt{\frac{\sum_{i=1}^{n}(x_i - \bar{x})^2}{n-1}}$$

Vergessen Sie jedoch nicht, dass Sie für die Anwendung der *t*-Verteilung neben einer Zufallsauswahl der Stichprobenelemente nach wie vor auch eine Normalverteilung des betrachteten Merkmals in der Grundgesamtheit annehmen müssen, allerdings ist in diesem Fall die Varianz σ unbekannt.

Nehmen Sie jetzt einmal für das Beispiel mit den Körpergewichten Ihrer Stadt an, dass Sie nur sehr wenig Zeit für eine Befragung hatten und deshalb lediglich zehn Bürger zufällig aus Ihrer Stadt ausgewählt und deren Gewicht gemessen haben. Die Berechnungen für das Durchschnittsgewicht ergab aus diesen Stichprobendaten einen Wert von $\bar{x} = 79$ Kilogramm und für die Standardabweichung $s = 16$ Kilogramm. Hierfür möchten Sie wieder ein Vertrauensintervall von $1 - \alpha = 0{,}95$ für den wahren Mittelwert in der Grundgesamtheit berechnen. Mit folgenden Schritten lösen Sie diesen Fall:

1. Prüfen Sie die Anwendungsvoraussetzungen für den zentralen Grenzwertsatz und kommen Sie zu dem Ergebnis, dass Zufallsauswahl der Stichprobenelemente vorliegt. Die Stichprobengröße umfasst jedoch nur zehn Fälle und liegt damit unter den erforderlichen 30 Fällen. Ferner können Sie von den Körpergewichten annehmen, dass sie in der Grundgesamtheit annähernd normalverteilt sind, denn die meisten Gewichte werden sehr nahe am Mittelwert liegen und immer weniger an den Rändern der Verteilung. Leider liegt Ihnen aber keine Information über die Varianz und die Standardabweichung in der Grundgesamtheit vor und Sie müssen die Streuung aus den Werten der Stichprobe berechnen. Damit sind die Voraussetzungen für die Anwendung der *t*-Verteilung erfüllt.

2. Wünschen Sie eine Vertrauenswahrscheinlichkeit von $1 - \alpha = 0{,}95$, akzeptieren Sie damit eine Irrtumswahrscheinlichkeit von $\alpha = 0{,}05$.

3. Bestimmen Sie $t_{n-1,1-\alpha/2}$. Weil ein Intervall immer zwei Enden hat und es sich bei der Stichprobenmittelwertverteilung um eine Normalverteilung handelt, müssen Sie natürlich auch die Irrtumswahrscheinlichkeit hälftig auf beide Seiten verteilen, das heißt, Sie müssen $\alpha/2 = 0{,}025$ auf jeder Seite berücksichtigen. Bei zehn Fällen beziehungsweise $n = 10$ kommen Sie auf $df = 10 - 1 = 9$ Freiheitsgrade. Mit diesen Informationen schauen Sie in der t-Tabelle in der obersten Zeile, die die Signifikanzniveaus enthält, und in der ersten Spalte, die die Freiheitsgrade enthält, nach und erhalten im Schnittpunkt von dieser Spalte und dieser Zeile den t-Wert mit $t_{n-1,1-\alpha/2} = t_{9,0.975} = 2{,}262$ (siehe Tabelle 14.1).

Freiheitsgrade	Flächen im oberen Verteilungsbereich				
	0,1	0,05	**0,025**	0,01	0,005
...	...	...	...	...	...
7	1,415	1,895	2,365	2,998	3,499
8	1,397	1,86	2,306	2,896	3,355
9	1,383	1,833	**2,262**	2,821	3,252
10	1,372	1,812	2,228	2,764	3,169
...	...	...	...	...	...

Tabelle 14.1: Ausschnitt aus der t-Tabelle

4. Das arithmetische Mittel aus der Stichprobe beträgt $\bar{x} = 79$ Kilogramm und die Standardabweichung $s = 16$ Kilogramm. Mit einer Stichprobengröße von $n = 10$ können Sie damit folgenden Standardfehler

$$\hat{\sigma}_{\bar{x}} = \frac{S}{\sqrt{n}} = \frac{\sqrt{\frac{\sum_{i=1}^{n}(x_i - \bar{x})^2}{n-1}}}{\sqrt{n}} = \frac{16}{\sqrt{10}} = \frac{16}{3{,}16} = 5{,}06 \text{ Kilogramm}$$

ermitteln.

5. Jetzt haben Sie alle Zutaten für die Formel zur Berechnung des Vertrauensintervalls zusammen und brauchen die Ergebnisse aus den vorherigen Arbeitsschritten nur noch in die Formel einzusetzen:

$$[\bar{x} - t_{n-1,1-\alpha/2}\hat{\sigma}_{\bar{x}}; \bar{x} + t_{n-1,1-\alpha/2}\hat{\sigma}_{\bar{x}}] = [79 - 2{,}262 \cdot 5{,}06; 79 + 2{,}262 \cdot 5{,}06] = [67{,}55; 90{,}45]$$

Mit 95-prozentiger Wahrscheinlichkeit können Sie annehmen, dass das wahre Durchschnittsgewicht in der Bevölkerung im Bereich zwischen 67,55 Kilogramm und 90,45 Kilogramm liegt.

Sollten Sie das betrachtete Merkmal in der Grundgesamtheit jedoch nicht als annähernd normalverteilt annehmen können und haben Sie weniger als 30 Stichprobenelemente, bleibt Ihnen nichts anderes übrig, als eine größere Zufallsstichprobe zu erheben.

Das Vertrauensintervall für Anteile

Es gibt oft Situationen, in denen Statistiker wissen möchten, ob die Verhältnisse, die sie in ihrer Stichprobe antreffen, auch in der übergeordneten Grundgesamtheit herrschen, aus der ihre Stichprobe stammt. Als künftiger Anwender der Statistik könnten Sie selbst also daran interessiert sein, inwiefern die relativen Anteile oder Prozentwerte, die Sie mit den Werten einer Zufallsstichprobe für ein bestimmtes Merkmal ermittelt haben, auch in der übergeordneten Grundgesamtheit, aus der Sie die Stichprobe gezogen haben, gültig sind. Da Stichprobenergebnisse nur in den seltensten Fällen identisch mit den tatsächlichen Verhältnissen in der Grundgesamtheit sind, können Sie lediglich mit einer gewissen Wahrscheinlichkeit auf den »wahren« Anteilswert schließen. Sie werden immer mit einem Stichprobenfehler, das heißt mit einer Abweichung zwischen dem mit der Stichprobe geschätzten Anteilswert und dem wahren Anteilswert in der Grundgesamtheit rechnen müssen. Formelhaft ausgedrückt beträgt der absolute Wert des Stichprobenfehlers:

$$\left|\hat{P} - p\right|$$

Die beiden Balken rechts und links zeigen Ihnen, dass es sich um den absoluten Wert (das heißt, negative Werte werden auch als positive Werte gezählt) der Differenz zwischen dem zur Schätzung herangezogenen Stichprobenanteilswert $\hat{P}$ und dem Anteilswert in der Grundgesamtheit p handelt.

Weiter vorn in diesem Kapitel haben Sie gesehen, dass Sie als Punktschätzer für den wahren Anteilswert in der Grundgesamtheit p den relativen Anteilswert $\hat{P} = \frac{X}{n}$ aus der Stichprobe nehmen können, wobei X die Zufallsvariable ist, die die gesamte Anzahl der eingetroffenen Ereignisse angibt, für die Sie die Wahrscheinlichkeit p suchen. Ähnlich wie bei der Stichprobenmittelwertverteilung für den Mittelwert gilt für die Stichprobenanteilsverteilung der Erwartungswert

$$E\left(\hat{P}\right) = E\left(\frac{X}{n}\right) = p$$

und Sie können den relativen Anteil aus der Stichprobe als unverzerrten, erwartungstreuen Punktschätzer auf den Anteilswert in der Grundgesamtheit nehmen.

Wie Sie in Kapitel 11 nachlesen können, handelt es sich hier bei der Zufallsvariablen X um eine binomialverteilte Zufallsvariable. Die Verteilung von $\hat{P}$ (also X/n, das heißt der relativen Häufigkeit des Anteils) geht bei hinreichend großen Zufallsstichproben annähernd in eine Normalverteilung über, das heißt, Sie dürfen unter der Bedingung einer großen Zufallsstichprobe wieder den zentralen Grenzwertsatz anwenden (dazu mehr weiter vorn in diesem Kapitel). Hinreichend groß ist die Stichprobe falls $n \geq 30$ *und* falls $n\hat{p}(1-\hat{p}) > 9$, wobei $\hat{p}$ der geschätzte relative Anteil und n die Anzahl der Stichprobenelemente in der Stichprobe ist.

Statistiker verwenden manchmal unterschiedliche Formeln zur Bestimmung der Stichprobenmindestgröße als Voraussetzung für die Anwendung des zentralen Grenzwertsatzes. So wird als Untergrenze des Stichprobenumfangs bei der Schätzung von Anteilswerten auch die Bedingung genannt, dass sowohl das Produkt $n\hat{p}$ als auch $n(1-\hat{p}) \geq 5$ sein sollten.

Sobald Sie die Voraussetzungen für den zentralen Grenzwertsatz erfüllen, dürfen Sie selbstverständlich ein Vertrauensintervall auch für den Anteilswert in der Grundgesamtheit mit Ihren Stichprobendaten berechnen. Hierzu müssen Sie aber zunächst wissen, wie Sie den Standardfehler der Verteilung der Stichprobenanteilswerte bestimmen können.

Standardfehler der Stichprobenanteilsverteilung

Bei der Schätzung des Mittelwertes müssen Sie den Standardfehler bezüglich der Stichprobenmittelwertverteilung berücksichtigen. Bei der Schätzung eines Anteilswertes haben Sie es auch mit einem Standardfehler, dem Standardfehler bezüglich der Stichprobenanteilsverteilung, zu tun.

Die Formel für den Standardfehler der Stichprobenanteilsverteilung ist:

$$\sigma_{\hat{p}} = \sqrt{\frac{p(1-p)}{n}}$$

Dabei bedeutet:

- ✔ $\sigma_{\hat{p}}$: der Standardfehler der Stichprobenanteilsverteilung
- ✔ p: der wahre Anteilswert in der Grundgesamtheit
- ✔ n: der Stichprobenumfang beziehungsweise die Anzahl der Stichprobenelemente

Oft kennen Sie die wahren Anteilswerte in der Grundgesamtheit nicht, das heißt, Sie müssen die Varianz beziehungsweise den Standardfehler der Stichprobenverteilung der Anteilswerte schätzen. Hierfür ersetzen Sie einfach die unbekannten Anteilswerte p durch deren Schätzer $\hat{p}$, also die Anteilswerte in der Stichprobe:

$$\hat{\sigma}_{\hat{p}} = \sqrt{\frac{\hat{p}(1-\hat{p})}{n}}$$

Vertrauensintervall für Anteilswerte

Mit der Formel des Standardfehlers zur Hand können Sie sich jetzt an die Formel des Vertrauensintervalls für Anteilswerte machen, sodass der unbekannte Populationsparameter p mit einer Wahrscheinlichkeit von $1 - \alpha$ in diesem Intervall liegt. Hierzu berechnen Sie einfach die Intervallgrenzen:

$$\hat{p} \pm z_{1-\alpha/2} \sqrt{\frac{\hat{p}(1-\hat{p})}{n}}$$

Oder wieder direkt als Intervall geschrieben:

$$[\hat{p} - z_{1-\alpha/2}\hat{\sigma}_{\hat{p}} \,;\, \hat{p} + z_{1-\alpha/2}\hat{\sigma}_{\hat{p}}]$$

Dabei bedeutet:

✔ $\hat{p}$: der Anteil in der Stichprobe, mit dem Sie den Wert in der Grundgesamtheit schätzen wollen

✔ n: der Stichprobenumfang beziehungsweise die Anzahl der Stichprobenelemente

✔ α: die gewählte Irrtumswahrscheinlichkeit beziehungsweise das Signifikanzniveau (dazu mehr weiter vorn in diesem Kapitel)

✔ $z_{1-\alpha/2}$: das $1 - \alpha/2$-Quantil einer standardnormalverteilten Zufallsvariablen, das heißt die reelle Zahl $z_{1-\alpha/2}$, sodass $P(Z < z_{1-\alpha/2}) = 1 - \alpha/2$ gilt, wobei Z standardnormalverteilt ist.

✔ $\hat{\sigma}_{\hat{p}} = \sqrt{\frac{\hat{p}(1-\hat{p})}{n}}$: der geschätzte Standardfehler der Stichprobenanteilsverteilung

Zur Berechnung des Vertrauensintervalls für einen Anteilswert durchlaufen Sie diese Arbeitsschritte:

1. Prüfen Sie, ob die Anwendungsvoraussetzungen des zentralen Grenzwertsatzes vorliegen. Dazu prüfen Sie, ob eine Zufallsauswahl der Stichprobenelemente vorliegt und der Stichprobenumfang $n \geq 30$ ist oder ob $n\hat{p}(1-\hat{p}) > 9$ oder alternativ $n\hat{p}$ zusammen mit $n(1-\hat{p}) \geq 5$ zutreffend ist.
2. Bestimmen Sie die Vertrauenswahrscheinlichkeit $1 - \alpha$ beziehungsweise die Irrtumswahrscheinlichkeit α und somit das sogenannte Signifikanzniveau. Damit legen Sie auch fest, wie viele Standardfehlereinheiten das Vertrauensintervall umfasst.
3. Entnehmen Sie der Standardnormalverteilungstabelle den Wert $z_{1-\alpha/2}$, also das $1 - \alpha/2$-Quantil einer standardnormalverteilten Zufallsvariablen.
4. Berechnen Sie den Anteilswert $\hat{p}$ für das entsprechende Merkmal in der Stichprobe sowie den Standardfehler:

   $$\hat{\sigma}_{\hat{p}} = \sqrt{\frac{\hat{p}(1-\hat{p})}{n}}$$

5. Jetzt setzen Sie die in den Schritten 3 und 4 ermittelten Werte in die Formelungleichung

   $$[\hat{p} - z_{1-\alpha/2}\hat{\sigma}_{\hat{p}}\,;\, \hat{p} + z_{1-\alpha/2}\hat{\sigma}_{\hat{p}}]$$

   ein und bestimmen damit das gesuchte Vertrauensintervall. Mit einer Wahrscheinlichkeit von $1 - \alpha$ ist der unbekannte Anteilswert P in diesem Intervall enthalten.

Kommen wir auf unser Anwendungsbeispiel weiter vorn in diesem Kapitel zurück, in dem Sie als Bürgermeister Ihrer Stadt eine gesundheitspolitische Aktion planen und dafür das Körpergewicht von 100 Bürgern aus einer Zufallsstichprobe gemessen haben. Sie stellen dabei fest, dass 30 Prozent beziehungsweise $\hat{p} = 0{,}30$ der Bürger ein Körpergewicht von bis zu 65 Kilogramm aufweisen. Sie wollen jetzt wissen, wie hoch dieser Anteil in der Gesamtbevölkerung der Stadt tatsächlich ist. Zu diesem Zweck möchten Sie ein Vertrauensintervall auf der Basis dieser Daten berechnen, das den tatsächlichen Anteilswert zu 90 Prozent enthält. Sie machen sich mit diesen Arbeitsschritten sogleich ans Werk:

1. Prüfen Sie, ob die Anwendungsbedingungen für den zentralen Grenzwertsatz erfüllt sind. Sie stellen fest, dass eine Zufallsauswahl der Stichprobenelemente gewährleistet und der Stichprobenumfang mit 100 Personen größer als $n = 30$ ist. Außerdem kommen Sie zu dem Ergebnis, dass $100 \cdot 0{,}30(1-0{,}30) = 21$ ist und damit gilt auch $n\hat{p}(1-\hat{p}) > 9$. Sie können somit ganz beruhigt den zentralen Grenzwertsatz anwenden und damit auf die Standardnormalverteilung zur Bestimmung der Wahrscheinlichkeiten zurückgreifen.
2. Sie möchten zu 90 Prozent sicher sein, dass das Intervall auch den wahren Anteilswert enthält, das heißt, es gilt für die Vertrauenswahrscheinlichkeit $1 - \alpha = 0{,}90$ und für die Irrtumswahrscheinlichkeit $\alpha = 0{,}10$.
3. Entnehmen Sie der Standardnormalverteilungstabelle die Standardfehlerzahl. Den kritischen Wert $z_{1-\alpha/2}$ für die rechte Seite der Standardnormalverteilung erhalten Sie, wenn Sie die Vertrauenswahrscheinlichkeit durch 2 dividieren und von 1 subtrahieren. Bei diesem Wert lesen Sie in der Standardnormalverteilungstabelle in der ersten Spalte und der ersten Zeile den kritischen z-Wert $z_{1-\alpha/2} = z_{0,95} = 1{,}64$ ab.
4. Die Berechnung des Anteilwertes in der Stichprobe ergab für den Anteilswert $\hat{p} = 0{,}30$. Der Standardfehler der Verteilung der Stichprobenanteile ergibt:

$$\hat{\sigma}_{\hat{p}} = \sqrt{\frac{0{,}30(1-0{,}30)}{100}} = \sqrt{\frac{0{,}21}{100}} = 0{,}046$$

5. Die Einsetzung der in den Schritten 3 und 4 ermittelten Werte in die Formelungleichung ergibt:

$$[\hat{p} - z_{1-\alpha/2}\hat{\sigma}_{\hat{p}}\,;\, \hat{p} + z_{1-\alpha/2}\hat{\sigma}_{\hat{p}}] = [0{,}30 - 1{,}64 \cdot 0{,}046;\, 0{,}30 + 1{,}64 \cdot 0{,}046]$$

$$= [0{,}30 - 0{,}07544;\, 0{,}30 + 0{,}07544] = [0{,}225;\, 0{,}375]$$

Als Ergebnis können Sie mit 90-prozentiger Vertrauenswahrscheinlichkeit annehmen, dass der wahre relative Anteilswert der bis 65 Kilogramm wiegenden Bürger in der gesamten Stadt zwischen 0,23 und 0,38, also zwischen circa 23 und circa 38 Prozent liegt.

These, Antithese, Hypothesentest

15

In diesem Kapitel ...

- Null- und Alternativhypothese
- Das Signifikanzniveau
- α-Fehler und β-Fehler
- Hypothesentests: einseitig, zweiseitig, über Anteile

Kommt Ihnen das bekannt vor? Manchmal vermuten Sie etwas, wissen aber nicht sicher, ob es zutrifft oder nicht. Beispielsweise dass Ihre Lieblingssportmannschaft die nächsten drei Spiele gewinnen wird oder dass schöne Menschen länger leben oder auch dass das durchschnittliche Einkommen von Frauen in Deutschland niedriger als das von Frauen in anderen europäischen Ländern ist. Solche und ähnliche Vermutungen gehören zu unserem Alltag.

Vor allem in der Wissenschaft (und zwar nahezu in allen wissenschaftlichen Disziplinen) werden Theorien und die dazugehörenden wissenschaftlichen Hypothesen aber systematisch hinterfragt und überprüft, ob sie auch stimmen. Der *statistische Hypothesentest,* um den es in diesem Kapitel geht, ist noch etwas spezieller ausgerichtet. Er baut auf das im vorherigen Kapitel vorgestellte statistische Schätzverfahren auf, kommt allerdings mit einer anderen Fragestellung.

Die Hypothesentests können sich auf statistische Parameter (zentrale Lagemaße, Streuungsmaße, Anteilswerte) beziehen, aber auch auf Vermutungen über die Verteilungsform von statistischen Merkmalen (Statistiker sprechen dann von *Anpassungstests*) oder über Zusammenhänge zwischen zwei und mehr Merkmalen (die auch als *Unabhängigkeitstests* bezeichnet werden).

Mit der Punkt- und Intervallschätzung schließen Sie aus den Daten einer repräsentativen Stichprobe auf die »wahren« Werte, zum Beispiel eines Parameters, in der Grundgesamtheit. Sie kennen diese Werte in der Grundgesamtheit nicht und wollen sie mit einer gewissen Wahrscheinlichkeit bestimmen.

Beim statistischen Hypothesentest ist die Richtung andersherum: Sie möchten eine Annahme, eine Vermutung oder eben eine Hypothese, die Sie über die wahren Verhältnisse in der Grundgesamtheit haben, anhand der Daten Ihrer Stichprobe »erfahrungswissenschaftlich« überprüfen (Statistiker sprechen dabei auch manchmal etwas abgehoben von einer »empirischen« Überprüfung). Es geht also um die Frage, inwiefern sich eine von Ihnen gehegte Hypothese mit den Daten aus einer für die Grundgesamtheit repräsentativen Zufallsstichprobe vereinbaren lässt oder ob Sie Ihre Vermutung daraufhin besser revidieren sollten.

In Alternativen denken: Nullhypothese und Alternativhypothese

Ausgangspunkt des statistischen Tests ist immer eine Hypothese, die eine bestimmte Aussage über eine statistische Gesamtheit behauptet. So planen Sie zum Beispiel als Bürgermeister in Ihrer Stadt gesundheitspolitisch motivierte Maßnahmen wie ein kostenfreies Fitnessangebot und einen Kochkurs für alle, weil Sie den Eindruck haben, dass das durchschnittliche Körpergewicht in der Bevölkerung zu hoch ist. Damit Sie diese Hypothese anhand der Daten Ihrer Gewichtsstichprobe testen können, konkretisieren Sie Ihre Vermutung und behaupten, dass das Durchschnittsgewicht mehr als 80 Kilogramm beträgt. Sie könnten natürlich auch das Gegenteil davon vermuten, dass das Gewicht der Bevölkerung bei 80 und weniger Kilogramm durchschnittlich liegt und Ihre Behauptung vom Übergewicht null und nichtig ist. Sinnigerweise wurde diese Hypothese dementsprechend *Nullhypothese* getauft. Ihre eigentliche Arbeitshypothese eines Körpergewichts von mehr als 80 Kilogramm steht dem jedoch alternativ gegenüber, weshalb diese Hypothese unter Statistikern den tollen Namen *Alternativhypothese* bekommen hat.

Beim statistischen Hypothesentest treten immer zwei Hypothesen gegeneinander an, und zwar die Null- und die Alternativhypothese. Die Alternativhypothese H_a behauptet etwas und die Nullhypothese H_0 genau das Gegenteil. In der Forschung drückt üblicherweise die Alternativhypothese die Forschungshypothese aus und die Nullhypothese behauptet, dass die Forschungshypothese nicht stimmt. Die Null- und Alternativhypothesen sind so etwas wie das Ying und Yang für Vollblutstatistiker.

Achten Sie aber bitte immer genau darauf, was in der Literatur als Nullhypothese und was als Alternativhypothese gilt, denn oft wird die Nullhypothese auch als Forschungshypothese angenommen. Die Statistiker sind sich da leider nicht immer ganz einig.

Es ist (fast) wie vor Gericht: Der Staatsanwalt klagt auf schuldig (Alternativhypothese), die Verteidigung plädiert für unschuldig (Nullhypothese) und der Richter (Hypothesentest) muss ein Urteil fällen. Deshalb sollten Sie unbedingt darauf achten, die Hypothesen immer so gut aufzustellen, dass sie mithilfe Ihrer Daten auch überprüft werden können. In unserem Fall mit dem Durchschnittsgewicht ist die Sache ganz klar: Die Nullhypothese besagt, dass das mittlere Gewicht 80 und weniger Kilogramm beträgt und die Alternativhypothese, die den Sachverhalt festlegt, den Sie eigentlich testen wollen, behauptet, dass das zu erwartende Gewicht mehr als 80 Kilogramm beträgt. Es gilt somit:

$$H_0: \mu \leq 80 \text{ kg und } H_a: \mu > 80 \text{ kg}$$

In diesem Fall haben Sie es mit einem sogenannten *einseitigen Hypothesentest* zu tun. Immer wenn Sie nur in eine Richtung testen, handelt es sich um einen einseitigen Test; prüfen Sie hingegen nach zwei Seiten, spricht der statistische Fachmann von einem *zweiseitigen Test*. Dieser Zusammenhang ist für Sie noch einmal in Tabelle 15.1 zusammengefasst.

Zweiseitiger (ungerichteter) Test	Einseitiger (gerichteter) Test	
H_a: $\mu \neq \mu_0$	H_a: $\mu < \mu_0$	H_a: $\mu > \mu_0$
H_0: $\mu = \mu_0$	H_0: $\mu \geq \mu_0$	H_0: $\mu \leq \mu_0$

Tabelle 15.1: Formen des Hypothesentests für das arithmetische Mittel

In unserem Beispiel hätten Sie auch ein Untergewicht in der Bevölkerung vermuten können. Der Hypothesentest würde dann diese Hypothesen beinhalten: H_0: $\mu \geq 80$ kg und H_a: $\mu <$ 80 kg.

Beim zweiseitigen Test würden Sie von einem angestrebten gesunden Durchschnittsgewicht von genau 80 Kilogramm ausgehend behaupten, dass dieses Gewicht in der Grundgesamtheit Ihrer Stadtbevölkerung entweder über- oder unterschritten wird. Ob Über- oder Untergewicht, Sie vermuten, dass das Durchschnittsgewicht nicht dem Ideal von 80 Kilogramm entspricht. Für den Test gilt somit: H_0: $\mu = 80$ kg und H_a: $\mu \neq 80$ kg.

Von signifikanten und nicht signifikanten Fehlern

Nachdem Sie Ihre Hypothesen aufgestellt haben, lassen Sie sich die Daten aus der von Ihnen als Bürgermeister angeordneten Erhebung geben, bei der eine Zufallsstichprobe aus der Grundgesamtheit der Bevölkerung Ihrer Stadt gezogen wurde. Sie veranlassen Ihren Referenten, das Durchschnittsgewicht zu berechnen. Als Ergebnis erhalten Sie den Mittelwert $\bar{x} = 82$ kg mit einer Standardabweichung von $s = 6$ kg. Ziehen Sie jetzt den Schluss, dass Ihre These vom durchschnittlichen Übergewicht richtig ist, wenn Sie mehr als 80 Kilogramm durchschnittliches Gewicht für die Feststellung des Übergewichts nehmen, und weisen die Nullhypothese zurück?

Eigentlich brauchen Sie sich keine Sorgen zu machen. Entweder die Nullhypothese oder die Alternativhypothese stimmt. Weil es sich um Daten aus einer Stichprobe handelt, haben Sie aber noch Zweifel, ob Sie Ihre Übergewichtshypothese, von der Sie ganz fest überzeugt waren, zugunsten der Nullhypothese verwerfen sollen. Sie wissen ja, dass die Daten und Ergebnisse aus Stichproben nur in den seltensten Fällen exakt mit den wahren Werten in der Grundgesamtheit übereinstimmen. Sie kennen es aus Kapitel 14 bereits: Es gibt eine Wahrscheinlichkeit, einen Irrtum zu begehen, der in der Differenz zwischen wahren Wert in der Grundgesamtheit und dem Stichprobenergebnis liegt. Doch wie können Sie dann entscheiden, welcher Hypothese Sie zustimmen sollen?

Stellen Sie die Frage einmal anders: Vorausgesetzt der von Ihnen angenommene Sachverhalt von über 80 Kilogramm Durchschnittsgewicht gilt in der Grundgesamtheit, wie wahrscheinlich ist es dann, anhand einer Zufallsstichprobe einen Durchschnittswert von 82 Kilogramm zu ermitteln?

Es ist klar, der Stichprobenmittelwert liegt über 80 Kilogramm, aber sind 82 Kilogramm so viel mehr, dass Sie ziemlich sicher in Ihrer Entscheidung sein können? Aus Kapitel 13 wissen Sie, dass bei Daten aus einer repräsentativen und hinreichend großen Zufallsstichprobe die Stichprobenmittelwerte normalverteilt sind, das heißt, Sie können den zentralen Grenzwertsatz und die Standardnormalverteilung zur Entscheidungsfindung in dieser Situation heranziehen. Damit lässt sich die Frage beantworten, wie wahrscheinlich es ist, einen Stichprobenmittelwert von 82 Kilogramm zu erhalten, wenn der wahre Mittelwert in der Grundgesamtheit bei 80 Kilogramm liegt. Natürlich besteht dann immer noch die Möglichkeit, dass Sie falsch liegen. Aus diesem Grund geben Sie vor der Berechnung des Stichprobenmittelwertes die Irrtumswahrscheinlichkeit α vor, die Sie bereit sind, bei Ihrer Entscheidung zu akzeptieren.

Irrtumswahrscheinlichkeit und Signifikanz von Ergebnissen

Die *Irrtumswahrscheinlichkeit* α drückt das über die engen Kreise der Statistiker hinaus berühmt gewordene und in diesem Buch in Kapitel 14 vorgestellte *Signifikanzniveau des Hypothesentests* aus. Bestimmt haben Sie auch schon mal Wissenschaftler von *signifikanten Ergebnissen* sprechen hören. Was ist damit gemeint?

Stellen Sie sich vor, Sie würden die Wirkung von Kaffee auf die Schreibgeschwindigkeit untersuchen. Hierfür lassen Sie einige zufällig ausgewählte Personen zehn Minuten lang einen Text abschreiben und ermitteln dabei eine durchschnittliche Anschlagsgeschwindigkeit von 354 Anschlägen pro Minute. Danach wiederholen Sie das Experiment, nachdem die Teilnehmer eine Tasse Kaffee trinken sollten. Nehmen Sie an, Sie würden nun durchschnittlich 363 Anschläge pro Minute beobachten. Auch wenn die Zahl der durchschnittlichen Anschläge nach der Tasse Kaffee gestiegen ist, so können Sie nicht ausschließen, dass dies nur eine zufällige Abweichung ist – es schreibt zum Beispiel niemand immer gleich schnell.

Von einem signifikanten Ergebnis, hier eine signifikante Verbesserung der Schreibgeschwindigkeit, sprechen Sie, wenn Sie zum Beispiel mithilfe eines statistischen Hypothesentests feststellen, dass der tatsächlich beobachtete Unterschied nur mit einer sehr geringen Wahrscheinlichkeit von zufälliger Natur sein kann. In diesem Fall nehmen Sie die Alternativhypothese an und sagen, dass es eine signifikante Verbesserung in der Schreibgeschwindigkeit gab; das ist also eine Verbesserung, die nur mit sehr geringer Wahrscheinlichkeit rein zufällig war. Ein Ergebnis ist also signifikant, wenn es statistisch, das heißt mit der geringwahrscheinlichen Möglichkeit, eine Fehlentscheidung getroffen zu haben, abgesichert ist.

Bei der Entscheidung darüber, ob Sie die Null- oder Alternativhypothese annehmen beziehungsweise ablehnen sollen, können Ihnen immer zwei Typen von Fehlern unterlaufen, und zwar der α-Fehler und der β-Fehler. Der Grund dafür ist, dass Ihnen ja lediglich Stichprobendaten vorliegen und Sie die Möglichkeit beziehungsweise Wahrscheinlichkeit des Irrtums oder Fehlers einräumen müssen. Im Folgenden gehe ich etwas detaillierter auf diese beiden Fehler ein.

Der α-Fehler

Von einem *α-Fehler* (auch Fehler 1. Art genannt) spricht der Statistiker, wenn er die Nullhypothese abgelehnt hat, obwohl sie richtig war, er also fälschlicherweise die Alternativhypothese angenommen hat. Um diesen Fehler nicht zu begehen, das heißt eine Forschungshypothese anzunehmen, obwohl sie falsch ist, wählen Sie am besten eine möglichst kleine

Irrtumswahrscheinlichkeit für α. In der Forschung sind Werte von $\alpha = 0{,}01$, $\alpha = 0{,}05$ und $\alpha = 0{,}10$ üblich. Wenn Sie beispielsweise den Wert $\alpha = 0{,}01$ gewählt haben, wollen Sie zu 99 Prozent sicher bei Ihrer Entscheidung sein, keinen α-Fehler zu begehen, oder anders ausgedrückt, lediglich in einem von 100 Fällen wird die Nullhypothese abgelehnt, obwohl sie korrekt war. Wenn ein Test zu einem solchen α-Fehler die Nullhypothese ablehnt, so sprechen Statistiker auch von einem *hochsignifikanten Ergebnis*. Setzen Sie für $\alpha = 0{,}05$, haben Sie eine 95-prozentige Absicherung Ihrer Entscheidung und Sie sprechen von einem signifikanten Ergebnis. Für $\alpha = 0{,}1$ entscheidet hingegen jeder zehnte Test für die Alternative, obwohl er es nicht sollte. Wird in einem solchen Fall die Nullhypothese verworfen, spricht man auch von einem *schwach signifikanten Ergebnis*.

Der α-Fehler entspricht dem Signifikanzniveau, das heißt der maximal zulässigen Irrtumswahrscheinlichkeit, dass der Test die Nullhypothese ablehnt, obwohl sie wahr gewesen wäre.

Natürlich sind Sie auch bei einer kleinen Irrtumswahrscheinlichkeit nicht hundertprozentig sicher. Bei einem Signifikanzniveau von $\alpha = 0{,}05$ haben Sie ein fünfprozentiges Irrtumsrisiko, um die Nullhypothese zu verwerfen, obgleich sie richtig ist. Mit einer Wahrscheinlichkeit von $1 - \alpha = 0{,}95$ können Sie jedoch darauf vertrauen, dass Sie bei Ihrer Entscheidung richtig liegen.

Der β-Fehler

Den β-Fehler (auch Fehler 2. Art genannt) begehen Sie, wenn Sie die Nullhypothese nicht ablehnen, obwohl sie falsch ist. Während Sie beim α-Fehler die Irrtums- und damit auch die Vertrauenswahrscheinlichkeit $1 - \alpha$ bestimmen können, ist Ihnen die Berechnung der Wahrscheinlichkeiten für den β-Fehler im Allgemeinen nicht möglich.

Es gibt zwei Möglichkeiten, die Wahrscheinlichkeit für den β-Fehler zu verringern:

- ✔ Legen Sie eine höhere Irrtumswahrscheinlichkeit beziehungsweise ein niedrigeres Signifikanzniveau fest.
- ✔ Ziehen Sie eine größere Stichprobe.

Wie groß die Wahrscheinlichkeit für den β-Fehler dann sein wird, werden Sie im Allgemeinen aber auch dadurch nicht erfahren.

Sie stecken in der Falle – welche Strategie Sie auch wählen, in jedem Fall gehen Sie das Risiko eines Fehlers ein: Je höher Sie das Signifikanzniveau α festlegen, desto geringer ist das Risiko eines β-Fehlers, und je niedriger Sie das Signifikanzniveau wählen, desto größer das Risiko eines β-Fehlers. Der Unterschied besteht nur darin, dass Sie die Wahrscheinlichkeit für den α-Fehler selbst bestimmen können, während Sie die Wahrscheinlichkeit eines β-Fehlers in der Praxis erst gar nicht berechnen können, da Sie zum Beispiel für dessen Berechnung den Wert des »wahren« Parameters kennen müssten.

Möglichkeiten, den Hypothesentest zu entscheiden

Sie haben also die in Tabelle 15.2 dargestellten vier Möglichkeiten, einen Hypothesentest zu entscheiden.

Die Wirklichkeit	Ihre Entscheidung	
	Sie lehnen H_0 ab und nehmen H_a an.	Sie nehmen H_0 an und weisen die H_a zurück.
Die H_a ist falsch und die H_0 ist korrekt.	Fehlentscheidung: Fehler erster Art oder α-Fehler	richtige Entscheidung
Die H_a ist richtig und die H_0 ist falsch.	richtige Entscheidung	Fehlentscheidung: Fehler zweiter Art oder β-Fehler

Tabelle 15.2: Entscheidungsmöglichkeiten beim Hypothesentest

Sie wissen bereits, dass der Statistiker von einem *signifikanten Ergebnis* spricht, wenn er die H_0-Hypothese als unwahrscheinlich zurückweisen und dafür Ihre Forschungshypothese H_a auf dem von Ihnen gewählten Signifikanzniveau annehmen kann. Gibt es den von Ihnen angenommenen Zusammenhang oder Sachverhalt in der Grundgesamtheit nicht und behalten Sie aufgrund der Ergebnisse aus den Daten Ihrer Stichprobe die Nullhypothese korrekterweise bei, ist Ihr Ergebnis richtig und nicht signifikant, das heißt nicht unwahrscheinlich genug, um die Nullhypothese zurückweisen und die Alternativhypothese annehmen zu können.

Was manchmal auch von Statistikern übersehen wird: Ein nicht signifikantes Ergebnis muss nicht unbedingt ohne Bedeutung für die Forschung oder die Praxis sein. Es kann doch sehr bedeutsam sein zu wissen, dass etwas nicht statistisch belegt ist, und man braucht sich dann nicht weiter darum zu kümmern. Auch nicht signifikante Ergebnisse können somit hohe praktische Bedeutsamkeit haben! Umgekehrt können aber auch unbedeutsame Ergebnisse oder Ergebnisse, die Vermutungen nicht bestätigen, signifikant sein. Wenn Sie signifikant feststellen, dass etwas nicht funktioniert, ist das schließlich doch auch ein sehr informatives und wichtiges Ergebnis.

Falls das alles noch ein wenig verwirrend für Sie ist, lassen Sie mich die Vorgehensweise beim Hypothesentest schrittweise erklären.

Eins, zwei, drei und fertig ist der Hypothesentest

Ausgangspunkt eines jeden Hypothesentests ist natürlich eine Hypothese, die aus einer Theorie, einem praktischen Problem oder aus Erfahrungen resultiert. Daran anknüpfend durchlaufen Sie in einem Hypothesentest die folgenden Schritte:

1. Klären Sie die Voraussetzungen für den Hypothesentest, indem Sie zunächst feststellen, ob Sie den zentralen Grenzwertsatz anwenden können oder die Daten ohnehin normalverteilt sind. Falls die Stichprobe, die Sie zum Hypothesentest heranziehen möchten,

hinreichend groß ist und auf einer repräsentativen Zufallsauswahl beruht, können Sie aber davon ausgehen, dass Sie auf den zentralen Grenzwertsatz bei Ihrem Hypothesentest zurückgreifen können.

2. Stellen Sie die Nullhypothese auf und legen Sie damit gleichfalls die Alternativhypothese fest.

3. Legen Sie das Signifikanzniveau α für den Hypothesentest fest. Typischerweise wählt man $\alpha = 0{,}05$, $\alpha = 0{,}1$ oder $\alpha = 0{,}01$.

4. Bestimmen Sie die Teststatistik, die Sie für Ihren Hypothesentest benötigen. Mit der Teststatistik entscheiden Sie, ob der mit der Stichprobe gefundene Wert noch mit der Nullhypothese übereinstimmt oder nicht beziehungsweise ob dieser Wert noch in den Annahmebereich oder in den Ablehnungsbereich der Nullhypothese fällt. Ein Beispiel für eine Teststatistik haben Sie kennengelernt: Es ist die Zufallsvariable des Stichprobenmittelwertes, der erwartungstreu für den wahren Populationsparameter μ ist (siehe Kapitel 13) und unter bestimmten Annahmen einer Normalverteilung folgt (siehe Kapitel 14). In Kapitel 13 finden Sie dessen konkrete Bestimmung als z-Wert. Bei der folgenden Teststatistik handelt sich nun um die unter der Gültigkeit von H_0 standardisierte Zufallsvariable des Stichprobenmittelwertes:

$$Z = \frac{\bar{X} - \mu_0}{\frac{\sigma}{\sqrt{n}}}$$

In unserem Beispiel wäre $\mu_0 = 80$. Wegen der Gültigkeit des zentralen Grenzwertsatzes (oder der ohnehin normalverteilten Daten) wissen Sie nun, dass diese Teststatistik unter der Gültigkeit der Nullhypothese standardnormalverteilt ist. Je nach der Statistik oder dem Parameterwert, den Sie testen wollen, stehen Ihnen verschiedene Teststatistiken zur Auswahl.

5. Legen Sie anhand des gewählten Signifikanzniveaus den kritischen Wert der Teststatistik fest. Der kritische Wert sagt Ihnen im Beispiel mit dem Mittelwert, wie viele Standardfehlereinheiten der zu berechnende Stichprobenmittelwert von dem Mittelwert, der durch die Nullhypothese spezifiziert ist, entfernt liegen darf, damit die Nullhypothese noch beibehalten und die Alternativhypothese nicht stattdessen angenommen werden muss. Wollen Sie zum Beispiel einen einseitigen Test durchführen und haben Sie das Signifikanzniveau von $\alpha = 0{,}05$ gewählt, erhalten Sie einen z-Wert aus der Standardnormalverteilung von 1,645 als kritischen Wert. Dieser Wert darf nicht überschritten werden, um noch von der Nullhypothese ausgehen zu können. Potenzielle Z-Werte bis zu $z_{1-\alpha} = z_{0.95} = 1{,}645$ gehören in diesem Beispiel zum Annahmebereich der Nullhypothese und realisierte z-Werte unserer Teststatistik, die größer sind, würden in den Ablehnungsbereich der Nullhypothese fallen.

6. Falls Sie noch keine Stichprobendaten haben, führen Sie die Erhebung durch, bereiten die Daten zur Analyse auf und berechnen dann die benötigten Informationen aus den Daten der Stichprobe (Parameterwerte, Standardfehler und Teststatistik).

7. Nutzen Sie den mit der Teststatistik errechneten Wert, vergleichen Sie ihn mit dem zuvor festgelegten kritischen Wert und fällen Sie Ihre Entscheidung über Beibehaltung der

Nullhypothese oder Annahme der Alternativhypothese. Lassen Sie mich die Schritte noch einmal an unserem Beispiel aufzeigen.

Einseitiger Hypothesentest für den Mittelwert

In unserem Beispiel haben Sie als Bürgermeister den Verdacht, dass in der Bevölkerung Ihrer Stadt Übergewicht besteht. Jedenfalls vermuten Sie, dass das durchschnittliche Körpergewicht mehr als 80 Kilogramm beträgt. Um Ihre Hypothese zu überprüfen, gehen Sie wie folgt vor:

1. Die von Ihnen bei dem Forschungsinstitut Demoskopie GmbH in Auftrag gegebene Teilerhebung in der Bevölkerung Ihrer Stadt ist eine 100 Personen umfassende Zufallsstichprobe. Außerdem handelt es sich bei dem Gewicht um ein quantitatives Merkmal, von dem Sie eine annähernde Normalverteilung der Merkmalsausprägungen in der endlichen Grundgesamtheit von 50.000 Einwohnern Ihrer Stadt annehmen können. Die Voraussetzung für die Anwendung des zentralen Grenzwertsatzes ist damit in jedem Fall erfüllt.

2. Ihre Nullhypothese ist H_0: $\mu \leq \mu_0$, das heißt H_0: $\mu \leq 80$ kg und Ihre Alternativhypothese dazu H_a: $\mu > \mu_0$ beziehungsweise H_a: $\mu > 80$ kg. Sie vermuten somit, dass das Durchschnittsgewicht mehr als 80 Kilogramm beträgt.

3. Sie legen noch einmal drauf und möchten jetzt mit 99-prozentiger Wahrscheinlichkeit sichergehen, dass Sie die Nullhypothese korrekt beibehalten. Sie setzen somit die Vertrauenswahrscheinlichkeit auf $1 - \alpha = 0{,}99$ und damit die Irrtumswahrscheinlichkeit auf $\alpha = 0{,}01$.

4. Sie wählen die Teststatistik, die von Statistikern auch gerne als *Prüfstatistik* bezeichnet wird, aus. Mit ihr entscheiden Sie, ob die anhand der Stichprobendaten errechneten Werte noch mit der Nullhypothese vereinbar sind, das heißt, dass der mithilfe der Teststatistik errechnete Wert in den Annahme- oder Ablehnungsbereich der unter H_0 gültigen Verteilung der Teststatistik fällt. Insofern Ihnen die Standardabweichung des Merkmals in der Grundgesamtheit nicht bekannt ist und Sie diese aus den Stichprobendaten berechnen müssen, benutzen Sie für den Test auf Erwartungswerte diese Formel:

$$z = \frac{\bar{x} - \mu_0}{\frac{s}{\sqrt{n}}}$$

5. Bei einem einseitigen Test, einer Vertrauenswahrscheinlichkeit von $1 - \alpha = 0{,}99$ und einer Irrtumswahrscheinlichkeit beziehungsweise einem Signifikanzniveau von $\alpha = 0{,}01$ beträgt der kritische Wert $z_{1-\alpha} = z_{0.99} = 2{,}327$. Das ist der Z-Wert in der Standardnormalverteilungstabelle, bei dem gerade 99 Prozent der Fläche unter der Verteilung von links gesehen abgedeckt werden, die übrigen 1 Prozent der Fläche befinden sich rechts davon. Abbildung 15.1 zeigt diesen Zusammenhang noch einmal visuell.

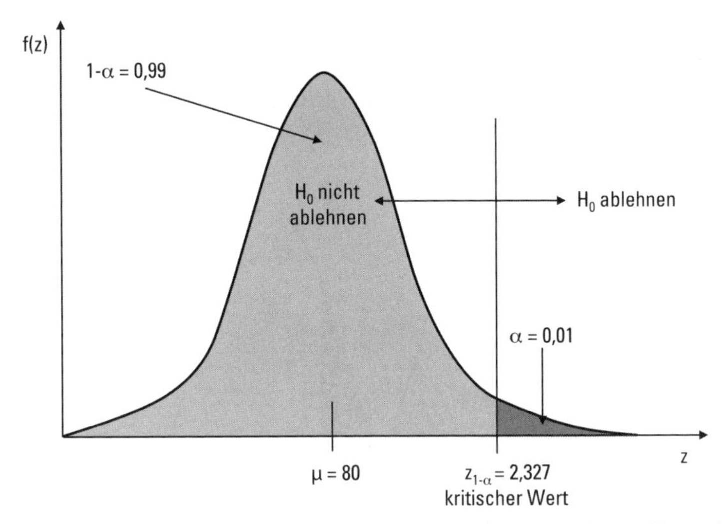

Abbildung 15.1: Entscheidung über Annahme oder Ablehnung der Nullhypothese bei einem einseitigen Hypothesentest des Mittelwertes

Erinnern Sie sich, dass Sie in unserem Beispiel die Standardabweichung schätzen mussten? Da zudem die Daten an sich normalverteilt waren, ist aufgrund dieser Tatsache die Teststatistik eigentlich t-verteilt mit $n-1$ Freiheitsgraden. Dennoch können Sie, da n groß genug ist, aufgrund des zentralen Grenzwertsatzes das Quantil einer standardnormalverteilten Zufallsvariablen als kritischen Wert benutzen und nicht das $1\text{-}\alpha$-Quantil einer t-verteilten Zufallsvariablen mit $n-1$ Freiheitsgeraden.

6. Jetzt werten Sie die Daten aus der Stichprobe aus und berechnen als arithmetisches Mittel $\bar{x} = 82$ kg bei einer Standardabweichung von $s = 6$ kg. Daraus können Sie jetzt auch den Wert für die Teststatistik berechnen:

$$z = \frac{\bar{x} - \mu_0}{\frac{s}{\sqrt{n}}} = \frac{82-80}{\frac{6}{\sqrt{100}}} = \frac{2}{\frac{6}{10}} = \frac{2}{0,6} = 3,33\ldots$$

7. Der Vergleich des Wertes aus der Teststatistik von $z = 3,33\ldots$ mit dem kritischen Wert von $z_{1-\alpha} = z_{0.99} = 2,327$ ergibt, dass z größer ist als $z_{1-\alpha}$ und Sie daher die Nullhypothese zurückweisen und die Alternativhypothese annehmen müssen.

Ihre Vermutung ist durch den Hypothesentest auf einem Signifikanzniveau von $\alpha = 0,01$ empirisch bestätigt. Natürlich können Sie immer noch mit Ihrem Stichprobenergebnis zufällig falsch liegen. Das Stichprobenergebnis von durchschnittlich 82 Kilogramm liegt aber mit $z = 3,33\ldots$ Standardfehlereinheiten so deutlich über dem kritischen Wert von $z_{1-\alpha} = 2,327$, dass es ziemlich unwahrscheinlich ist, dass das tatsächliche Durchschnittsgewicht in der Grundgesamtheit doch noch 80 Kilogramm und weniger betragen sollte. Sie müssen sich als Bürgermeister also mit der Tatsache anfreunden, dass Ihre Bürger im Durchschnitt zu dick sind.

Abbildung 15.2 enthält noch einmal die Zusammenhänge über die Wahrscheinlichkeiten unter der Nullhypothese und unter der Alternativhypothese, zwischen Fehler 1. und 2. Art sowie den Annahme- und Ablehnungsbereich der Nullhypothese.

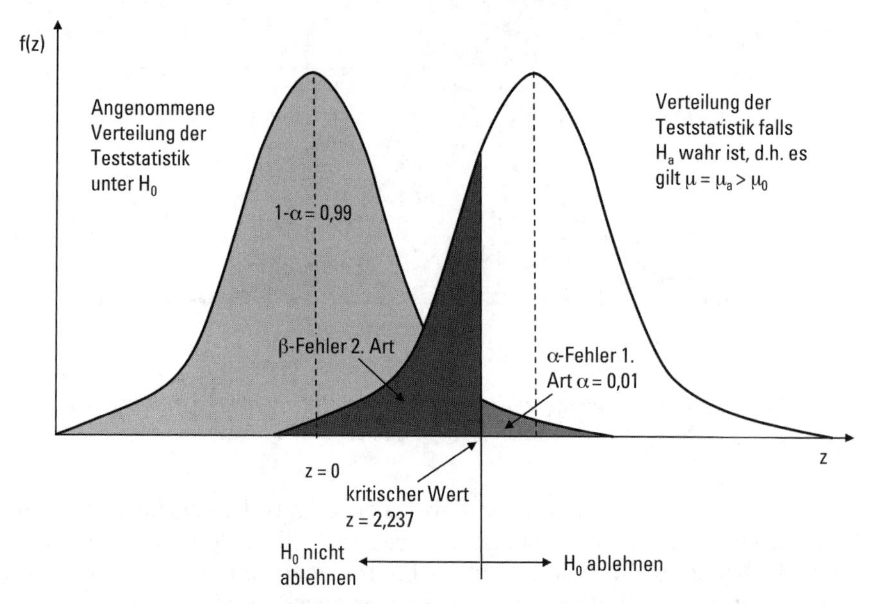

Abbildung 15.2: Die Zusammenhänge zwischen α- und β-Fehler

Aus Abbildung 15.2 können Sie anhand der dunkleren Fläche den Bereich des Fehlers 2. Art, das heißt der Beibehaltung von H_0, obwohl sie falsch ist, erkennen. Allerdings können Sie diese Fläche und damit Wahrscheinlichkeit nicht sinnvoll berechnen, weil Sie die tatsächliche Verteilung, die rechte Verteilung, nicht kennen: Sie müssen einen Wert μ_a für den Erwartungswert annehmen und davon gibt es unendlich viele Möglichkeiten. Die Fläche, also die Wahrscheinlichkeit für einen Fehler 2. Art hängt jedoch dann von Ihrer Wahl von μ_a ab.

Der kleine graue Bereich im rechten Teil der ersten Verteilung kennzeichnet den Fehler 1. Art, das heißt dass die Nullhypothese abgelehnt wird, obwohl sie richtig ist. In jedem Fall besteht somit eine Wahrscheinlichkeit, einen Fehler zu begehen, aber nur den Fehler 1. Art können Sie durch die Vorgabe der Irrtumswahrscheinlichkeit bestimmen. Sie sehen anhand der Grafik ebenfalls, dass eine Erhöhung des Signifikanzniveaus von $\alpha = 0{,}05$ auf $\alpha = 0{,}01$ zwar eine Verringerung des 1. Fehlers bedeutet, der jedoch durch eine Erhöhung des Fehlers 2. Art erkauft wird, nur dass Sie in diesem Fall nicht wissen, wie hoch der Preis für die Erhöhung des Signifikanzniveaus ist.

Die wichtigsten Entscheidungen bei der Wahl der Teststatistik

Hypothesentests über den Populationsmittelwert können in verschiedenen Versionen für unterschiedliche Situationen ausgeführt werden. Tabelle 15.3 fasst die wichtigsten Entscheidungen bei der Wahl der Teststatistik in diesem Zusammenhang zusammen.

<table>
<tr><th colspan="5">Ist die Stichprobe hinreichend groß ($n \geq 30$)?</th></tr>
<tr><td colspan="2">ja</td><td colspan="3">nein</td></tr>
<tr><td colspan="2">Können Sie σ als bekannt annehmen?</td><td colspan="3">Können Sie die Verteilung in der Grundgesamtheit als annähernd normal annehmen?</td></tr>
<tr><td>ja</td><td>nein</td><td colspan="2">ja</td><td>nein</td></tr>
<tr><td rowspan="3">Berechnen Sie:
$z = \frac{\bar{x} - \mu}{\frac{\sigma}{\sqrt{n}}}$</td><td>Nutzen Sie s, um σ zu schätzen.</td><td colspan="2">Können Sie σ als bekannt annehmen?</td><td>Erhöhen Sie auf $n \geq 30$.</td></tr>
<tr><td rowspan="2">Berechnen Sie:
$z = \frac{\bar{x} - \mu}{\frac{s}{\sqrt{n}}}$</td><td>ja</td><td>nein</td><td rowspan="2"></td></tr>
<tr><td>Berechnen Sie:
$z = \frac{\bar{x} - \mu}{\frac{\sigma}{\sqrt{n}}}$</td><td>Nutzen Sie s, um σ zu schätzen und diese Formel:
$t = \frac{\bar{x} - \mu}{\frac{s}{\sqrt{n}}}$</td></tr>
</table>

Tabelle 15.3: Die Wahl der Teststatistik beim Hypothesentest über den Populationsmittelwert

Je nachdem, wie groß die Stichprobe ist, ob Sie die Standardabweichung in der Grundgesamtheit kennen oder ob Sie eine Normalverteilung des betrachteten Merkmals in der Grundgesamtheit annehmen können, ergeben sich unterschiedliche Strategien bei der Wahl der Teststatistik. Tabelle 15.4 zeigt neben den Teststatistiken zusätzlich die Aufstellung der Hypothesen, die kritischen Werte und die Entscheidungsregeln für die Annahme beziehungsweise Ablehnung der Nullhypothesen.

Hypothesen: zweiseitiger (ungerichteter) Test	Hypothesen: einseitiger (gerichteter) Test	
$H_a: \mu \neq \mu_0$	$H_a: \mu < \mu_0$	$H_a: \mu > \mu_0$
$H_0: \mu = \mu_0$	$H_0: \mu \geq \mu_0$	$H_0: \mu \leq \mu_0$
Wahl der Teststatistik, falls σ bekannt ist, $n \geq 30$ oder Merkmal normalverteilt	Wahl der Teststatistik, falls σ nicht bekannt ist, $n \geq 30$ oder Merkmal normalverteilt	
$z = \frac{\bar{x} - \mu}{\frac{\sigma}{\sqrt{n}}}$	$z = \frac{\bar{x} - \mu}{\frac{s}{\sqrt{n}}}$	
Kritische Werte:		
$\pm z_{1-\alpha/2}$	$-z_{1-\alpha}$	$z_{1-\alpha}$
Annahme der Alternativhypothese beziehungsweise Ablehnung der Nullhypothese, falls:		
$\lvert z \rvert > z_{1-\alpha/2}$	$z < -z_{1-\alpha}$	$z > z_{1-\alpha}$
Wahl der Teststatistik, falls σ nicht bekannt ist für $n < 30$ und Merkmal normalverteilt:		
$t = \frac{\bar{x} - \mu}{\frac{s}{\sqrt{n}}}$		
Kritische Werte:		
$\pm t_{n-1,1-\alpha/2}$	$-t_{n-1,1-\alpha}$	$t_{n-1,1-\alpha}$
Annahme der Alternativhypothese beziehungsweise Ablehnung der Nullhypothese, falls:		
$\lvert t \rvert > t_{n-1,1-\alpha/2}$	$t < t_{n-1,1-\alpha}$	$t > t_{n-1,1-\alpha}$

Tabelle 15.4: Übersicht – Hypothesentest für den Populationsmittelwert

Zweiseitiger Hypothesentest bei einer kleinen Stichprobe

Nehmen Sie jetzt einmal an, dass Sie ein Durchschnittsgewicht von 80 Kilogramm in der Grundgesamtheit vermuten und diese Hypothese anhand einer kleinen Zufallsstichprobe von $n = 25$ Personen überprüfen möchten. Dabei können Sie von einer Normalverteilung des Merkmals in der Grundgesamtheit ausgehen.

Als Ergebnis erhalten Sie einen Stichprobenmittelwert von $\bar{x} = 78$ kg bei einer Standardabweichung von 1,5 Kilogramm. Sie möchten bei der Annahme beziehungsweise Ablehnung der Nullhypothese eine Irrtumswahrscheinlichkeit von 5 Prozent zulassen. Daraus ergeben sich für Sie für den Hypothesentest unter Berücksichtigung der Informationen aus den Tabellen 15.3 und 15.4 folgende Arbeitsschritte:

1. Prüfen Sie, ob Sie den zentralen Grenzwertsatz auf die anstehende Aufgabe anwenden können. Es handelt sich um eine Stichprobe von $n < 30$ beziehungsweise $n = 25$. Da Sie jedoch eine Zufallsstichprobe haben und darüber hinaus eine Normalverteilung in der

Grundgesamtheit für das Merkmal Körpergewicht annehmen können, sind die Voraussetzungen für die Verteilung der Teststatistik direkt erfüllt und Sie brauchen nicht den Umweg über den zentralen Grenzwertsatz zu gehen: Da die Varianz unbekannt ist, das Merkmal an sich jedoch normalverteilt, wird die Teststatistik eine t-Verteilung mit $n-1$ Freiheitsgraden respektieren.

2. Stellen Sie die Nullhypothese auf. Weil es sich hier nun um einen zweiseitigen Test handelt, kommen Sie zu folgenden Hypothesen: H_0: $\mu = \mu_0$ und H_a: $\mu \neq \mu_0$ beziehungsweise H_0: $\mu = 80$ kg und H_a: $\mu \neq 80$ kg Durchschnittsgewicht.

3. Legen Sie das Signifikanzniveau fest. Bei einer zugelassenen Irrtumswahrscheinlichkeit von 5 Prozent kommen Sie auf ein Signifikanzniveau von $\alpha = 0{,}05$ und eine Vertrauenswahrscheinlichkeit von $1 - \alpha = 0{,}95$. Es handelt sich um einen zweiseitigen Test, deshalb verteilen Sie die Irrtumswahrscheinlichkeit wie folgt: $\alpha/2 = 0{,}025$ am unteren und am oberen Ende der Verteilung der Teststatistik.

4. Bestimmen Sie die Teststatistik. Weil es sich um weniger als 30 Stichprobenelemente handelt und die Standardabweichung in der Grundgesamtheit nicht bekannt ist, aber das Merkmal in der Grundgesamtheit als normalverteilt angenommen werden kann, wird die Teststatistik mit der geschätzten Standardabweichung S für σ mit $n-1$ Freiheitsgraden, das heißt $df = 25 - 1 = 24$ t verteilt sein. Nutzen Sie also die folgende Formel zur Berechnung des Wertes der Teststatistik:

$$t = \frac{\bar{x} - \mu}{\frac{s}{\sqrt{n}}}$$

5. Bestimmen Sie die kritischen Werte. Bei einem zweiseitigen Test, einer Vertrauenswahrscheinlichkeit von $1 - \alpha = 0{,}95$ und einer Irrtumswahrscheinlichkeit und einem Signifikanzniveau von $\alpha = 0{,}05$ betragen die kritischen Werte:

$$\pm t_{n-1,1-\alpha/2} = \pm t_{24,0.975} = \pm 2{,}0639$$

Diese Werte können Sie der Tabelle zur t-Verteilung auf der Schummelseite entnehmen (mehr zur t-Verteilung finden Sie in Kapitel 14). Beachten Sie, dass Sie bei einem zweiseitigen Test bei einer Irrtumswahrscheinlichkeit von $\alpha = 0{,}05$ auf jeder Seite nur die Hälfte der Irrtumswahrscheinlichkeit berücksichtigen müssen. Deshalb ziehen Sie diesen Wert von der Gesamtwahrscheinlichkeitsverteilung ab, das heißt $1 - \alpha/2$ beziehungsweise $1 - 0{,}025 = 0{,}975$. Nun schauen Sie bei dem Wert 0,975 beziehungsweise 0,025 im Kopf der t-Verteilungstabelle und bei den Freiheitsgraden von $df = 24$ nach und können den Wert von $t_{n-1,1-\alpha/2} = t_{24,0.975} = 2{,}064$ dort direkt ablesen. In dem Bereich von $\pm t_{24,0.975} = \pm 2{,}064$ befinden sich somit 95 Prozent der Fläche unter der t-Verteilung. Rein zufällig werden Sie also nur 5 Prozent der Werte eines Merkmals (in diesem Fall der Gewichte) außerhalb des Bereichs von $\pm 2{,}064$ finden.

Werten Sie die Daten aus der Stichprobe aus und berechnen Sie als arithmetisches Mittel $\bar{x} = 78$ kg bei einer Standardabweichung von $s = 1{,}5$ kg. Daraus können Sie jetzt auch den Wert für die Teststatistik berechnen:

$$t = \frac{\bar{x} - \mu_0}{\frac{s}{\sqrt{n}}} = \frac{78 - 80}{\frac{1,5}{\sqrt{25}}} = \frac{-2}{\frac{1,5}{5}} = \frac{-2}{0,3} = -6,67$$

6. Entscheiden Sie sich für eine der beiden Hypothesen. Sie stellen fest, dass der berechnete Stichprobenmittelwert von $\bar{x} = 78$ kg 6,67 Standardfehlereinheiten unter dem mit der Nullhypothese angenommenen Wert von 80 Kilogramm Durchschnittsgewicht liegt. Da $t = -6,67 < -t_{24,0.975} = -2,064$ müssen Sie ganz klar die Nullhypothese zurückweisen und die Alternativhypothese annehmen. Das Durchschnittsgewicht beträgt zu 95-prozentiger Sicherheit nicht 80 Kilogramm, sondern liegt sehr vermutlich darunter.

Abbildung 15.3 zeigt diesen zweiseitigen Hypothesentest bei einer kleinen Stichprobe und nicht bekannter Standardabweichung.

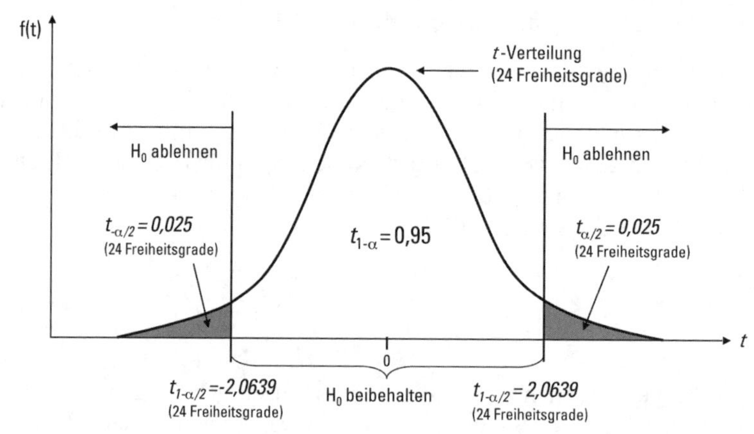

Abbildung 15.3: Zweiseitiger Hypothesentest bei einer t-verteilten Teststatistik mit df = 24 Freiheitsgraden

Jedem das Seine: Hypothesentest über Anteile

Schon zu Anfang dieses Kapitels haben Sie festgestellt, dass Sie Hypothesentests über eine Vielzahl von statistischen Parametern durchführen können. Als ein abschließendes Beispiel hierzu möchte ich Ihnen einen Hypothesentest über Anteilswerte vorstellen. Die Präsentation von Anteilswerten oder Prozentwerten finden Sie nicht nur in jeder wissenschaftlichen Arbeit, sondern praktisch auch in jeder Tageszeitung. Ob es sich nun um den Anteil der Frauen an den Erwerbstätigen handelt oder um den Anteil von Männern bei Verkehrsunfällen oder um den Anteil von Rauchern in der Bevölkerung, immer geht es um Anteile, die irgendwer kennen möchte, damit er entsprechende Maßnahmen ergreift oder unterlässt. Wollen Sie beurteilen, ob und inwiefern bestimmte Vermutungen oder Hypothesen zutreffen, die sich auf Anteilswerte beziehen und für die Ihnen lediglich Daten aus Stichproben vorliegen, benötigen Sie das Wissen über Hypothesentests über Anteilswerte.

Hypothesentests über einen Anteilswert p in der Grundgesamtheit basieren auf dem Unterschied zwischen einem angenommenen, vermuteten Anteilswert in der Grundgesamtheit p_a und einem anhand einer Stichprobe ermittelten Anteilswert $\hat{p}$.

Wenn p und $1 - p$ sich dem Wert ½ nähern und der Stichprobenumfang einer Zufallsstichprobe hinreichend groß wird, können Sie beim Hypothesentest auf Anteilswerte wiederum von einer Normalverteilung ausgehen. Der Grund für die erste Bedingung ist, dass wenn der Stichprobenanteil p oder $1 - p$ nahe an dem Wert 0 oder 1 liegt, die Verteilung in der Regel schief ist (mehr über schiefe Verteilungen erfahren Sie in Kapitel 4). Die Statistiker haben nachgewiesen, dass bei einer hinreichend großen Zufallsstichprobe eine Annäherung der Verteilung der Stichprobenanteilswerte an die Normalverteilung stattfindet. Genauer müssen die folgenden Bedingungen erfüllt sein: $np \geq 9$ und $n(1 - p) \geq 9$. In diesem Fall können Sie wieder auf den zentralen Grenzwertsatz zurückgreifen.

Der Standardfehler der Verteilung der Stichprobenanteilswerte

Zur Schätzung der Anteilswerte von der Stichprobe auf die Anteilswerte in der Grundgesamtheit unter den Bedingungen der Anwendbarkeit des zentralen Grenzwertsatzes benötigen Sie wiederum den Standardfehler für Anteilswerte. Nur die Formel für die Berechnung des Standardfehlers bei der Erstellung der Teststatistik sieht bei Anteilswerten etwas anders aus:

$$\sigma_{\hat{p}} = \sqrt{\frac{p(1-p)}{n}}$$

Dabei bedeutet:

- ✔ $\sigma_{\hat{p}}$: Standardfehler der Stichprobenanteilswerte
- ✔ p_a: unterstellter Anteilswert für die Grundgesamtheit unter der Nullhypothese
- ✔ $\hat{p}$: aus der Stichprobe ermittelter Anteilswert
- ✔ n: Fallzahl in der Stichprobe beziehungsweise der Stichprobenumfang, das heißt die Anzahl der Stichprobenelemente

Teststatistik über den Grundgesamtheitsanteilswert

Natürlich können Sie bei der Entscheidung über die Hypothesen bei Anteilswerten keine Ausnahme machen und Sie benötigen auch hier eine Teststatistik. Die Formel für die Teststatistik für Anteilswerte ist:

$$z = \frac{\hat{p} - p_0}{\sigma_{\hat{p}}}$$

Dabei bedeutet:

- ✔ z: Wert der Teststatistik über den Anteilswert in der Population
- ✔ $\sigma_{\hat{p}}$: Standardfehler der Verteilung der Stichprobenanteilswerte
- ✔ p_0: unterstellter Anteilswert für die Grundgesamtheit unter der Nullhypothese
- ✔ $\hat{p}$: aus der Stichprobe ermittelter Anteilswert

Die Arbeitsschritte, die Sie für den Hypothesentest von Anteilswerten durchführen müssen, stimmen im Übrigen weitgehend mit denen für den Hypothesentest für Mittelwerte überein.

1. Klären Sie die Voraussetzungen, ob Sie den zentralen Grenzwertsatz anwenden können. Es sollten die Bedingungen $np \geq 9$ und $n(1 - p_0) \geq 9$ erfüllt sein und die Stichprobenelemente sollten zufällig ausgewählt worden sein.
2. Stellen Sie die Nullhypothese auf und legen Sie damit gleichfalls die Alternativhypothese fest. Es sind die in Tabelle 15.5 dargestellten Hypothesentestformen sowie die aufgeführten Kombinationen von Null- und Alternativhypothesen möglich.

zweiseitiger (ungerichteter) Test	einseitiger (gerichteter) Test	
$H_a: p \neq p_0$	$H_a: p < p_0$	$H_a: p > p_0$
$H_0: p = p_0$	$H_0: p \geq p_0$	$H_0: p \leq p_0$

Tabelle 15.5: Formen des Hypothesentests für den Anteilswert

3. Legen Sie das Signifikanzniveau α für den Hypothesentest fest.
4. Bestimmen Sie die Teststatistik, die Sie für Ihren Hypothesentest benötigen.
5. Legen Sie anhand des gewählten Signifikanzniveaus den kritischen Wert der Teststatistik fest.
6. Nach der Erhebung der Stichprobendaten und der Datenaufbereitung berechnen Sie die Anteilswerte, Standardfehler und die Teststatistik für die Daten aus der Stichprobe.
7. Entscheiden Sie anhand des Vergleichs zwischen dem Wert der Teststatistik und dem kritischen Wert über die Null- und Alternativhypothese.

Als Bürgermeister fühlen Sie sich für die Gesundheit Ihrer Bürger verantwortlich und überlegen, eine Aufklärungskampagne zum Thema Übergewicht durchzuführen. Nun möchten Sie wissen, für wie viele Ihrer Bürger eine solche Informationsveranstaltung überflüssig ist. Sie wollen überprüfen, ob der Anteil der Personen, die weniger als 80 Kilogramm wiegen, in Ihrer Stadt weniger als 40 Prozent beträgt. Um diese Vermutung zu überprüfen, lassen Sie die Daten Ihrer 25 Personen umfassenden Zufallsstichprobe auswerten. Daraus ergeben sich für Sie die folgenden Arbeitsschritte:

1. Überprüfen Sie, ob Sie von einer Normalverteilung der Stichprobenanteilswerte ausgehen können.

   Sie kommen zu diesem Ergebnis: $n \cdot p_0 = 25 \cdot 0{,}40 = 10$ und $n(1 - p_0) = 25(1 - 0{,}40)$ $= 15$. Damit sind die Bedingungen für die Anwendung des zentralen Grenzwertsatzes erfüllt, denn es gilt $n \cdot p_0 \geq 9$ und $n(1 - p_0) \geq 9$. Sie können nun die Standardnormalverteilung zur Bestimmung der Wahrscheinlichkeiten heranziehen.

2. Stellen Sie Ihre Forschungshypothese auf.

   Ihre Forschungshypothese beziehungsweise Alternativhypothese behauptet, dass der Anteil der Personen, die weniger als 80 Kilogramm wiegen, weniger als 40 Prozent in Ihrer Stadt beträgt: $H_a: p < 0{,}4$. Die dem gegenüberstehende Nullhypothese ist dann $H_0: p \geq 0{,}4$ $= p_0$. Es handelt sich somit um einen einseitigen Test.

3. Legen Sie das Signifikanzniveau fest.

   Sie entscheiden sich für ein Signifikanzniveau von $\alpha = 0{,}05$, das heißt, die Vertrauenswahrscheinlichkeit beläuft sich auf $1 - \alpha = 0{,}95$.

4. Wählen Sie die passende Teststatistik.

   In dem Fall eines Hypothesentests für Anteilswerte entscheiden Sie sich für diese Teststatistik:

   $$Z = \frac{\hat{p} - p_0}{\sigma_{\hat{p}}}$$

5. Schauen Sie in der Standardnormalverteilung nach.

   Weil Sie den zentralen Grenzwertsatz anwenden können, schauen Sie in der Standardnormalverteilungstabelle die Fläche für $1 - \alpha = 0{,}95$ nach und erhalten einen kritischen Wert von $-z_{1-\alpha} = -z_{0.95} = -1{,}645$, der die unteren 5 Prozent der Verteilung von den oberen 95 Prozent trennt.

6. Ermitteln Sie die Ergebnisse: den Stichprobenanteilswert, den Standardfehler und die Teststatistik.

   Aus der Datenanalyse erhalten Sie folgende Ergebnisse:

   Der Stichprobenanteilswert beträgt $\hat{p} = 0{,}32$.

   Für den Standardfehler ergibt sich

   $$\sigma_{\hat{p}} = \sqrt{\frac{p_0(1-p_0)}{n}} = \sqrt{\frac{0{,}4(1-0{,}4)}{25}} = \sqrt{\frac{0{,}24}{25}} = \sqrt{0{,}0096} = 0{,}03$$

   Und nachdem Sie den Standardfehler ermittelt haben, können Sie jetzt auch die Teststatistik ermitteln:

   $$z = \frac{\hat{p} - p_0}{\sigma_{\hat{p}}} = \frac{0{,}32 - 0{,}40}{0{,}03} = \frac{-0{,}08}{0{,}03} = -2{,}67$$

7. Ziehen Sie Ihre Schlüsse.

   Der Wert aus der Teststatistik beträgt $z = -2{,}67$ und der kritische Wert beträgt $-z_{0.95} = -1{,}65$. Es gilt somit $z = -2{,}67 < -1{,}65 = z_{0.95}$. Mit über 95-prozentiger Wahrscheinlichkeit liegt der Anteil der 80 und weniger Kilogramm wiegenden Personen in der Bevölkerung unter 40 Prozent. Ein klares Ergebnis und wenn Sie sich an die Entscheidungsregel halten, müssen Sie die Nullhypothese H_0: $p \geq 0{,}4$ zurückweisen und die Alternativhypothese H_a: $p < 0{,}4$ annehmen, das heißt, Ihre Vermutung wird durch die Daten in der Stichprobe bestätigt.

   Abbildung 15.4 fasst diesen Zusammenhang noch einmal visuell zusammen.

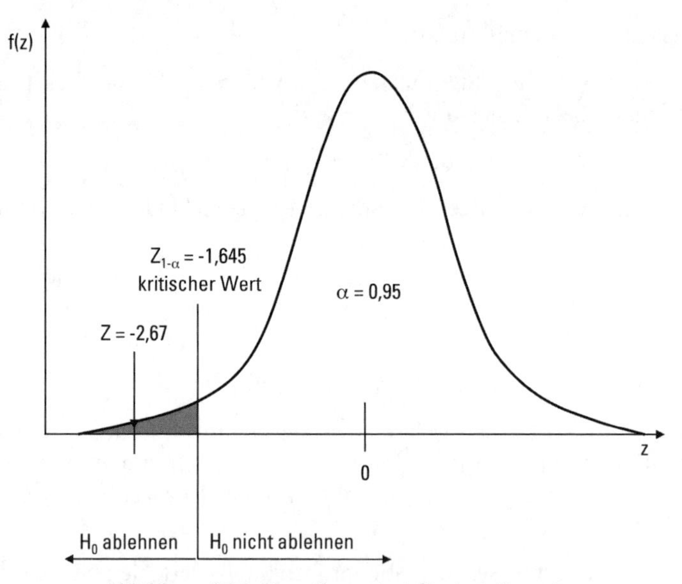

Abbildung 15.4: Hypothesentest für Anteilswerte

Beachten Sie beim Hypothesentest, dass sich die Signifikanz eines Ergebnisses immer nur auf den Fehler erster Art bezieht, das heißt eine Nullhypothese zu verwerfen, obwohl sie richtig ist. Sie können sich bei der Entscheidung nie sicher sein, denn Sie müssen immer mit der Irrtumswahrscheinlichkeit sowie auch mit dem Fehler 2. Art rechnen. Ein signifikantes Ergebnis sagt damit auch noch nichts über die Bedeutung oder Relevanz des statistischen Befundes aus. Demgegenüber können im statistischen Sinne auch nicht signifikante Ergebnisse durchaus hohe praktische Bedeutung haben. Die Zurückweisung einer Null- beziehungsweise Alternativhypothese ist inhaltlich gesehen möglicherweise genauso wichtig wie ihre Bestätigung.

Teil IV
Der Top-Ten-Teil

»Was genau soll uns das jetzt sagen?«

In diesem Teil ...

finden Sie zunächst zehn ausgesuchte Formeln, die sicher zu den herausragenden Formeln in den Grundlagen der Statistik gehören. Doch was nützt die beste Formel, wenn die Daten für die Berechnung nichts taugen. Ein oft vernachlässigter Aspekt für die Qualität jeder Statistik ist die Herkunft der Daten und die Ergebnispräsentation. Hier finden Sie deshalb auch gleich zehn praktische Tipps, die Sie in der statistischen Praxis immer im Hinterkopf behalten sollten.

Die zehn wichtigsten Statistikformeln

16

In diesem Kapitel ...

- Die gebräuchlichsten Statistikformeln im Überblick

In der Statistik gibt es sehr viele und wichtige Formeln, ja die Statistik besteht sozusagen aus Formeln. Über die Frage, welches die wichtigsten Formeln sind, lässt sich sicher trefflich streiten. Die Top Ten der in diesem Buch vorgestellten Formeln habe ich für Sie in diesem Kapitel noch einmal zur Erinnerung und zum schnellen Nachschlagen zusammengestellt. So erfahren Sie noch einmal kurz und knapp die Formel und deren Aufgabe sowie einen Hinweis, in welchem Kapitel Sie in diesem Buch dazu mehr nachlesen können.

Das arithmetische Mittel

$$\bar{x} = \frac{1}{n}\sum_{i=1}^{n} x_i$$

Bekannt unter dem gewöhnlichen Durchschnitt ist das arithmetische Mittel wohl das bekannteste und auch wichtigste zentrale Lagemaß zur Beschreibung der Lage der Werte der Merkmalsausprägungen eines metrisch gemessenen Merkmals. Mehr über das arithmetische Mittel und über weitere wichtige Lagemaße erfahren Sie im Kapitel 4.

Die Standardabweichung

$$s = \sqrt{\frac{1}{n}\sum_{i=1}^{n}(x_i - \bar{x})^2}$$

Die Standardabweichung ist eines der wichtigsten Maße unter den Statistiken, die als Streuungsmaße bezeichnet werden. Sie drückt die durchschnittliche Abweichung um das arithmetische Mittel aus und ist die Quadratwurzel aus der Varianz. Mehr über die Standardabweichung und über weitere Streuungsmaße erfahren Sie in Kapitel 5.

Der Preisindex nach Laspeyres

$$I_L = \frac{\sum_{i=1}^{n} P_{it} Q_{i0}}{\sum_{i=1}^{n} P_{i0} Q_{i0}} \cdot 100$$

Der Preisindex nach Laspeyres ist ein typischer Vertreter einer statistischen Kennzahl, mit der Sie die Preisentwicklung mehrerer Güter über einen bestimmten Zeitablauf in einer einzigen Zahl darstellen können. Es können nicht nur Preisentwicklungen, sondern beispielsweise auch mengenmäßige Entwicklungen mit diesem Index erfasst werden. In Kapitel 6 erfahren Sie mehr zum Thema.

Der Korrelationskoeffizient

$$r = \frac{\frac{1}{n}\sum_{i=1}^{n}(x_i - \bar{x})(y_i - \bar{y})}{\sqrt{\frac{1}{n}\sum_{i=1}^{n}(x_i - \bar{x})^2}\sqrt{\frac{1}{n}\sum_{i=1}^{n}(y_i - \bar{y})^2}}$$

Der Korrelationskoeffizient gehört zur Familie der sogenannten bivariaten Zusammenhangsmaße. Er beschreibt das Vorhandensein, die Stärke und Richtung der Beziehung zwischen zwei statistischen Merkmalen. Sie finden ihn nahezu in jedem statistischen Bericht in der Praxis und natürlich in der Forschung und in diesem Buch in Kapitel 7.

Der Regressionskoeffizient

$$b_1 = \frac{\frac{1}{n}\sum_{i=1}^{n}(x_i - \bar{x})(y_i - \bar{y})}{\frac{1}{n}\sum_{i=1}^{n}(x_i - \bar{x})^2}$$

Der Regressionskoeffizient ist ein wesentlicher Bestandteil der Regressionsgleichung einer Regressionsanalyse, die das Herzstück statistischer Vorhersagemodelle ist. Neben Vorhersagen geht es dabei auch um Erklärungen und Ursache-Wirkungsbeschreibungen zwischen statistischen Merkmalen. Mehr dazu erfahren Sie in Kapitel 8.

Der Bestimmtheitskoeffizient

$$R^2 = \frac{\frac{1}{n}\sum_{i=1}^{n}(\hat{y} - \bar{y})^2}{\frac{1}{n}\sum_{i=1}^{n}(y_i - \bar{y})^2}$$

Der Bestimmtheitskoeffizient ist ein Koeffizient, der die Güte einer statistischen Regressionsanalyse zum Ausdruck bringt. Er beruht auf einer Varianzanalyse der Regressionsfunktion und setzt dabei die durch die Regression erklärte Varianz ins Verhältnis zur Varianz des zu erklärenden statistischen Merkmals. Einfach ausgedrückt: Er zeigt Ihnen den Anteil eines statistischen Merkmals, der durch ein anderes Merkmal erklärt beziehungsweise bestimmt wird. Auch dieses »Formelungeheuer« wird in diesem Buch in Kapitel 8 noch weiter zerlegt.

Die bedingte Wahrscheinlichkeit

$$P(B \mid A) = \frac{P(A \cap B)}{P(A)}$$

Es gibt viele Ereignisse, die nur unter der Bedingung des Eintretens anderer Ereignisse stattfinden. Damit Sie die Wahrscheinlichkeit des Eintretens auch dieser bedingten Ereignisse berechnen können, benötigen Sie die Formel für die Berechnung von bedingten Ereignissen, über die Sie in Kapitel 9 mehr erfahren.

Der Z-Wert

$$z_i = \frac{(x_i - \mu)}{\sigma_x}$$

Von großer praktischer Bedeutung (nicht nur) in der schließenden Statistik ist der *Z*-Wert. Mit ihm wird eine lineare Transformation der Abweichungen einzelner Merkmalswerte vom Mittelwert in Einheiten der Standardabweichung durchgeführt. Das klingt total kompliziert, ist es aber nicht. Sie subtrahieren einfach von jedem Merkmalswert den Mittelwert und teilen die Differenz durch die Standardabweichung.

Wozu Sie die Standardisierung nutzen beziehungsweise was Sie mit dem *Z*-Wert genauer machen können, erfahren Sie in den Kapiteln 5 und 12.

Die Normalverteilungsdichtefunktion

$$f(x) = \frac{1}{\sigma\sqrt{2\pi}} e^{-\frac{1}{2}\left(\frac{x-\mu}{\sigma}\right)^2}$$

Die Normalverteilung ist mit Abstand die wichtigste statistische Verteilung, die es in der Statistik gibt. Die Dichtefunktion der Normalverteilung ordnet den einzelnen Wertebereichen eines normalverteilten Merkmals die Fläche unter dem Graphen der Normalverteilung zu. Eine wichtige Aufgabe besteht dabei darin, Wahrscheinlichkeiten für bestimmte Wertebereiche unter der Normalverteilung festzustellen. Mehr über diese wichtige Formel erfahren Sie in Kapitel 12.

Der Standardfehler

Bei unbekannter Varianz:

$$\hat{\sigma}_{\bar{x}} = \frac{\sqrt{\frac{1}{n-1}\sum_{i=1}^{n}(X_i - \bar{X})^2}}{\sqrt{n}}$$

Bei bekannter Varianz:

$$\hat{\sigma}_{\bar{x}} = \frac{\sigma}{\sqrt{n}}$$

Der Standardfehler ist die Standardabweichung der Stichprobenmittelwertverteilung. Er spielt im Zusammenhang mit dem zentralen Grenzwertsatz eine wichtige Rolle. Der Standardfehler ist bei der Schätzung von Werten aus der Stichprobe auf die Grundgesamtheit unverzichtbar. Mehr darüber erfahren Sie in Kapitel 13.

Die zehn wichtigsten Schritte für den Praktiker

17

In diesem Kapitel ...

- In zehn Schritten von den Daten zur perfekten Analyse der Daten
- Wissenswertes für Statistik in der Praxis

Tag für Tag kommt es vor, dass Ihnen Ergebnisse aus Statistiken und statistischen Analysen begegnen, sei es in den Tageszeitungen, in den Nachrichten im Fernsehen oder im Internet. So wichtig die Kenntnis und der Umgang mit statistischen Formeln ist, um die Ihnen so präsentierten Ergebnisse richtig verstehen und einordnen zu können, reicht es nicht, wenn Sie die Formeln kennen und einzelne statistische Kennzahlen aus gegebenen Daten mithilfe dieser Formeln berechnen können. Zum praktischen Verständnis statistischer Ergebnisse ist es ebenso wichtig, die Hintergründe und den Zusammenhang zu kennen, wie die Statistiken entstanden sind. Diese Kenntnis ist umso wichtiger, wenn Sie einmal eine statistische Analyse selbst planen und durchführen möchten, sei es um eine auf einer Datenanalyse beruhende Abschlussarbeit in Ihrem Studium durchzuführen oder dass Sie in Ihrem Berufsalltag den Auftrag von Ihrem Chef bekommen, eine solche Untersuchung selbst durchzuführen oder präsentieren zu müssen. Die folgenden zehn Schritte zeigen Ihnen die wichtigsten Stationen auf dem Weg zu den Daten, zur Datenanalyse und deren Auswertung. Sie können gleichsam ein Fahrplan für Ihre eigene statistische Untersuchung sein.

Der Start: Ein statistisches Problem

Am Anfang jeder statistischen Analyse steht ein Problem und ein diesbezügliches Bedürfnis nach Information. Das kann ein sehr schwerwiegendes Problem sein oder auch nur Neugier, die Sie befriedigen möchten. In jedem Fall möchten Sie etwas über eine statistische Gesamtheit, das heißt etwas über Eigenschaften, Merkmale oder Charakteristik nicht nur eines einzelnen Falles, sondern über sehr viele beziehungsweise eine Masse von statistischen Einheiten (mehr darüber in Kapitel 2), erfahren und mit diesen Informationen ein Problem besser lösen, eine Handlung gezielter ausführen oder einfach nur Ihre Neugier befriedigen. Damit Sie das können, müssen Sie zuerst einmal das zu lösende Problem artikulieren und formulieren. Dazu gehören die Erfassung der Ausgangssituation, die Darstellung wichtiger Hintergründe und eine kurze Skizzierung des Problemverlaufs. Erst wenn Sie sich über das Problem im Klaren sind und es in den wesentlichen Aspekten schriftlich fixiert haben, sollten Sie die nächsten Schritt wagen.

Das Thema der statistischen Untersuchung

Angesichts des von Ihnen festgestellten Problems, stellen Sie sich jetzt die Frage, was genau Ihr Thema und der damit zusammenhängende statistische Informationsbedarf ist. Welche Untersuchungsziele wollen Sie verfolgen und wie lauten die damit zusammenhängenden Fragestellungen, die Sie unbedingt beantworten möchten? Die angestrebten Ziele und die zentralen Fragestellungen der Untersuchung sollten Sie unbedingt schriftlich festhalten. Sie sollten dabei deutlich machen, für wen Sie die Untersuchung durchführen, wer der Auftraggeber, aber auch wer die Nutzer Ihrer Erhebung sein sollen oder können und welche Schlussfolgerungen sich daraus ergeben könnten.

Suchen und finden: Die Informationsrecherche vor der Erhebung

Die Ziele der statistischen Untersuchung und die damit zusammenhängenden Fragestellungen vor Augen, möchten Sie sich sicherlich gleich an die Datensammlung begeben. Bevor Sie aber eigene Daten erheben und diese statistisch analysieren, ist es sicherlich ratsam, sich einmal umzuschauen, was es schon an statistischen Untersuchungen und fachlichen Beiträgen zu Ihrem Thema gibt. Besonders interessant ist es, wenn Sie bei Ihren Recherchen auf Datensätze treffen, in denen auch Daten zu den Merkmalen erhoben worden sind, die Sie für Ihre eigenen statistischen Untersuchungen benötigen. Erfüllen die Daten bestimmte Qualitätskriterien (siehe dazu weiter hinten in diesem Kapitel), können Sie die Daten eventuell für Ihre eigene Untersuchung beschaffen und damit viel Zeit, Kosten und Aufwand sparen.

Analysen mit Datensätzen, die bereits vorhanden sind und für andere Untersuchungen genutzt und ausgewertet werden können, werden unter Statistikern als *Sekundärdatenanalysen* bezeichnet. Müssen Daten erst noch selbst erhoben werden, spricht der Statistiker von einer *Primärdatenerhebung*.

Unabhängig davon ist es natürlich absolut erforderlich, dass Sie möglichst auf dem aktuellen Stand der Diskussion zu dem Thema sind, die neueste Literatur und die kritischen Punkte in der Thematik kennen. Nur so sind Sie so gut vorbereitet, dass Sie Fehler oder Vorarbeiten, die schon an anderer Stelle gemacht wurden, für Ihre Untersuchung vermeiden und sich gezielt auf das Wesentliche konzentrieren können. Sie müssen schließlich das Rad nicht noch einmal neu erfinden.

Nichts ist praktischer als eine gute Theorie

Eine gute Theorie weist Ihnen den Weg zum Ziel, ebenso wie eine richtige Landkarte Ihnen den Weg weisen kann. Eine Theorie sagt beispielsweise etwas über die Ursachen und die Wirkungen aus, die dann den Mitteln im Verhältnis zur Erreichung der Ziele in der Praxis zugrunde gelegt werden.

In dem Begriff *Theorie* steckt der Ausdruck des Sehens und damit des Feststellens von Tatsachen. Eine Theorie ist nichts weiter als ein System sprachlicher Aussagen über die Realität. Ein Kriterium für eine gute Theorie ist, wenn sie mit den Tatsachen übereinstimmt und Sie sich in der Praxis auf sie verlassen können, wie Sie sich eben auf eine gute Landkarte oder eben auf ein gutes Navigationssystem beim Autofahren verlassen können.

Entsprechend liegt auch jeder empirischen Erhebung von Daten eine mehr oder weniger ausformulierte Theorie zugrunde. Aus der Theorie gehen die zentralen Begriffe hervor und mit den zentralen Begriffen hängen die Variablen der empirischen Erhebung zusammen. Eine einfache Theorie zur Führung des Personals besagt beispielsweise: »Je höher das Gehalt ist, desto höher ist die Motivation der Mitarbeiter.« Um diese Theorie mit einer empirischen Erhebung überprüfen zu können, müssen Sie erst einmal begrifflich festlegen, was Sie unter den Ausdrücken Gehalt, Motivation und Mitarbeiter in dieser Theorie verstehen wollen. Mit den Definitionen grenzen Sie den Untersuchungsgegenstand ein und bestimmen gleichermaßen, welche statistischen Merkmale Sie verwenden, um die Begriffe messbar zu machen und damit schließlich die Theorie zu überprüfen.

Keine Frage des guten Geschmacks: Das Untersuchungsdesign – ein Muss für jede Erhebung

Nach den theoretischen Vorüberlegungen müssen Sie konkret bestimmen, wann, wo, wie und von wem oder von was Sie die Daten zu erheben gedenken. Es gilt nicht nur die statistische Masse, die statistischen Erhebungseinheiten und die statistischen Merkmale festzulegen. Insbesondere geht es beim Forschungsdesign einer statistischen Untersuchung um drei Aspekte:

1. **Die Methoden**, mit denen die Daten erhoben werden sollen. Im Wesentlichen handelt es sich dabei um die Frage, ob die Daten zum Beispiel mithilfe eines Experiments, einer Befragung oder einer Beobachtung erhoben werden sollen. Es erübrigt sich hinzuzufügen, dass jede Erhebungsmethode in vielen Varianten durchgeführt werden kann. Ziel sollte für Sie dabei immer sein, die Methode einzusetzen, mit der Sie die Daten erhalten, die Ihnen die gewünschten Informationen am besten liefern.
2. **Das Auswahlverfahren**, mit dem die zur Analyse bestimmten statistischen Einheiten in die Untersuchung einbezogen werden sollen. Dabei kann eine sogenannte Vollerhebung, das heißt, alle zur Grundgesamtheit gehörenden statistischen Einheiten werden für die Untersuchung ausgewählt, oder eine Teilerhebung durchgeführt werden, das heißt, nur eine Stichprobe der statistischen Einheiten wird ausgewählt. Stichproben können wiederum sehr unterschiedlich bestimmt werden; so kann es systematische, willkürliche, zufällige Auswahlverfahren ebenso geben wie Quotenstichproben, geschichtete, mehrstufige oder auch Schneeballstichproben. Es kommt dabei jedoch immer darauf an, eine für die Ziele der Untersuchung aussagekräftige Stichprobe zusammenzustellen.
3. **Die statistischen Auswertungsverfahren**, mit denen die Daten analysiert werden sollen und die die benötigten statistischen Informationen liefern sollen. Hier können Sie nun aus dem Vollen schöpfen, denn dazu gehören alle Statistiken und sämtliche Formeln, die Sie in diesem Buch kennengelernt haben und die es in den vielen anderen weiterführenden Statistikbüchern gibt.

Jetzt werden die Daten geerntet – die Feldphase

Sofern Sie nicht schon auf vorliegende sekundäranalytisch auswertbare Datensätze zur Beantwortung Ihrer Fragen und zur Lösung Ihres Informationsbedürfnisses zurückgreifen können, müssen die Daten erhoben werden. Der daraus resultierende Datensatz wird unter Statistikern als Primärdatensatz bezeichnet. Wohl in Anlehnung an die Ernte in der Landwirtschaft haben die Statistiker für diesen Prozess den tollen Namen *Feldphase* erfunden. Wichtig für den Erfolg der Feldphase und damit für die Gewinnung gültiger und aussagekräftiger Daten ist nicht nur, dass alle vorausgehenden Schritte sehr sorgfältig zuvor durchlaufen werden, sondern dass auch die Datenerhebung selbst gut geplant und vorbereitet ist. Ihre Daten sind

- ✔ gültig (man sagt auch, sie seien valide), wenn das gemessen worden ist, was gemessen werden sollte (zum Beispiel beim Thermometer, wenn die Temperatur und nicht das Gewicht gemessen wurde).
- ✔ zuverlässig (man sagt auch, sie seien reliabel), wenn bei wiederholten Messungen unter gleichen Bedingungen dieselben Messwerte gemessen werden.

Ohne zuverlässige, gültige und aussagekräftige Daten kann Ihnen keine Statistik nützlich sein. Denn wenn die Daten nicht stimmen, erhalten Sie natürlich auch mit der besten Statistik keine gültige oder wahre Antwort auf Ihre Fragestellungen und Ihr Informationsbedürfnis muss unbefriedigt bleiben.

Dazu gehört, dass Sie die Datenerhebung gut organisieren, das heißt, dass Sie beispielsweise eingesetzten Interviewern oder Beobachtern eine gute Einweisung geben und sie mit allen nötigen Informationen versorgen. Auch die Kontaktaufnahme mit den Untersuchungseinheiten, zum Beispiel mit den zu befragenden Personen, will durch gut durchdachte Anschreiben oder Anrufe vorbereitet werden. Vor einer größeren Erhebung ist darüber hinaus empfehlenswert, dass Sie auch einen sogenannten »Pre-Test« durchführen, das heißt, Sie führen einfach eine kleine Testerhebung mit wenigen typischen Fällen durch und probieren somit die Verfahren und Instrumente Ihrer Erhebung aus. So können Sie eventuelle Fehler in der Hauptuntersuchung vermeiden und sich damit viele Kosten und Ärger ersparen. Sollten Sie aber in der Hauptuntersuchung nicht alle statistischen Einheiten für Ihre Erhebung einbeziehen können oder stellen Sie einen unvollständigen Rücklauf der Befragungsergebnisse fest, ist gegebenenfalls eine Nachfassaktion beziehungsweise eine Nacherhebung angesagt. Dieser Prozess gehört natürlich auch in die Feldphase Ihres Forschungsprojekts.

Die Daten für die Analyse schick machen

Bevor Sie mit den statistischen Berechnungen anfangen, müssen Sie die Daten natürlich erst noch in Form eines für diese Analysen geeigneten Datensatzes in den Rechner eingeben und sie dafür aufbereiten.

Sofern die Daten nicht schon in der Feldphase automatisch eingelesen wurden, sind sie aus den Erhebungsbogen auszulesen und in elektronisch auswertbaren Datensätzen zu erfassen. Dabei müssen Sie besonders darauf achten, dass die Daten korrekt übertragen werden. Dafür ist es unter anderem hilfreich und erforderlich, sofern nicht schon bei der Erhebung der

Daten geschehen, einen sogenannten kodierten einheitlichen Fragebogen einzusetzen. Mit dem kodierten Erhebungsbogen wird dafür gesorgt, dass bei der Dateneingabe die Zahlenkodes einheitlich und übereinstimmend übertragen werden.

Vor jeder statistischen Analyse sollten Sie die eingegebenen Daten außerdem auf jeden Fall auf Plausibilität und Fehler überprüfen. Denn bei der Dateneingabe können sich schnell Fehler einschleichen, besonders wenn die Eingabe durch Menschen erfolgt. Wenn Sie beispielsweise das Alter der Befragten in Jahren in einer Befragung abgefragt haben und Sie entdecken in dem Datensatz bei der Altersvariable eine Altersangabe mit 350 Jahren, haben Sie entweder einen Vampir befragt oder aber möglicherweise hat sich bei der Dateneingabe noch eine Null am Ende dazugesellt. So jedenfalls kann dieser Wert nicht in Ihrem Datensatz verbleiben, sondern muss entweder korrigiert oder aus dem Datensatz ausgeschlossen werden. Vor jeder statistischen Auswertung müssen Sie somit die Daten eingegeben und von Ihnen sozusagen »TÜV-geprüft« haben.

Die Stunde der Formeln hat geschlagen: Jetzt wird gerechnet – die Datenanalyse

Zur Datenanalyse können Sie nun je nach Voraussetzung und Analyseziel sämtliche statistische Verfahren einsetzen und deren Formeln verwenden. In der Praxis werden Sie dafür in der Regel geeignete statistische Auswertungsprogramme einsetzen. Dafür können Sie beispielsweise Excel genauso verwenden wie R, SAS, PSTAT, Minitab, ET, LIMDEP oder SPSS (ich empfehle Ihnen hierzu die Lektüre von *SPSS für Dummies* oder *R für Dummies*, ebenfalls im Verlag Wiley-VCH erschienen). Diese Programme unterscheiden sich hinsichtlich ihrer Funktionen unter anderem hinsichtlich des Umfangs der Datenverarbeitung, der zur Verfügung stehenden Statistiken, der Möglichkeiten, Daten einzugeben, aufzubereiten und Ergebnisse zu präsentieren, aber auch hinsichtlich anderer Aspekte wie der weltweiten Verbreitung und des Service wie natürlich auch bezüglich der Bezugspreise. Selbstverständlich sollten Sie bei der Datenanalyse besonders darauf achten, dass Sie die richtigen Statistiken für die anstehenden statistischen Probleme einsetzen. So müssen die Statistiken auch zu den Messniveaus der Merkmale passen.

Die Ergebnisse für die Praxis übersetzen

Wenn die Ergebnisse statistischer Analysen selbstverständlich wären beziehungsweise ohne Weiteres von den Nutzern der Ergebnisse immer sofort verstanden werden könnten, bräuchte vermutlich niemand mehr in den Schulen und Universitäten Statistikkurse zu belegen. Von wenigen sehr einfachen Statistiken abgesehen müssen die Ergebnisse statistischer Analysen insbesondere für statistische Laien und Praktiker immer interpretiert werden. Sie müssen aus den statistisch produzierten Ergebnissen die richtigen Schlussfolgerungen ziehen, die Ergebnisse richtig in die Sachlogik des Informationsbedarfs einordnen und auf dieser Basis die Fragestellungen der Adressaten und Auftraggeber der statistischen Analyse ebenso beantworten wie die eingangs gestellten Forschungsfragen.

Die Ergebnisse präsentieren

Sollen Ihre Ergebnisse nicht in der Schublade Ihres Schreibtischs versauern, sondern auch von den Adressaten der Analysen zur Kenntnis genommen werden, ist eine professionelle Kommunikation mit den Zielgruppen, Adressaten oder Auftraggebern der statistischen Analysen angesagt. Dazu ist eine angemessene, verständliche und informative Darstellung und Präsentation der Ergebnisse nötig. Je nach Adressatengruppe müssen Sie ein geeignetes Kommunikationsmedium (in Form einer Buchpublikation, eines schriftlichen Berichts oder Beitrags in einer Fachzeitschrift, einer Präsentation im Internet oder aber auch als PowerPoint-Präsentation für einen Vortrag) wählen. Dabei sind verschiedene Präsentations- und Publikationsregeln zu beachten. Wissenschaftliche Berichte über empirische Forschungsergebnisse sollten immer intersubjektiv nachvollziehbar, verständlich und überprüfbar dargestellt werden, das heißt mit Quellenangaben und vollständigen Beschriftungen, wie aussagekräftigen Überschriften, Angaben über Ort, Datum und Umfang beziehungsweise Rücklaufquoten und Fallzahlen versehen sein. Es sollte möglichst sachbezogen, unverzerrt und nicht mit dem Ziel der Manipulation berichtet werden. So sollten keine Generalisierungen vorgenommen werden, die nicht anhand der Daten und statistischen Analysen gestützt werden können. Bewertung und Interessen der Interpreten beziehungsweise Berichtschreiber sind klar und deutlich zum Ausdruck zu bringen und von den festgestellten Sachaussagen und inhaltlichen Schlussfolgerungen abzugrenzen.

Denken Sie beim Verfassen der Berichte immer daran, dass es bei wissenschaftlichen und statistischen Berichten nicht darauf ankommt, möglichst viele Fremdwörter zu benutzen und mit der Statistik richtig Eindruck zu machen, sondern auf die Verständlichkeit und Nachvollziehbarkeit für die Leser. Verfassen Sie daher die Berichte so einfach und sprachlich klar wie möglich. Insofern sich Ihre Leserschaft unterscheidet, verfassen Sie möglicherweise lieber zwei Fassungen Ihres Berichts, beispielsweise eine Version für Ihre statistischen Fachkollegen und eine zum Beispiel für die Anwender, die Ihre Ergebnisse in die Praxis umsetzen wollen oder müssen.

Stichwortverzeichnis

A

B

C

D

E

F

L

M

N

O

P

Q

R

S

T

U

V

W

Z